南昌维管束植物编目

Catalogue of Vascular Plants in Nanchang

李家湘　谢凤俊　郑育桃　刘　胜◎著

中国林业出版社

图书在版编目（CIP）数据

南昌维管束植物编目 / 李家湘等著. -- 北京 : 中
国林业出版社, 2024. 9. -- ISBN 978-7-5219-2837-2

Ⅰ. Q949.408
中国国家版本馆CIP数据核字第2024U6F620号

策划编辑：李敏
责任编辑：王美琪

————————————————

出版发行：中国林业出版社
　　　　（100009，北京市西城区刘海胡同 7 号，电话 010-83143575）
网址：https://www.cfph.net
印刷：北京中科印刷有限公司
版次：2024 年 9 月第 1 版
印次：2024 年 9 月第 1 次印刷
开本：889mm×1194mm 1/16
印张：20.25
字数：612 千字
定价：150.00 元

编委会

本书的出版得到以下单位的大力协助：

江西省林业局　　　　　　　　　江西农业大学
江西省野生动植物保护中心　　　中国科学院庐山植物园
南昌市林业局　　　　　　　　　南昌大学
南昌市野生动植物保护中心　　　赣南师范大学
江西省林业科学院　　　　　　　江西省林业资源监测中心
中南林业科技大学　　　　　　　植物迁地保护与利用江西省重点实验室
江西南昌城市生态系统定位
观测研究站

序

　　南昌市为毗邻长江三角洲、珠江三角洲和闽南金三角的省会中心城市，是连接长江三角洲、珠江三角洲、海峡西岸经济区三大重要经济圈的省际交通廊道。全境山、丘、岗、平原相间，水网密布，湖泊众多。王勃在《滕王阁序》概括其地势为"襟三江而带五湖"。该区域属于亚热带湿润季风气候，湿润温和，日照充足。复杂的地形地势类型和优越的气候条件孕育了极其丰富的生物资源。

　　南昌市林业局基于对生物多样性的重视、保护、关切和发展，着力组织本市林业科技人员并邀请江西省林业科学院、中南林业科技大学、中国科学院庐山植物园等大专院校、科研院所相关专家集中开展全市区域范围的植物多样性调查和研究，历时3年多，对南昌市全域植物种类、分布、性状开展调查、访谈、摄影、整理等项工作，编著成《南昌维管束植物编目》和《南昌维管束植物图谱》，是一项有意义的工作，其成果可为区域植物多样性调查和研究提供借鉴。

　　在这部著作出版之际，我们要深刻缅怀祖籍南昌市新建区的我国植物分类学奠基人胡先骕先生，他早年留学美国专攻生物学，回国后致力于植物学研究和教学，胡先生是我国进行植物科考的先驱，是在江西境内进行植物科考的第一人，毛主席称赞胡先骕："他是中国生物学界的老祖宗"。他的一生为生物学科在我国的研究和发展指出了应遵循的道路。他始终认为研究植物学要到大自然中去，要到社会实践中去，不能只是关在屋子里，待在实验室里，那样是不可能取得多大成就的，并亲自坚持一辈子；生物研究还应该进行科普工作，他首先在研究所下设陈列馆，展陈大量采集的动植物标本以供参观，继又增设推广部，旨在向社会公众普及生物学知识，推广生物学成果；他与郑万钧共同命名的世界珍奇"活化石"水杉，更是震惊中外，堪称二十世纪科学的重大发现；早在1934年，他和秦仁昌先生、陈封怀先生创建了我国唯一的亚高山植物园——庐山森林植物园，是我国第一个以科学研究为目的的大型正规植物园；胡先骕还主张大学的植物学科必须以采集植物为己任，并同时进行植物采集的相关工作等。值得称颂的是这部著作的调查和编著过程传承和发扬了胡先生的科学家精神和科学方法。

植物多样性是生物多样性、生态系统多样性、景观多样性、遗传多样性的重要基础，也是与人们生活、生产关系最为密切的一个生物系统。因此，认识和研究、保存和保护、培育和利用植物资源是我们任何时候都不能低估和放松的理念和工作。

这部著作的现实意义在于为植物、生态、园林、医药、农林育种等领域工作者提供了学习和从业的参考，也是植物学、生态学的教学参考和科普读物，可以作为开展自然教育的教本和读物。此外，它全面反映了南昌区域现阶段的植物种群存在和保护发展策略，又具有重要的存史价值，为后人提供了传承资源和发展的依据。

几位主编和参与调查、摄影、整理、编辑工作的是一大批青年科技工作者。他们本着担当和责任，不辞辛劳，跋山涉水，踏遍全区域的山山水水。翔实、细致、严谨地调查和描述区域内的植物性状，并进行了系统的归类。这个过程也是青年学者培养科学精神，增强实践能力，提高专业素养的有效途径和难得机会。全书的素材采用"网络＋线路＋样方＋样点"的方法获取，共完成了全市 3 县 6 区共 366 个工作网格的调查，包括 349 条线路，403 个样方1147 个植物样点的调查。共采集植物标本 3584 份，拍摄植物照片 13000 余幅，发现江西省植物新记录 19 种，正确的调查方法和大量的调查数据，提供了坚实的编著基础，因此能真实、全面地反映南昌市的植物区系现状。

这部著作内容丰富翔实，编目详尽通俗，图片清晰明了，图文相称互映，增强了可读性和直观性，不同的读者群都可以从中得到教益，可供更多读者阅读和使用。应本书主编所邀，在拜读了初稿后，欣然作序，并推荐给读者们。

国家级教学名师　江西农业大学原副校长

博士生导师　江西省林学会首席专家

2024 年 7 月

前　言

　　南昌市是江西省省会，地处江西中部偏北，赣江、抚河下游，鄱阳湖西南岸，属于鄱阳湖核心城市群成员。地理范围界于115°27′～116°35′、北纬28°10′～29°11′之间，国土面积共7195km²，下辖3县6区：安义县、进贤县、南昌县、东湖区、西湖区、红谷滩区、新建区、青云谱区和青山湖区。整体地势西北高东南低，西北部毗连幕连九山脉，中西部含西山山脉全境，中部、北部及东北部为鄱阳湖平原，东南部为怀玉山与玉华山断陷余脉；最高点在西北的洗药湖处洗药坞（海拔841.4m）。区内生态环境受长期自然变迁和人类社会经济活动影响，形成了自然—社会—经济复合型生态系统，境内土壤类型多样、生境较为复杂，有低山、丘陵、岗地、湖泊、河流、滩地、沼泽、水田、水库、坑塘等，发育有典型的水生植被、沼泽植被、草地、灌丛、森林等植被类型，复杂的地质地貌和丰富的生境类型为多样的植物种类提供了优越的繁衍生息和种群分化场所。

　　江西省南昌市为历史名城，文人志士自古喜往之，植物资源的采集尤早，已有100多年历史。从中国数字植物标本馆查阅到最早的腊叶标本为博物调查会1914年在南昌城内采集的鸡冠花（*Celosia cristata*）（采集号80，保存于北京师范大学标本馆），胡焕庸先生于1930年根据H.H.Hsiung 1929年在南昌望城乡采集的578号标本为模式发表了新种狭果秤锤树（*Sinojackia rehderiana* Hu），林英于1946年在南昌望城岗九房村采集了13167号标本为南昌卫矛［*Euonymus ellipticus*（Chen H.Wang）C.Y.Cheng］的模式标本。中华人民共和国成立后，20世纪较为集中的调查采集时期在50—70年代，期间有杨祥学采集到的长穗荠苎（*Orthodon longispicus* C.Y.Wu）的模式标本。20世纪80年代以来，国家林业转型进入生态建设和物种保护时代，为了建设自然保护区、森林公园、湿地公园、风景名胜区等保护地，林业主管部门和南昌大学、江西农业大学、江西省林业科学院等高校和科研院所对区域内植物多样性进行了重点调查和采集，同时一些保护区还进行过保护植物专项调查，并发现了一些江西省新记录种，撰写有一定数量的科研论文，这些资料无疑为摸清南昌植物多样性本底奠定了坚实的基础。此前的调查涉及的范围虽然较大，但关注的类群（古树名木、园林树种、常见物种、保护植物）和调查目的各不相同，暂无关于全市植物多样性的全面调查和数据整合，已有资料无法准确反映南昌市植物多样性资源现状。

为了全面掌握南昌市所辖范围内的植物多样性本底，更好地保护各类地貌生境中的生物多样性，南昌市野生动植物保护中心在 2022 年委托江西省林业科学院和中南林业科技大学，组织实施了"南昌市野生植物资源调查"项目。项目采用"网格＋线路＋样方＋样点"的调查方法，截至 2023 年 3 月，完成了南昌市 3 县 6 区共 366 个工作网格的调查，包括 349 条线路、403 个样方和 1147 个植物样点的调查，共采集植物标本 3584 份，拍摄植物照片 13000 余张。结合查阅中国植物图像库（ppbc.iplant.cn）、中国数字植物标本馆（www.cvh.ac.cn）、中国自然标本馆（www.cfh.ac.cn）以及参考《江西省维管植物多样性编目》（彭焱松 等，2021）、《江西省野生维管束植物名录》（寄玲 等，2022）以及国内外相关的植物多样性文献。通过鉴定，发现了毯粟草（*Mollugo verticillata*）、大卵叶虎刺（*Damnacanthus major*）、浙江蘡薁（*Vitis Zhejiang-adstricta*）等江西省新记录 14 种，包括 2 种外来归化植物；也发现了大叶青冈（*Cyclobalanopsis jenseniana*）、棱角山矾（*Symplocos tetragona*）、黑鳗藤（*Jasminanthes mucronata*）、仙茅（*Curculigo orchioides*）、硬毛马甲子（*Paliurus hirsutus*）、吴兴铁线莲（*Clematis huchouensis*）、乌苏里狐尾藻（*Myriophyllum ussuriense*）、水禾（*Hygroryza aristata*）、莎禾（*Coleanthus subtilis*）等区域内的稀见种，极大地丰富了南昌地区的植物区系。

本编目的物种名称主要以《中国生物物种名录》（2022 版）为依据，所收录的物种以南昌市内的植物标本和植物照片为凭证，对于文献记载而未见标本或照片的种类均向文献作者求证并在文中注明。为了更好地接轨国际最新研究成果，科级按照：石松类和蕨类植物按照 PPG 系统、裸子植物按照 Christenhusz 系统、被子植物按照 APG IV 系统进行编排；属级和种级则按照学名字母顺序进行编排。基于以上处理原则，本编目共收录了南昌市行政区域内维管束植物 2099 种（含种下等级），隶属于 187 科 885 属。其中野生维管束植物 1726 种，隶属于 168 科 743 属，逸生、归化和入侵植物 33 科 90 属 136 种，常见栽培植物 82 科 167 属 237 种。编目中栽培植物前面用"*"标注，逸生、归化和入侵植物前面用"#"标注。为了更好地让读者了解每个物种的信息，基于野外调查数据和标本记录信息，编目对物种的习性、数量、生境和分布进行了描述；其中植物习性参考《Flora of China》的记载，结合实地生长形态判定；数量根据物种出现的线路和采集地点频度划分，频度 80% 以上为极常见，60% ～ 80% 为常见，40% ～ 60% 为频见，20% ～ 40% 为偶见，低于 20% 为罕见；生境由地形地貌、植被类型、地类和水分条件等组合描述；地理分布描述到县（乡镇）。

本编目涉及的类群丰富，野外调查、物种鉴定和资料甄别任务艰巨而繁重，在人力组织、线路设计、鉴定和分析过程中难免存在疏漏和不足，敬请各位读者批评指正。非常感谢参与本书编写和提供数据的所有人。

著 者

2024 年 4 月

目　录

序

前　言

蕨类植物 PTERIDOPHYTA

蕨类植物
PTERIDOPHYTA

P01 石松科 Lycopodiaceae

石杉属 *Huperzia* Bernh.

※ **长柄石杉** *Huperzia javanica* (Sw.) Fraser-Jenk.
多年生草本；罕见。
生于低山或丘陵地区山地溪边草丛中。
分布于新建区（招贤镇）。

石松属 *Lycopodium* L.

※ **石松** *Lycopodium japonicum* Thunb.
多年生草本；偶见。
生于低山、丘陵或岗地等地区路边灌草丛、岩石上。
分布于安义县（新民乡）；新建区（金桥乡、罗亭镇、溪霞镇、招贤镇）；进贤县（白圩乡）。

垂穗石松属 *Palhinhaea* Franco & Vasc. ex Vasc. & Franco.

※ **垂穗石松** *Palhinhaea cernua* (L.) Vasc. & Franco.
多年生草本；偶见。
生于低山、丘陵地区林下、林缘、灌丛下阴处、岩石上。
分布于安义县（石鼻镇）；进贤县（池溪乡、李渡镇、南台乡、七里乡、钟陵乡）。

P03 卷柏科 Selaginellaceae

卷柏属 *Selaginella* P. Beauv.

※ **异穗卷柏** *Selaginella heterostachys* Baker
多年生草本；偶见。
生于低山或丘陵地区山地林下、林缘。
分布于安义县（长埠镇）；新建区（梅岭镇、溪霞镇）。

※ **兖州卷柏** *Selaginella involvens* (Sw.) Spring
多年生草本；偶见。
生于低山或丘陵地区山地岩石上、林中树干上。
分布于安义县（新民乡）；新建区（梅岭镇）。

※ **江南卷柏** *Selaginella moellendorffii* Hieron.
多年生草本；偶见。
生于低山或丘陵地区山地岩石裂缝中。
分布于安义县（新民乡）；新建区（万埠镇、太平镇）。

※ **伏地卷柏** *Selaginella nipponica* Franch. & Sav.
多年生草本；罕见。
生于低山或丘陵地区山地沟谷林缘、阴湿岩石上。
分布于新建区（望城镇）。

※ **翠云草** *Selaginella uncinata* (Desv.) Spring
多年生草本；频见。
生于低山、丘陵、岗地或平原等地区沟谷林缘、林下、河湖堤坝、村庄风水林中。
分布于安义县（乔乐乡、新民乡、长埠镇）；新建区（梅岭镇、洗药湖管理处、招贤镇）；南昌县（澄碧湖公园）。

P04 木贼科 Equisetaceae

木贼属 *Equisetum* L.

※ **节节草** *Equisetum ramosissimum* Desf.
多年生草本；频见。
生于低山、丘陵、岗地或平原等地区沟谷林缘、河湖堤坝、岸边、滩涂草地。
分布于新建区（昌邑乡、联圩镇、梅岭镇、南矶乡、铁河乡、恒湖垦殖场）；红谷滩区（厚田乡、生米镇）；南昌县（冈上镇、蒋巷镇、向塘镇）；进贤县（南台乡、前坊镇、文港镇、钟陵乡）。

※ **笔管草** *Equisetum ramosissimum* subsp. *debile* (Roxb. ex Vaucher) Á. Löve & D. Löve
多年生草本；常见。
生于低山、丘陵、岗地或平原等地区林缘、溪沟边、河湖堤坝、岸边、滩涂草地。
分布于新建区（招贤镇）；红谷滩区（北龙幡街、红角洲管理处）；东湖区（扬子洲镇）；南昌县（东新乡、黄马乡、三江镇、向塘镇、幽兰镇）；进贤县（架桥镇、李渡镇、南台乡、前坊镇、泉岭乡、长山晏乡、钟陵乡）。

P06 瓶尔小草科 Ophioglossaceae

瓶尔小草属 *Ophioglossum* L.

※ **狭叶瓶尔小草** *Ophioglossum thermale* Kom.
一年生草本；罕见。
生于低山、丘陵或岗地等地区田边草地。
分布于进贤县（白圩镇）。

※ **瓶尔小草** *Ophioglossum vulgatum* L.
一年生草本；偶见。
生于低山或丘陵地区山地荫蔽森林、潮湿草地。
分布于新建区（梅岭镇）；进贤县（白圩乡、民和镇、钟陵乡）。

阴地蕨属 *Sceptridium* Lyon

※ **阴地蕨** *Sceptridium ternatum* (Thunb.) Lyon
多年生草本；罕见。
生于低山或丘陵地区山地林下阴湿处。
分布于新建区（太平镇）。

P07 合囊蕨科 Marattiaceae

观音座莲属 *Angiopteris* Hoffm.

※ * **福建观音座莲** *Angiopteris fokiensis* Hieron.
多年生草本；罕见。
生于城市绿地。
市内有栽培。

P08 紫萁科 Osmundaceae

紫萁属 *Osmunda* L.

※ **紫萁** *Osmunda japonica* Thunb.
多年生草本；频见。

生于低山或丘陵地区山地林下、河流岸边、溪边。

分布于安义县（石鼻镇）；新建区（罗亭镇、梅岭镇、石埠镇、太平镇、溪霞镇、洗药湖管理处、招贤镇）。

羽节紫萁属 *Plenasium* C. Presl

※ **华南羽节紫萁** *Plenasium vachellii* (Hook.) C. Presl

多年生草本；罕见。

生于低山或丘陵地区山地溪边草丛。

分布于新建区（梅岭镇）。

P12 里白科 Gleicheniaceae

芒萁属 *Dicranopteris* Bernh.

※ **芒萁** *Dicranopteris pedata* (Houtt.) Nakaike

多年生草本；极常见。

生于低山、丘陵、岗地或平原等地区林下、路边、荒地。

全市广布。

里白属 *Diplopterygium* (Diels) Nakai

※ **中华里白** *Diplopterygium chinense* (Rosenst.) De Vol

多年生草本；偶见。

生于低山、丘陵地区山地林下或林缘。

分布于安义县（新民乡）；新建区（溪霞镇、梅岭镇）。

※ **里白** *Diplopterygium glaucum* (Thunb. ex Houtt.) Nakai

多年生草本；偶见。

生于低山、丘陵或岗地等地区山地林下、村边风水林中。

分布于新建区（太平镇、梅岭镇）。

P13 海金沙科 Lygodiaceae

海金沙属 *Lygodium* Sw.

※ **海金沙** *Lygodium japonicum* (Thunb.) Sw.

多年生草本；极常见。

生于低山、丘陵、岗地或平原等地区林下、路边、河湖堤坝、岸边、荒地灌草丛。

全市广布。

P14 瘤足蕨科 Lagiogyriaceae

瘤足蕨属 *Plagiogyria* (Kunze) Mett.

※ **华中瘤足蕨** *Plagiogyria euphlebia* (Kunze) Mett.

多年生草本；罕见。

生于低山或丘陵地区山地林下溪边。

分布于新建区（梅岭镇）。

※ **华东瘤足蕨** *Plagiogyria japonica* Nakai

多年生草本；罕见。

生于低山或丘陵地区山地林下阴湿处。

分布于新建区（西山镇）。

P16 槐叶蘋科 Salviniaceae

满江红属 *Azolla* Lam.

※ # **细叶满江红** *Azolla filiculoides* Lam.

一年生草本；频见。

生于丘陵、岗地或平原等地区水田和坑塘。

全市广布。

※ **满江红** *Azolla pinnata* subsp. *asiatica* R. M. K. Saunders & K. Fowler

一年生草本；频见。

生于丘陵、岗地或平原等地区水田和坑塘。

分布于新建区（联圩镇、梅岭镇、鄱阳湖国家级自然保护区）；东湖区（扬子洲镇）；南昌县（昌东镇、蒋巷镇、泾口乡、麻丘镇、南新乡、塘南镇、五星垦殖场）；进贤县（池溪乡、三里乡）。

槐叶蘋属 *Salvinia* Seg.

※ **美洲槐叶蘋** *Salvinia auriculata* Aubl.

一年生草本；频见。

生于岗地或平原地区水田、坑塘洼地。

分布于东湖区（扬子洲镇）。江西省新记录。

※ **槐叶蘋** *Salvinia natans* (L.) All.

一年生草本；偶见。

生于低山、丘陵、岗地或平原等地区水田、坑塘洼地。

分布于东湖区（扬子洲镇）。

P17 蘋科 Marsileaceae

蘋属 *Marsilea* L.

※ **蘋** *Marsilea quadrifolia* L.

多年生草本；常见。

生于山地、丘陵、岗地或平原等地区水田、溪沟、坑塘洼地。

全市广布。

P22 金毛狗科 Cibotiaceae

金毛狗属 *Cibotium* Kaulf.

※ * **金毛狗** *Cibotium barometz* (L.) J. Sm.

多年生草本；罕见。

生于城市园林、植物园。

市内有栽培。

P25 球子蕨科 Onocleaceae

东方荚果蕨属 *Pentarhizidium* Hayata

- ※ **东方荚果蕨** *Pentarhizidium orientale* (Hook.) Hayata
  多年生草本；罕见。
  生于低山或丘陵地区林下溪边。
  分布于安义县（新民乡）。

P29 鳞始蕨科 Lindsaeaceae

鳞始蕨属 *Lindsaea* Dryand. ex Sm.

- ※ **钱氏鳞始蕨** *Lindsaea chienii* Ching
  多年生草本；罕见。
  生于低山或丘陵地区林中。
  分布于新建区（西山镇）。
- ※ **团叶鳞始蕨** *Lindsaea orbiculata* (Lam.) Mett. ex Kuhn
  多年生草本；偶见。
  生于低山或丘陵地区河边湿润地带。
  分布于南昌县（向塘镇）；进贤县（李渡镇、罗溪镇、三阳集乡、下埠集乡、钟陵乡）。

乌蕨属 *Odontosoria* Fee

- ※ **乌蕨** *Odontosoria chinensis* J. Sm.
  多年生草本；极常见。
  生于低山、丘陵、岗地或平原等地区路边、林下、灌丛中。
  全市广布。

P30 凤尾蕨科 Teridaceae

铁线蕨属 *Adiantum* L.

- ※ **团羽铁线蕨** *Adiantum capillus-junonis* Rupr.
  多年生草本；罕见。
  生于丘陵或岗地地区路边石缝中。
  分布于进贤县（七里乡）。
- ※ **铁线蕨** *Adiantum capillus-veneris* L.
  多年生草本；偶见。
  生于低山或丘陵地区湿润石壁上。
  分布于南昌县（泾口乡）；进贤县（长山晏乡、钟陵乡）。
- ※ **扇叶铁线蕨** *Adiantum flabellulatum* L.
  多年生草本；偶见。
  生于低山、丘陵或岗地等地区林下。
  分布于新建区（梅岭镇）；南昌县（八一乡、向塘镇）；进贤县（七里乡、前坊镇、钟陵乡）。

粉背蕨属 *Aleuritopteris* Fee

- ※ **银粉背蕨** *Aleuritopteris argentea* (S. G. Gmel.) Fée
  多年生草本；罕见。

生于低山或丘陵地区路边干旱地带、岩石缝。

分布于新建区（太平镇）。

水蕨属 *Ceratopteris* Brongn.

※ **粗梗水蕨 *Ceratopteris chingii* Y.H.Yan & Jun H.Yu**

一年生草本；罕见。

生于平原地区沟边、田野、河湖浅水区。

分布于新建区（南矶乡）。

※ **亚太水蕨 *Ceratopteris gaudichaudii* Brongn.**

一年生草本；罕见。

生于平原等地区沟边、田野、河湖浅水区。

分布于南昌县（黄马乡）。

碎米蕨属 *Cheilanthes* Sw.

※ **毛轴碎米蕨 *Cheilanthes chusana* Hook.**

多年生草本；罕见。

生于低山或丘陵地区山地灌丛、溪旁石上。

分布于新建区（梅岭镇）。

※ **碎米蕨 *Cheilanthes opposita* Kaulf.**

多年生草本；罕见。

生于丘陵或岗地地区灌丛、溪旁石上。

分布于新建区（溪霞镇）。

凤了蕨属 *Coniogramme* Fee

※ **凤了蕨 *Coniogramme japonica* (Thunb.) Diels**

多年生草本；偶见。

生于低山、丘陵或岗地等地区湿润林下、山谷阴湿处。

分布于安义县（万埠镇、太平镇）。

※ **井冈山凤了蕨 *Coniogramme jinggangshanensis* Ching et Shing**

多年生草本；罕见。

生于低山或丘陵地区山地林下。

安义县（新民乡）。

书带蕨属 *Haplopteris* C. Presl

※ **书带蕨 *Haplopteris flexuosa* (Fée) E. H. Crane**

多年生草本；罕见。

生于低山或丘陵地区林中树干、岩石上。

分布于新建区（太平镇）。

金粉蕨属 *Onychium* Kaulf.

※ **野雉尾金粉蕨 *Onychium japonicum* (Thunb.) Kunze**

多年生草本；偶见。

生于低山、丘陵或岗地等地区路边灌草丛、林下沟边、溪边石上。

分布于安义县（万埠镇、新民乡）；新建区（石埠镇、西山镇）。

凤尾蕨属 *Pteris* L.

※ **线羽凤尾蕨** *Pteris arisanensis* Tagawa
多年生草本；罕见。
生于低山或丘陵地区密林下、溪边湿处。
分布于新建区（太平镇、梅岭镇）。

※ **欧洲凤尾蕨** *Pteris cretica* L.
多年生草本；常见。
生于低山或丘陵地区林缘、路边灌丛中。
分布于新建区（西山镇）；进贤县（罗溪镇）。

※ **刺齿半边旗** *Pteris dispar* Kunze
多年生草本；罕见。
生于低山或丘陵地区山谷疏林下。
分布于新建区（招贤镇）。

※ **狭叶凤尾蕨** *Pteris henryi* Christ
多年生草本；偶见。
生于岗地或平原等地区路边灌草丛、河湖堤坝、岩石缝隙。
分布于新建区（联圩镇）；南昌县（昌东镇、蒋巷镇、泾口乡、麻丘镇、南新乡、塘南镇、五星垦殖场、幽兰镇）；进贤县（池溪乡、南台乡、三里乡）。

※ **井栏边草** *Pteris multifida* Poir.
多年生草本；极常见。
生于低山、丘陵、岗地或平原等地区路边灌草丛、河湖堤坝、墙角、井边、石缝中。
全市广布。

※ **半边旗** *Pteris semipinnata* L.
多年生草本；偶见。
生于疏林下阴湿处、溪沟林下、岩石旁。
分布于安义县（万埠镇）；新建区（梅岭镇、西山镇、溪霞镇、象山镇）。

※ **狭羽凤尾蕨** *Pteris stenophylla* Wall. ex Hook. & Grev.
多年生草本；罕见。
生于丘陵或岗地区林中石上。
分布于进贤县（二塘乡）。

※ **蜈蚣凤尾蕨** *Pteris vittata* L.
多年生草本；频见。
生于低山、丘陵、岗地或平原等地区荒地灌丛、石缝、墙缝。
分布于安义县（万埠镇）；新建区（罗亭镇、石埠镇、西山镇、溪霞镇）；红谷滩区（生米镇）；青云谱区（青云谱镇）；南昌县（向塘镇、昌东镇、蒋巷镇、泾口乡、塘南镇、五星垦殖场）；进贤县（梅庄镇、三里乡）。

P31 碗蕨科 Dennstaedtiaceae

姬蕨属 *Hypolepis* Bernh.

※ **姬蕨** *Hypolepis punctata* (Thunb.) Mett.
多年生草本；罕见。
生于岗地或平原地区溪边、村边风水林中。
分布于南昌县（冈上镇）。

鳞盖蕨属 *Microlepia* C. Presl

※ **华南鳞盖蕨** *Microlepia hancei* Prantl
多年生草本；罕见。
生于岗地或平原地区林中、溪边湿地。
分布于南昌县（泾口乡）。

※ **边缘鳞盖蕨** *Microlepia marginata* (Houtt.) C. Chr.
多年生草本；罕见。
生于低山或丘陵地区林下、溪边。
分布于安义县（鼎湖镇）。

蕨属 *Pteridium* Gled. ex Scop.

※ **蕨** *Pteridium aquilinum* var. *latiusculum* (Desv.)Underw. ex Heller
多年生草本；常见。
生于低山、丘陵、岗地或平原等地区山地阳坡、森林边缘阳光充足的地方。
全市广布。

P36 铁角蕨科 Aspleniaceae

铁角蕨属 *Asplenium* L.

※ **北京铁角蕨** *Asplenium pekinense* Hance
多年生草本；罕见。
生于低山或丘陵地区路边石壁、树干上。
分布于新建区（招贤镇）。

※ **铁角蕨** *Asplenium trichomanes* L.
多年生草本；罕见。
生于低山或丘陵地区林下山谷中岩石上、石缝中。
分布于新建区（梅岭镇）

※ **狭翅铁角蕨** *Asplenium wrightii* Eaton ex Hook.
多年生草本；偶见。
生于低山或丘陵地区沟谷林下石上。
分布于新建区（梅岭镇）。

P39 乌毛蕨科 Blechnaceae

乌毛蕨属 *Blechnopsis* C.Presl

※ **乌毛蕨** *Blechnopsis orientalis* (L.) C. Presl
多年生草本；频见。
生于低山、丘陵、岗地或平原等地区山林下湿润地带、村边风水林中。
分布于安义县（乔乐乡）；新建区（联圩镇、樵舍镇、石岗镇、象山镇、招贤镇）；红谷滩区（流湖镇）；南昌县（昌东镇、蒋巷镇、泾口乡、南新乡、塘南镇、五星垦殖场）；进贤县（民和镇、南台乡、三里乡、二塘乡）。

狗脊属 *Woodwardia* Sm.

※ **狗脊** *Woodwardia japonica* (L. f.) Sm.
多年生草本；极常见。

生于低山、丘陵、岗地或平原等地区路边、林下、村边风水林中。

全市广布。

P40 蹄盖蕨科 Athyriaceae

安蕨属 *Anisocampium* C. Presl

※ **安蕨** *Anisocampium cumingianum* Presl
多年生草本；罕见。
生于低山或丘陵地区山地林下。
分布于新建区（梅岭镇）。

※ **华东安蕨** *Anisocampium sheareri* (Bak.) Ching
多年生草本；罕见。
生于低山或丘陵地区山谷林下溪边。
分布于新建区（梅岭镇）。

蹄盖蕨属 *Athyrium* Roth

※ **溪边蹄盖蕨** *Athyrium deltoidofrons* Makino
多年生草本；偶见。
生于低山或丘陵地区山谷溪边草丛中。
分布于新建区（梅岭镇）。

※ **湿生蹄盖蕨** *Athyrium devolii* Ching
多年生草本；罕见。
生于低山或丘陵地区疏林下溪边草丛。
分布于新建区（招贤镇）。

※ **长江蹄盖蕨** *Athyrium iseanum* Rosenst.
多年生草本；罕见。
生于低山或丘陵地区阔叶林下。
分布于新建区（梅岭镇）。

※ **胎生蹄盖蕨** *Athyrium viviparum* Christ
多年生草本；罕见。
生于低山或丘陵地区密林下阴湿处、溪边林下。
分布于新建区（太平镇）。

对囊蕨属 *Deparia* Hook. & Grev.

※ **单叶双盖蕨** *Deparia lancea* (Thunberg) Fraser–Jenkins
多年生草本；罕见。
生于低山或丘陵地区溪旁林下、岩石上。
分布于新建区（太平镇）。

※ **假蹄盖蕨** *Deparia japonica* (Thunberg) M. Kato
多年生草本；罕见。
生于低山或丘陵地区林下湿地、山谷溪沟边。
分布于安义县（新民乡）。

双盖蕨属 *Diplazium* Sw.

※ **边生短肠蕨** *Diplazium conterminum* Christ
多年生草本；罕见。

生于低山或丘陵地区山谷密林下、林缘溪边。

分布于新建区（梅岭镇）。

※ **双盖蕨** *Diplazium donianum* (Mett.) Tardieu

多年生草本；偶见。

生于低山或丘陵地区林下溪旁。

分布于新建区（石埠镇、招贤镇、望城镇）。

※ **菜蕨** *Diplazium esculentum* (Retz.) Sm.

多年生草本；偶见。

生于低山或丘陵地区山谷林下湿地、河边沼泽。

分布于新建区（西山镇）。

※ **淡绿短肠蕨** *Diplazium virescens* Kunze

多年生草本；罕见。

生于低山或丘陵地区沟谷林下。

分布于新建区（梅岭镇）。

P41 金星蕨科 Thelypteridaceae

毛蕨属 *Cyclosorus* Link

※ **渐尖毛蕨** *Cyclosorus acuminatus* (Houtt.) Nakai

多年生草本；常见。

生于低山、丘陵、岗地或平原等地区溪边林下。

分布于安义县（乔乐乡、万埠镇、新民乡、石鼻镇）；新建区（昌邑乡、范家山、金桥乡、乐化镇、联圩镇、罗亭镇、梅岭镇、樵舍镇、石埠镇、石岗镇、松湖镇、太平镇、西山镇、溪霞镇、洗药湖管理处、象山镇、招贤镇）；红谷滩区（厚田乡、生米镇）；南昌县（黄马乡、蒋巷镇、泾口乡、麻丘镇、塘南镇）；进贤县（池溪乡、罗溪镇、梅庄镇、民和镇、南台乡、前坊镇、泉岭乡、下埠集乡、长山晏乡、钟陵乡）。

※ **齿牙毛蕨** *Cyclosorus dentatus* (Forssk.) Ching

多年生草本；罕见。

生于低山或丘陵地区山谷疏林下、路旁水边。

分布于安义县（新民乡）；新建区（梅岭镇）。

※ **华南毛蕨** *Cyclosorus parasiticus* (L.) Farw.

多年生草本；罕见。

生于丘陵或岗地地区溪边湿地。

分布于新建区（溪霞镇）。

针毛蕨属 *Macrothelypteris* (H. Ito) Ching

※ **针毛蕨** *Macrothelypteris oligophlebia* (Baker) Ching

多年生草本；偶见。

生于低山或丘陵地区山谷水沟边、林缘湿地。

分布于安义县（鼎湖镇、乔乐乡）。

金星蕨属 *Parathelypteris* (H. Ito) Ching

※ **金星蕨** *Parathelypteris glanduligera* (Kunze) Ching

多年生草本；偶见。

生于丘陵或岗地地区疏林下、沟谷林缘、溪边。

分布于进贤县（池溪乡、民和镇、南台乡、钟陵乡）。

卵果蕨属 *Phegopteris* (C. Presl) Fee

※ **延羽卵果蕨** *Phegopteris decursive-pinnata* (H. C. Hall) Fée
多年生草本；罕见。
生于低山或丘陵地区山地湿润草坡、沟谷林下。
分布于新建区（梅岭镇）。

新月蕨属 *Pronephrium* C.Presl

※ **披针新月蕨** *Pronephrium penangianum* (Hook.) Holttum
多年生草本；罕见。
生于低山或丘陵地区山地林下、水沟边。
分布于新建区（梅岭镇）。

假毛蕨属 *Pseudocyclosorus* (Ching) Panigrahi

※ **普通假毛蕨** *Pseudocyclosorus subochthodes* (Ching) Ching
多年生草本；罕见。
生于低山或丘陵地区湿润草坡。
分布于新建区（招贤镇）。

※ **假毛蕨** *Pseudocyclosorus tylodes* (Kze.) Holtt.
多年生草本；偶见。
生于低山或丘陵地区溪边林下、岩石上。
分布于新建区（西山镇）。

P44 鳞毛蕨科 Dryopteridaceae

复叶耳蕨属 *Arachniodes* Blume

※ **斜方复叶耳蕨** *Arachniodes amabilis* (Blume) Tindale
多年生草本；偶见。
生于低山或丘陵地区山地林下岩缝、泥土上。
分布于安义县（新民乡）。

※ **刺头复叶耳蕨** *Arachniodes aristata* (G. Forst.) Tindale
多年生草本；罕见。
生于低山或丘陵地区山地林下、岩上。
分布于安义县（新民乡）。

※ **长尾复叶耳蕨** *Arachniodes simplicior* (Makino) Ohwi
多年生草本；罕见。
生于低山或丘陵地区山坡林下。
分布于新建区（梅岭镇）。

贯众属 *Cyrtomium* C. Presl

※ **贯众** *Cyrtomium fortunei* J. Sm.
多年生草本；常见。
生于丘陵或岗地地区林下岩石缝中。
分布于新建区（梅岭镇、招贤镇）；南昌县（泾口乡）。

鳞毛蕨属 *Dryopteris* Adanson

※ **阔鳞鳞毛蕨** *Dryopteris championii* (Benth.) C. Chr.

多年生草本；常见。

生于低山、丘陵、岗地或平原等地区林下、路边灌丛、村边风水林中。

分布于安义县（鼎湖镇、东阳镇、黄洲镇、龙津镇、乔乐乡、石鼻镇、万埠镇、新民乡、长埠镇、长均乡）；新建区（金桥乡、罗亭镇、梅岭镇、樵舍镇、石埠镇、石岗镇、松湖镇、西山镇、溪霞镇、象山镇、招贤镇）；青山湖区（艾溪湖管理处）；南昌县（蒋巷镇、向塘镇）；进贤县（白圩乡、池溪乡、罗溪镇、梅庄镇、民和镇、南台乡、七里乡、前坊镇、三里乡、石牛窝、文港镇、下埠集乡、张公镇、长山晏乡、钟陵乡）。

※ **深裂迷人鳞毛蕨** *Dryopteris decipiens* var. *diplazioides* (Christ) Ching

多年生草本；罕见。

生于低山或丘陵地区阔叶林下。

分布于新建区（招贤镇）。

※ **德化鳞毛蕨** *Dryopteris dehuaensis* Ching et Shing

多年生草本；罕见。

生于低山或丘陵地区阔叶林下。

分布于新建区（梅岭镇）。

※ **红盖鳞毛蕨** *Dryopteris erythrosora* (D. C. Eaton) Kuntze

多年生草本；罕见。

生于低山或丘陵地区山地林下。

分布于新建区（招贤镇）。

※ **黑足鳞毛蕨** *Dryopteris fuscipes* C. Chr.

多年生草本；常见。

生于低山、丘陵、岗地或平原等地区林下、路边灌丛。

分布于安义县（东阳镇、黄洲镇、龙津镇、乔乐乡、石鼻镇、新民乡、长埠镇、长均乡）；新建区（昌邑乡、联圩镇、石岗镇、太平镇、招贤镇）；南昌县（蒋巷镇、泾口乡、南新乡、塘南镇、五星垦殖场、向塘镇）；进贤县（民和镇、南台乡、三阳集乡、钟陵乡）。

※ **京鹤鳞毛蕨** *Dryopteris kinkiensis* Koidz. ex Tagawa

多年生草本；罕见。

生于低山或丘陵地区山坡针阔叶混交林下。

分布于安义县（新民乡）。

※ **变异鳞毛蕨** *Dryopteris varia* (L.) Kuntze

多年生草本；偶见。

生于低山或丘陵地区林下湿地、岩缝中。

分布于新建区（梅岭镇）。

耳蕨属 *Polystichum* Roth

※ **鞭叶耳蕨** *Polystichum craspedosorum* (Maxim.) Diels

多年生草本；罕见。

生于低山或丘陵地区阴面干燥岩石上。

分布于新建区（西山镇）。

P45 肾蕨科 Nephrolepidaceae

肾蕨属 *Nephrolepis* Schott

※ **肾蕨** *Nephrolepis cordifolia* (L.) C. Presl

多年生草本；偶见。

生于低山、丘陵或岗地等地区溪边林下。

分布于新建区（樵舍镇、招贤镇）；进贤县（池溪乡）。

P47 三叉蕨科 Tectariaceae

三叉蕨属 *Tectaria* Cav.

※ **条裂三叉蕨** *Tectaria phaeocaulis* (Rosenst.) C. Chr.

多年生草本；偶见。

生于低山或丘陵地区山谷、河边密林下阴湿处。

分布于新建区（蛟桥镇、梅岭镇）。

P49 骨碎补科 Davalliaceae

骨碎补属 *Davallia* Sm.

※ **杯盖阴石蕨** *Davallia griffithiana* Hook.

多年生草本；偶见。

生于低山或丘陵地区沟谷林下石壁、树干上。

分布于安义县（石埠镇）；新建区（梅岭镇、西山镇）

P50 水龙骨科 Olypodiaceae

槲蕨属 *Drynaria* (Bory) J. Sm.

※ **槲蕨** *Drynaria roosii* Nakaike

多年生草本；偶见。

生于低山或丘陵地区树干、石上、墙缝。

分布于安义县（新民乡、乔乐乡）；新建区（太平镇、洗药湖管理处、招贤镇、梅岭镇）；进贤县（白圩乡）。

棱脉蕨属 *Goniophlebium* (Blume) C. Presl

※ **日本水龙骨** *Goniophlebium niponicum* (Mett.) Yea C.Liu, W.L.Chiou & M.Kato

多年生草本；罕见。

生于低山或丘陵地区湿润石壁上。

分布于新建区（梅岭镇）。

瓦韦属 *Lepisorus* (J. Sm.) Ching

※ **盾蕨** *Lepisorus ovatus* (Wall. ex Bedd.) C. F. Zhao, R. Wei & X. C. Zhang

多年生草本；罕见。

生于低山或丘陵地区混交林下阴湿处。

分布于安义县（新民乡）。

※ **表面星蕨** *Lepisorus superficialis* (Blume) C. F. Zhao, R. Wei & X. C. Zhang

多年生草本；罕见。

生于低山或丘陵地区林间树干、石壁。

分布于新建区（梅岭镇）。

※ **瓦韦** *Lepisorus thunbergianus* (Kaulf.) Ching.
多年生草本；偶见。
生于低山或丘陵地区石上、树上、房屋顶。
分布于新建区（太平镇）。

※ **阔叶瓦韦** *Lepisorus tosaensis* (Makino) H. Ito
多年生草本；罕见。
生于低山或丘陵地区林间树干、石壁。
分布于安义县（新民乡）。

※ **乌苏里瓦韦** *Lepisorus ussuriensis* (Regel & Maack) Ching
多年生草本；罕见。
生于低山或丘陵地区林下、山坡阴处岩石缝。
分布于新建区（太平镇）。

薄唇蕨属 *Leptochilus* Kaulf.

※ **线蕨** *Leptochilus ellipticus* (Thunb.) Noot.
多年生草本；罕见。
生于低山或丘陵地区山坡林下、溪边岩石上。
分布于新建区（梅岭镇）。

石韦属 *Pyrrosia* Mirbel

※ **石蕨** *Pyrrosia angustissima* (Giesenh. ex Diels) Tagawa & K. Iwats.
多年生草本；罕见。
生于低山或丘陵地区阴湿石上、树干上。
分布于安义县（石鼻镇）；新建区（西山镇）。

※ **石韦** *Pyrrosia lingua* (Thunb.) Farw.
多年生草本；偶见。
生于低山或丘陵地区山地林下树干、稍干石头上。
分布于安义县（新民乡）；新建区（太平镇）。

※ **有柄石韦** *Pyrrosia petiolosa* (Christ) Ching
多年生草本；罕见。
生于低山或丘陵地区山地干旱裸露岩石上。
分布于安义县（新民乡）；新建区（招贤镇）。

修蕨属 *Selliguea* Bory

※ **金鸡脚假瘤蕨** *Selliguea hastata* (Thunberg) Fraser-Jenkins
多年生草本；罕见。
生于低山或丘陵地区阴湿石壁上。
分布于新建区（梅岭镇）。

裸子植物
GYMNOSPERMAE

G1 苏铁科 Cycadaceae

苏铁属 *Cycas* L.

※ * **苏铁** *Cycas revoluta* Thunb.
常绿灌木；常见。
生于公园绿地。
全市广为栽培。

G2 银杏科 Ginkgoaceae

银杏属 *Ginkgo* L.

※ * **银杏** *Ginkgo biloba* L.
落叶乔木；常见。
生于路边、屋旁。
全市广为栽培。

G4 松科 Pinaceae

冷杉属 *Abies* Mill.

※ * **日本冷杉** *Abies firma* Siebold et Zucc.
常绿乔木；偶见。
生于城市公园绿地。
市内有栽培。

雪松属 *Cedrus* Trew

※ * **雪松** *Cedrus deodara* (Roxb.) G. Don
常绿乔木；常见。
生于城乡绿地。
全市广为栽培。

松属 *Pinus* L.

※ * **湿地松** *Pinus elliottii* Engelm.
常绿乔木；常见。
生于低山、丘陵、岗地或平原等地区针叶林中。
全市广为栽培。

※ * **华南五针松** *Pinus kwangtungensis* Chun ex Tsiang
常绿乔木；罕见。
生于城乡绿地。
市内有栽培。

※ **马尾松** *Pinus massoniana* Lamb.
常绿乔木；极常见。
生于低山、丘陵、岗地或平原等地区山脊、向阳地带。
全市广布。

※ * **日本五针松** *Pinus parviflora* Siebold et Zucc.
常绿灌木。
生于城乡绿地。
市内有栽培。

※ * **火炬松** *Pinus taeda* L.
常绿乔木；罕见。
生于低山、丘陵或岗地等地区人工林中。
市内有栽培。

※ * **黑松** *Pinus thunbergii* Parlatore
常绿乔木；常见。
生于低山、丘陵或岗地等地区林中、城乡绿地。
全市广为栽培。

金钱松属 *Pseudolarix* Gordon

※ * **金钱松** *Pseudolarix amabilis* (J. Nelson) Rehder
落叶乔木；偶见。
生于城乡公园绿地。
分布于新建区（太平镇、招贤镇）；进贤县（张公镇、钟陵乡）。

G6 柏科 Cupressaceae

翠柏属 *Calocedrus* Kurz

※ * **翠柏** *Calocedrus macrolepis* Kurz
常绿乔木；罕见。
生于植物园。
市内有栽培。

扁柏属 *Chamaecyparis* Spach

※ * **日本扁柏** *Chamaecyparis obtusa* (Siebold et Zucc.) Enelicher
常绿乔木；罕见。
生于城乡绿地。
市内有栽培。

※ * **日本花柏** *Chamaecyparis pisifera* (Siebold & Zucc.) Endl.
常绿乔木；罕见。
生于城乡绿地。
市内有栽培。

柳杉属 *Cryptomeria* D. Don

※ * **柳杉** *Cryptomeria japonica* var. *sinensis* Miq.
常绿乔木；常见。
生于低山、丘陵、岗地或平原等地区山坡林中、路边、村宅附近。
全市广为栽培。

杉木属 *Cunninghamia* R. Br. ex A. Rich.

※ * **杉木 *Cunninghamia lanceolata*** (Lamb.) Hook.
常绿乔木；极常见。
生于低山、丘陵、岗地或平原等地区山坡林中。
分布于安义县（鼎湖镇、东阳镇、黄洲镇、龙津镇、乔乐乡、石鼻镇、万埠镇、新民乡、长埠镇、长均乡）；新建区（范家山、联圩镇、罗亭镇、梅岭镇、樵舍镇、石埠镇、石岗镇、松湖镇、太平镇、西山镇、溪霞镇、洗药湖管理处、招贤镇）；红谷滩区（生米镇）；东湖区（扬子洲镇）；南昌县（八一乡、昌东镇、黄马乡、蒋巷镇、泾口乡、南新乡、塔城乡、塘南镇、五星垦殖场、武阳镇、向塘镇、幽兰镇）；进贤县（白圩乡、池溪乡、二塘乡、架桥镇、李渡镇、罗溪镇、民和镇、南台乡、七里乡、前坊镇、泉岭乡、三阳集乡、文港镇、下埠集乡、衙前乡、张公镇、长山晏乡、钟陵乡）。

柏木属 *Cupressus* L.

※ **柏木 *Cupressus funebris*** Endl.
常绿乔木；罕见。
生于低山或丘陵地区山地林中、村庄附近。
分布于安义县（新民乡）；新建区（西山镇）。

福建柏属 *Fokienia* A. Henry & H. H. Thomas

※ * **福建柏 *Fokienia hodginsii*** (Dunn) A. Henry et Thomas
常绿乔木；罕见。
生于城乡绿地。
市内有栽培。

水松属 *Glyptostrobus* Endl.

※ * **水松 *Glyptostrobus pensilis*** (Staunton ex D. Don) K. Koch
半常绿乔木；罕见。
生于城乡绿地。
分布于南昌县（泾口乡、幽兰镇）。

刺柏属 *Juniperus* L.

※ * **圆柏 *Juniperus chinensis*** L.
常绿乔木；偶见。
生于城乡绿地。
全市广为栽培。

※ **刺柏 *Juniperus formosana*** Hayata
常绿乔木；偶见。
生于丘陵或岗地地区干旱陡峭山坡。
分布于新建区（蛟桥镇）。
全市城乡绿地广为栽培。

水杉属 *Metasequoia* Hu & W. C. Cheng

※ * **水杉 *Metasequoia glyptostroboides*** Hu & W. C. Cheng
常绿乔木；频见。

生于城乡绿地、河湖堤坝、岸边。

分布于新建区（罗亭镇、洗药湖管理处、招贤镇、溪霞镇、梅岭镇）；南昌县（广福镇、黄马乡、蒋巷镇、泾口乡、麻丘镇、南新乡、塘南镇、幽兰镇）；进贤县（梅庄镇、民和镇、南台乡、七里乡、钟陵乡）。

侧柏属 *Platycladus* Spach

※ * **侧柏 *Platycladus orientalis*** (L.) Franco
常绿乔木；偶见。
生于城乡绿地。
市内广泛栽培。

台湾杉属 *Taiwania* Hayata

※ * **台湾杉 *Taiwania cryptomerioides*** Hayata
常绿乔木；罕见。
生于人工林中。
南昌市植物园有栽培。

落羽杉属 *Taxodium* Rich.

※ * **落羽杉 *Taxodium distichum*** (L.) Rich.
半常绿乔木；罕见。
生于河湖岸边湿地。
分布于安义县（万埠镇）；南昌县（麻丘镇）。

※ * **池杉 *Taxodium distichum* var. *imbricatum*** (Nutt.) Croom
半常绿乔木；频见。
生于河湖湿地。
分布于安义县（鼎湖镇）；新建区（联圩镇、梅岭镇、南矶乡、西山镇、溪霞镇）；南昌县（昌东镇、广福镇、蒋巷镇、泾口乡、麻丘镇、南新乡、塘南镇、五星垦殖场、幽兰镇）；进贤县（白圩乡、梅庄镇、民和镇、南台乡、三里乡、下埠集乡、长山晏乡、钟陵乡）。

崖柏属 *Thuja* L.

※ * **北美香柏 *Thuja occidentalis*** L.
常绿乔木；罕见。
生于城乡绿地。
市内有栽培。

G7 罗汉松科 Podocarpaceae

竹柏属 *Nageia* Gaertn.

※ * **竹柏 *Nageia nagi*** (Thunb.) Kuntze
常绿乔木；偶见。
生于城乡绿地。
市内有栽培。

罗汉松属 *Podocarpus* L'Hér. ex Pers.

※ * **短叶罗汉松** *Podocarpus chinensis* Wall. ex J. Forbes
常绿乔木；罕见。
生于城乡绿地。
市内有栽培。

※ * **罗汉松** *Podocarpus macrophyllus* (Thunb.) Sweet
常绿乔木；偶见。
生于城乡绿地。
全市广泛栽培。

G9 红豆杉科 Taxaceae

三尖杉属 *Cephalotaxus* Siebold & Zucc. ex Endl.

※ **三尖杉** *Cephalotaxus fortunei* Hooker
常绿小乔木；偶见。
生于低山或丘陵地区山地林中。
分布于安义县（石埠镇、石鼻镇）；新建区（招贤镇、梅岭镇）。

※ * **粗榧** *Cephalotaxus sinensis* (Rehder & E. H. Wilson) H. L. Li
常绿乔木；罕见。
生于城乡绿地。
市内有栽培。

红豆杉属 *Taxus* L.

※ * **间型红豆杉** *Taxus × media* Rehder
常绿灌木；罕见。
生于城乡绿地。
市内有栽培。

※ * **红豆杉** *Taxus wallichiana* var. *chinensis* (Pilger) Florin
常绿乔木；罕见。
生于植物园。
市内有栽培。

※ **南方红豆杉** *Taxus wallichiana* var. *mairei* (Lemée & H. Lév.) L. K. Fu & Nan Li
常绿乔木；偶见。
生于低山或丘陵地区山地林中、屋旁、村边风水林中。
分布于安义县（新民乡）；新建区（西山镇、溪霞镇、洗药湖管理处、太平镇、招贤镇）。

榧属 *Torreya* Arn.

※ * **香榧** *Torreya grandis* Hu
常绿乔木；罕见。
生于植物园。
市内有栽培。

被子植物

ANGIOSPERMAE

004 睡莲科 Nymphaeaceae

芡属 *Euryale* Salisb.

※ **芡** *Euryale ferox* Salisb. ex K. D. Koenig & Sims
一年生水生草本；罕见。
生于平原地区坑塘、湖泊沼泽。
分布于新建区（南矶乡）；南昌县（塘南镇）；进贤县（三里乡、前坊镇、三阳镇）。

萍蓬草属 *Nuphar* Sm.

※ **萍蓬草** *Nuphar pumila* (Timm) DC.
多年生水生草本；偶见。
生于岗地或平原地区坑塘。
分布于新建区（联圩镇）；南昌县（蒋巷镇、五星垦殖场）；进贤县（文港镇）。

睡莲属 *Nymphaea* L.

※ * **白睡莲** *Nymphaea alba* L.
多年生水生草本；罕见。
生于平原地区池塘。
分布于新建区（联圩镇）；南昌县（泾口乡）。

※ * **延药睡莲** *Nymphaea nouchali* Burm. f.
多年生水生草本；罕见。
生于平原地区池塘。
分布于南昌县（麻丘镇）。

※ * **红睡莲** *Nymphaea tetragona* Georgi
多年生水生草本；罕见。
生于平原地区池塘。
市内广泛栽培。

007 五味子科 Schisandraceae

南五味子属 *Kadsura* Kaempf. ex Juss.

※ **异形南五味子** *Kadsura heteroclita* (Roxb.) Craib
常绿木质藤本；罕见。
生于低山或丘陵地区山谷、溪边密林中。
分布于新建区（招贤镇）。

※ **日本南五味子** *Kadsura japonica* (L.) Dunal
常绿木质藤本；罕见。
生于低山或丘陵地区山坡林中。
分布于新建区（西山镇）。

※ **南五味子** *Kadsura longipedunculata* Finet & Gagnep.
常绿木质藤本；偶见。
生于低山、丘陵或岗地等地区路边、林缘。
分布于安义县（龙津镇、石鼻镇）；新建区（罗亭镇、太平镇、招贤镇、梅岭镇）；进贤县（七里乡、前坊镇、钟陵乡）。

五味子属 *Schisandra* Michx.

　　※ **绿叶五味子** *Schisandra arisanensis* subsp. *viridis* (A. C. Sm.) R. M. K. Saunders
　　　落叶木质藤本；罕见。
　　　生于低山或丘陵地区山坡林中。
　　　分布于新建区（梅岭镇）。文献记载，未见标本或照片。

　　※ **华中五味子** *Schisandra sphenanthera* Rehd. et Wils.
　　　落叶木质藤本；罕见。
　　　生于低山或丘陵地区山坡林中。
　　　分布于新建区（招贤镇）。

010 三白草科 Saururaceae

蕺菜属 *Houttuynia* Thunb.

　　※ **蕺菜** *Houttuynia cordata* Thunb.
　　　多年生草本；极常见。
　　　生于低山、丘陵、岗地或平原等地区溪边、田埂、河湖堤坝、园地、苗圃地、灌草丛中。
　　　全市广布。

三白草属 *Saururus* L.

　　※ **三白草** *Saururus chinensis* (Lour.) Baill.
　　　多年生草本；偶见。
　　　生于丘陵或岗地地区低湿沟边、塘边、溪旁。
　　　分布于新建区（石岗镇、西山镇、太平镇）；青山湖区（罗家镇）。

011 胡椒科 Piperaceae

草胡椒属 *Peperomia* Ruiz & Pav.

　　※ # **草胡椒** *Peperomia pellucida* (L.) Kunth
　　　一年生草本；偶见。
　　　生于低山或丘陵地区石缝中或墙角。
　　　分布于新建区（梅岭镇）。

胡椒属 *Piper* L.

　　※ **山蒟** *Piper hancei* Maxim.
　　　常绿木质藤本；罕见。
　　　生于低山或丘陵地区山地溪涧边、密林、疏林中、树上、石上。
　　　分布于新建区（溪霞镇）。

　　※ **石南藤** *Piper wallichii* (Miq.) Hand.–Mazz.
　　　常绿木质藤本；罕见。
　　　生于低山或丘陵地区山地林中，攀附树干。
　　　分布于新建区（太平镇）。

012 马兜铃科 Aristolochiaceae

马兜铃属 *Aristolochia* L.

※ **马兜铃** *Aristolochia debilis* Siebold & Zucc.
多年生草质藤本；偶见。
生于低山、丘陵或岗地等地区沟边、路旁灌草丛中。
分布于安义县（新民乡）；新建区（梅岭镇、太平镇、溪霞镇）；南昌县（塘南镇）。

※ **管花马兜铃** *Aristolochia tubiflora* Dunn
多年生草质藤本；罕见。
生于低山或丘陵地区山地林下。
分布于安义县（新民乡）；新建区（梅岭镇）。

细辛属 *Asarum* L.

※ **尾花细辛** *Asarum caudigerum* Hance
多年生草本；罕见。
生于低山或丘陵地区山地林下、溪边、路旁阴湿地。
分布于安义县（新民乡）。

※ **杜衡** *Asarum forbesii* Maxim.
多年生草本；罕见。
生于低山或丘陵地区山地林下、溪边阴湿地。
分布于新建区（梅岭镇）。文献记载，未见标本或照片。

※ **小叶马蹄香** *Asarum ichangense* C. Y. Cheng & C. S. Yang
多年生草本；罕见。
生于低山或丘陵地区山地林下。
分布于安义县（新民乡）。

关木通属 *Isotrema* Raf.

※ **寻骨风** *Isotrema mollissimum* (Hance) X. X. Zhu, S. Liao & J. S. Ma
常绿木质藤本；罕见。
生于丘陵、岗地或平原等地区溪边、路边灌草丛、村边风水林林缘。
分布于新建区（昌邑乡）。

014 木兰科 Magnoliaceae

厚朴属 *Houpoea* N. H. Xia & C. Y. Wu

※ * **厚朴** *Houpoea officinalis* (Rehder & E. H. Wilson) N. H. Xia & C. Y. Wu
落叶乔木；常见。
生于低山、丘陵或岗地等地区人工林中、城乡绿地、房前屋后。
全市广泛栽培。

鹅掌楸属 *Liriodendron* L.

※ * **鹅掌楸** *Liriodendron chinense* (Hemsl.) Sarg.
落叶乔木；偶见。
生于低山、丘陵或岗地等地区人工林中、城乡绿地、房前屋后。

全市广泛栽培。

※ * **杂交鹅掌楸** *Liriodendron × sinoamericanum* P.C. Yieh ex C.B. Shang & Zhang R. Wang
落叶乔木；常见。
生于低山、丘陵或岗地等地区人工林中、城乡绿地、房前屋后。
全市广泛栽培。

北美木兰属 *Magnolia* L.

※ * **荷花木兰** *Magnolia grandiflora* L.
常绿乔木；常见。
生于城乡绿地。
全市广泛栽培。

木莲属 *Manglietia* Blume

※ * **桂南木莲** *Manglietia conifera* Dandy
常绿乔木；偶见。
生于城乡绿地。
市内有栽培。

※ * **落叶木莲** *Manglietia decidua* Q. Y. Zheng
落叶乔木；偶见。
生于城乡绿地。
市内有栽培。

※ * **木莲** *Manglietia fordiana* Oliv.
常绿乔木；偶见。
生于城乡绿地。
市内有栽培。

※ * **大果木莲** *Manglietia grandis* Hu et Cheng
常绿乔木；罕见。
生于南昌植物园。
市内有栽培。

含笑属 *Michelia* L.

※ * **白兰** *Michelia × alba* DC.
常绿乔木；偶见。
生于城乡绿地。
市内有栽培。

※ * **乐昌含笑** *Michelia chapensis* Dandy
常绿乔木；频见。
生于城乡绿地。
市内广泛栽培。

※ * **含笑花** *Michelia figo* (Lour.) Spreng.
常绿灌木；常见。
生于城乡绿地。
市内广泛栽培。

※ * **金叶含笑** *Michelia foveolata* Merr. ex Dandy
常绿乔木；罕见。
生于城乡绿地。

市内有栽培。

※ * **醉香含笑** *Michelia macclurei* Dandy
常绿乔木；罕见。
生于城乡绿地。
市内广泛栽培。

※ * **深山含笑** *Michelia maudiae* Dunn
常绿乔木；偶见。
生于城乡绿地。
市内广泛栽培。

※ **野含笑** *Michelia skinneriana* Dunn
常绿乔木；罕见。
生于低山或丘陵地区山地林中。
分布于安义县（新民乡）；新建区（招贤镇）。

拟单性木兰属 *Parakmeria* Hu & W. C. Cheng

※ * **乐东拟单性木兰** *Parakmeria lotungensis* (Chun et C. Tsoong) Law
常绿乔木；偶见。
生于城乡绿地。
市内有栽培。

玉兰属 *Yulania* Spach

※ * **天目玉兰** *Yulania amoena* (W. C. Cheng) D. L. Fu
落叶乔木；罕见。
生于城乡绿地。
市内有栽培。

※ **望春玉兰** *Yulania biondii* (Pamp.) D. L. Fu
落叶乔木；偶见。
生于低山、丘陵或岗地等地区林中、房前屋后。
分布于新建区（太平镇）。

※ * **黄山木兰** *Yulania cylindrica* (E. H. Wilson) D. L. Fu
落叶乔木；偶见。
生于城乡绿地。
全市广泛栽培。

※ **玉兰** *Yulania denudata* (Desr.) D. L. Fu
落叶乔木；常见。
生于低山、丘陵或岗地等地区林中。
分布于安义县（新民乡）；新建区（罗亭镇、梅岭镇、石岗镇、太平镇、西山镇、溪霞镇、洗药湖管理处、招贤镇）；进贤县（张公镇、钟陵乡）。

※ * **紫玉兰** *Yulania liliiflora* (Desr.) D. L. Fu
落叶乔木；频见。
生于城乡绿地。
全市广泛栽培。

※ * **二乔玉兰** *Yulania × soulangeana* (Soul.–Bod.) D. L. Fu
落叶乔木；偶见。
生于城乡绿地。
全市广泛栽培。

※ * **武当玉兰** *Yulania sprengeri* (Pamp.) D. L. Fu
落叶乔木；偶见。
生于城乡绿地。
市内有栽培。

※ * **宝华玉兰** *Yulania zenii* (W. C. Cheng) D. L. Fu
落叶乔木；罕见。
生于南昌植物园。
市内有栽培。

019 蜡梅科 Calycanthaceae

蜡梅属 *Chimonanthus* Lindl.

※ **蜡梅** *Chimonanthus praecox* (L.) Link
落叶灌木；偶见。
生于丘陵或岗地地区林中、溪边多石灌丛中。
分布于新建区（梅岭镇、太平镇）；青云谱区（青云谱镇）；进贤县（张公镇、钟陵乡）。

※ * **山蜡梅** *Chimonanthus nitens* Oliv.
常绿灌木；偶见。
生于城乡绿地。
市内有栽培。

※ * **柳叶蜡梅** *Chimonanthus salicifolius* H. H. Hu.
半常绿灌木；偶见。
生于城乡绿地。
市内有栽培。

025 樟科 Lauraceae

樟属 *Cinnamomum* Schaeff.

※ **毛桂** *Cinnamomum appelianum* Schewe
常绿灌木或小乔木；罕见。
生于低山或丘陵地区山地林中。
分布于新建区（西山镇）。

※ * **阴香** *Cinnamomum burmanni* (Nees & T. Nees) Blume
常绿乔木；罕见。
生于城乡绿地。
市内广泛栽培。

※ **樟** *Cinnamomum camphora* (L.) J. Presl
常绿乔木；极常见。
生于丘陵、岗地或平原等地区路边、林中、房前屋后、村边风水林中。
全市广布。

※ * **天竺桂** *Cinnamomum japonicum* Siebold
常绿乔木；罕见。
生于城乡绿地。
市内有栽培。

※ **黄樟** *Cinnamomum parthenoxylon* (Jack) Meisner
常绿乔木；偶见。
生于低山或丘陵地区山谷、山坡阔叶林中。

分布于安义县（新民乡）；新建区（招贤镇、梅岭镇）；进贤县（钟陵乡）。

※ **香桂 *Cinnamomum subavenium* Miq.**

常绿乔木；罕见。

生于低山或丘陵地区山坡或山谷常绿阔叶林中。

分布于新建区（西山镇）。

山胡椒属 *Lindera* Thunb.

※ **乌药 *Lindera aggregata* (Sims) Kosterm.**

常绿灌木或小乔木；极常见。

生于低山、丘陵、岗地或平原等地区向阳坡地、山脊林中、村边风水林、灌丛中。

分布于安义县（东阳镇、黄洲镇、龙津镇、石鼻镇、万埠镇、新民乡、长埠镇、长均乡）；新建区（罗亭镇、梅岭镇、樵舍镇、石埠镇、石岗镇、松湖镇、太平镇、西山镇、溪霞镇、洗药湖管理处、招贤镇）；南昌县（黄马乡、向塘镇、幽兰镇）；进贤县（白圩乡、池溪乡、二塘乡、罗溪镇、民和镇、南台乡、前坊镇、三阳集乡、石牛窝、文港镇、下埠集乡、张公镇、长山晏乡、钟陵乡）。

※ **狭叶山胡椒 *Lindera angustifolia* W. C. Cheng**

落叶灌木或小乔木；常见。

生于丘陵、岗地或平原等地区山坡、溪沟灌丛、林缘。

分布于安义县（东阳镇、黄洲镇、龙津镇、乔乐乡、石鼻镇、万埠镇、新民乡、长埠镇）；新建区（金桥乡、乐化镇、罗亭镇、南矶乡、樵舍镇、石岗镇、铁河乡、西山镇、溪霞镇）；红谷滩区（厚田乡、流湖镇）；南昌县（五星垦殖场）；进贤县（白圩乡、池溪乡、二塘乡、李渡镇、民和镇、南台乡、七里乡、前坊镇、三里乡、三阳集乡、石牛窝、文港镇、下埠集乡、张公镇、长山晏乡、钟陵乡）。

※ **江浙山胡椒 *Lindera chienii* W. C. Cheng**

落叶小乔木；罕见。

生于低山或丘陵地区山地林中。

分布于新建区（梅岭镇）。文献记载，未见标本或照片。

※ **香叶树 *Lindera communis* Hemsl.**

常绿灌木或小乔木；罕见。

生于低山或丘陵地区山地林中。

分布于安义县（新民乡）。

※ **红果山胡椒 *Lindera erythrocarpa* Makino**

落叶灌木或小乔木；偶见。

生于低山或丘陵地区山地林中、灌丛中。

分布于安义县（新民乡）；新建区（招贤镇、梅岭镇）。

※ **山胡椒 *Lindera glauca* (Siebold & Zucc.) Blume**

落叶灌木或小乔木；常见。

生于低山、丘陵、岗地或平原等地区灌丛、林下、路边、村边风水林中。

分布于安义县（鼎湖镇、东阳镇、黄洲镇、乔乐乡、新民乡、长均乡、长埠镇、石鼻镇）；新建区（罗亭镇、梅岭镇、樵舍镇、太平镇、西山镇、洗药湖管理处、招贤镇）；进贤县（白圩乡、池溪乡、架桥镇、罗溪镇、民和镇、南台乡、三阳集乡、下埠集乡、衙前乡、长山晏乡、钟陵乡）。

※ **黑壳楠 *Lindera megaphylla* Hemsl.**

常绿乔木；罕见。

生于低山或丘陵地区谷地湿润常绿阔叶林中。

分布于新建区（新民乡）。

※ **绿叶甘橿 *Lindera neesiana* (Wallich ex Nees) Kurz**

落叶灌木；罕见。

生于低山或丘陵地区山地上部阔叶林中。

分布于安义县（新民乡）。

※ **山橿** *Lindera reflexa* Hemsl.

落叶灌木或小乔木；常见。

生于低山、丘陵、岗地或平原等地区山坡林下、灌丛、村边风水林中。

分布于安义县（石鼻镇、万埠镇、新民乡）；新建区（金桥乡、罗亭镇、梅岭镇、樵舍镇、太平镇、西山镇、溪霞镇、洗药湖管理处、招贤镇）；南昌县（向塘镇、黄马乡）；进贤县（白圩乡、池溪乡、民和镇、二塘乡、三阳集乡、文港镇、下埠集乡、钟陵乡）。

木姜子属 *Litsea* Lam.

※ **毛豹皮樟** *Litsea coreana* var. *lanuginosa* (Migo) Yen C. Yang & P. H. Huang

常绿乔木；罕见。

生于低山或丘陵地区山地次生林中。

分布于安义县（新民乡）。

※ **山鸡椒** *Litsea cubeba* (Lour.) Pers.

落叶灌木或小乔木；频见。

生于低山、丘陵、岗地或平原等地区向阳山坡、林缘、溪边灌丛中。

分布于安义县（龙津镇、石鼻镇、新民乡、长埠镇）；新建区（罗亭镇、梅岭镇、南矶乡、石岗镇、西山镇、洗药湖管理处）；进贤县（白圩乡、民和镇、南台乡、七里乡、石牛窝、文港镇、张公镇、钟陵乡）。

※ **毛山鸡椒** *Litsea cubeba* var. *formosana* (Nakai) Yen C. Yang & P. H. Huang

落叶小乔木；罕见。

生于低山或丘陵地区山地路旁、旷地。

分布于新建区（西山镇）。

※ **黄丹木姜子** *Litsea elongata* (Wall. ex Ness) Benth. & Hook. f.

常绿乔木；偶见。

生于低山或丘陵地区山地次生林中。

分布于安义县（新民乡）；新建区（梅岭镇、招贤镇）。

※ **毛叶木姜子** *Litsea mollis* Hemsl.

落叶灌木或小乔；频见。

生于低山、丘陵、岗地或平原等地区向阳山坡、林缘、溪边灌丛中。

分布于安义县（鼎湖镇）；新建区（罗亭镇、梅岭镇、石埠镇、石岗镇、太平镇、西山镇、溪霞镇、招贤镇）；南昌县（泾口乡）；进贤县（池溪乡、南台乡、三里乡、二塘乡）。

※ **木姜子** *Litsea pungens* Hemsl.

落叶小乔木；频见。

生于低山、丘陵、岗地或平原等地区向阳山坡、林缘、溪边灌丛中。

分布于新建区（罗亭镇、梅岭镇、招贤镇）；南昌县（向塘镇）；进贤县（白圩乡、池溪乡、二塘乡、罗溪镇、民和镇、南台乡、前坊镇、泉岭乡、三阳集乡、石牛窝、下埠集乡、长山晏乡、钟陵乡）。

润楠属 *Machilus* Nees

※ **黄绒润楠** *Machilus grijsii* Hance

常绿乔木；偶见。

生于低山、丘陵或岗地等地区阔叶林、灌丛中。

分布于安义县（新民乡）；进贤县（李渡镇、下埠集乡）。

※ **薄叶润楠** *Machilus leptophylla* Hand.-Mazz.

常绿乔木；偶见。

生于低山或丘陵地区阴坡谷地林中。

分布于安义县（新民乡）；新建区（梅岭镇）。

　　※ **刨花润楠** *Machilus pauhoi* Kanehira

　　　常绿乔木；罕见。

　　　生于低山或丘陵地区山地林中。

　　　分布于安义县（新民乡）；新建区（太平镇）。

　　※ **红楠** *Machilus thunbergii* Sieb. et Zucc.

　　　常绿乔木；偶见。

　　　生于低山或丘陵地区山地林中。

　　　分布于安义县（新民乡）；新建区（罗亭镇）。

新木姜子属 *Neolitsea* Merr.

　　※ **新木姜子** *Neolitsea aurata* (Hayata) Koidz.

　　　常绿乔木；罕见。

　　　生于低山或丘陵地区山地次生林中。

　　　分布于安义县（新民乡）。

　　※ **浙江新木姜子** *Neolitsea aurata* var. *chekiangensis* (Nakai) Yang et P.H.Huang

　　　常绿灌木；罕见。

　　　生于低山或丘陵地区山地林中。

　　　分布于安义县（新民乡）。

　　※ **云和新木姜子** *Neolitsea aurata* var. *paraciculata* (Nakai) Yang et P.H.Huang

　　　常绿灌木；罕见。

　　　生于低山或丘陵地区山地上部林中。

　　　分布于新建区（梅岭镇）。

楠属 *Phoebe* Nees

　　※ **闽楠** *Phoebe bournei* (Hemsl.) Yang

　　　常绿乔木；罕见。

　　　生于低山或丘陵地区山地沟谷阔叶林中。

　　　分布于安义县（新民乡）；新建区（梅岭镇）。

　　※ * **浙江楠** *Phoebe chekiangensis* C. B. Shang

　　　常绿乔木；罕见。

　　　生于南昌市植物园。

　　　市内有栽培。

　　※ **湘楠** *Phoebe hunanensis* Hand.–Mazz.

　　　常绿灌木或小乔；罕见。

　　　生于低山或丘陵地区山地沟谷阔叶林中。

　　　分布于安义县（新民乡）；新建区（太平镇、梅岭镇）。

　　※ **紫楠** *Phoebe sheareri* (Hemsl.) Gamble

　　　常绿乔木；罕见。

　　　生于低山或丘陵地区山地沟谷林中。

　　　分布于新建区（太平镇）。

檫木属 *Sassafras* J. Presl

　　※ **檫木** *Sassafras tzumu* (Hemsl.) Hemsl.

　　　落叶乔木；常见。

生于低山、丘陵或岗地等地区林中。

分布于安义县（鼎湖镇、东阳镇、龙津镇、乔乐乡、石鼻镇、万埠镇、新民乡、长均乡、长埠镇）；新建区（范家山、金桥乡、乐化镇、罗亭镇、梅岭镇、石埠镇、石岗镇、太平镇、西山镇、溪霞镇、洗药湖管理处、象山镇、招贤镇）；南昌县（蒋巷镇、泾口乡、五星垦殖场、向塘镇）；进贤县（梅庄镇、民和镇、七里乡、三里乡、三阳集乡）。

026 金粟兰科 Chloranthaceae

金粟兰属 *Chloranthus* Sw.

※ **丝穗金粟兰** *Chloranthus fortunei* (A. Gray) Solms
多年生草本；偶见。
生于低山或丘陵地区山地林下阴湿处、山沟草丛中。
分布于安义（新民乡）；新建区（梅岭镇）。

※ **宽叶金粟兰** *Chloranthus henryi* Hemsl.
多年生草本；罕见。
生于低山或丘陵地区山谷阔叶林下。
分布于安义县（新民乡）。

※ **多穗金粟兰** *Chloranthus multistachys* Pei
多年生草本；罕见。
生于低山或丘陵地区山地阔叶林下。
分布于安义县（新民乡）；新建区（梅岭镇）。

※ **及己** *Chloranthus serratus* (Thunb.) Roem. et Schult.
多年生草本；罕见。
生于低山或丘陵地区山地阔叶林下、溪边草丛中。
分布于安义县（新民乡）；新建区（招贤镇）。

草珊瑚属 *Sarcandra* Gardner

※ **草珊瑚** *Sarcandra glabra* (Thunb.) Nakai
常绿灌木；罕见。
生于低山或丘陵地区山地阔叶林下。
分布于安义县（新民乡）；新建区（梅岭镇）。

027 菖蒲科 Acoraceae

菖蒲属 *Acorus* L.

※ **菖蒲** *Acorus calamus* L.
多年生草本；频见。
生于岗地或平原地区水边、沼泽湿地、池塘、湖泊。
分布于新建区（罗亭镇、梅岭镇）；红谷滩区（厚田乡、生米镇）；南昌县（蒋巷镇、泾口乡、麻丘镇、塘南镇、幽兰镇）；进贤县（文港镇）。

※ **金钱蒲** *Acorus gramineus* Soland.
多年生草本；罕见。
生于低山可丘陵地区山地溪沟。
分布于新建区（西山镇）。

魔芋属 *Amorphophallus* Blume ex Decne.

※ **东亚魔芋** *Amorphophallus kiusianus* (Makino) Makino
多年生草本；罕见。
生于低山或丘陵地区山地林下、灌丛中。
分布于安义县（龙津镇）；新建区（梅岭镇）。

※ * **魔芋** *Amorphophallus konjac* K. Koch
多年生草本；频见。
生于低山、丘陵、岗地或平原等地区林橼、溪谷两旁、房前屋后、田边地角。
分布于安义县（龙津镇、万埠镇、新民乡）；新建区（昌邑乡、罗亭镇、梅岭镇、石岗镇、太平镇、铁河乡、西山镇、溪霞镇、洗药湖管理处、象山镇）；进贤县（白圩乡、民和镇、泉岭乡、钟陵乡）。

※ **滇魔芋** *Amorphophallus yunnanensis* Engl.
多年生草本；罕见。
生于丘陵或岗地地区密林下、河谷疏林中。
分布于安义县（龙津镇）；新建区（太平镇）；进贤县（白圩乡）。

天南星属 *Arisaema* Mart.

※ **灯台莲** *Arisaema bockii* Engler
多年生草本；罕见。
生于低山或丘陵地区山地林下。
分布于新建区（招贤镇）。

※ **一把伞南星** *Arisaema erubescens* (Wall.) Schott
多年生草本；偶见。
生于低山或丘陵地区山地林下、路边石缝中。
分布于新建区（梅岭镇）。

※ **天南星** *Arisaema heterophyllum* Blume
多年生草本；偶见。
生于低山或丘陵地区山地沟谷湿润林下。
分布于安义县（鼎湖镇、石鼻镇、新民乡）；新建区（罗亭镇、梅岭镇、太平镇、招贤镇）。

※ **鄂西南星** *Arisaema silvestrii* Pamp.
多年生草本；罕见。
生于低山或丘陵地区山地林下。
分布于新建区（梅岭镇）。

芋属 *Colocasia* Schott

※ **野芋** *Colocasia antiquorum* Schott
多年生湿生草本；常见。
生于低山、丘陵、岗地或平原等地区林下阴湿处、溪沟、河流湿地。
分布于安义县（乔乐乡）；新建区（昌邑乡、范家山、联圩镇、罗亭镇、梅岭镇、樵舍镇、石埠镇、石岗镇、松湖镇、西山镇、溪霞镇、洗药湖管理处、招贤镇）；红谷滩区（生米镇）；南昌县（八一乡、昌东镇、东新乡、富山乡、蒋巷镇、泾口乡、麻丘镇、塘南镇、五星垦殖场、幽兰镇）；进贤县（池溪乡、梅庄镇、南台乡、三里乡、下埠集乡、衙前乡、长山晏乡）。

※ * **芋** *Colocasia esculenta* (L.) Schott
多年生草本；常见。

生于农舍附近、水域广泛种植。
市内广泛栽培。

斑萍属 *Landoltia* Les & D. J. Crawford

　　※ **少根萍 *Landoltia punctata*** (G. Meyer) Les & D. J. Crawford
　　　　一年生水生草本；罕见。
　　　　生于平原地区水田、水沟、坑塘洼地。
　　　　分布于东湖区（扬子洲镇）。江西省新记录。

浮萍属 *Lemna* L.

　　※ **浮萍 *Lemna minor*** L.
　　　　多年生浮水草本；常见。
　　　　生于低山、丘陵、岗地或平原等地区水田、小溪、坑塘洼地、湖畔沼泽、河流静水水域。
　　　　全市广布。

半夏属 *Pinellia* Ten.

　　※ **滴水珠 *Pinellia cordata*** N. E. Brown
　　　　多年生草本；罕见。
　　　　生于低山或丘陵地区山地湿润石缝中。
　　　　分布于安义县（新民乡）；新建区（西山镇、招贤镇）。
　　※ **半夏 *Pinellia ternata*** (Thunb.) Ten. ex Breitenb.
　　　　多年生草本；常见。
　　　　生于低山、丘陵、岗地或平原等地区路边灌草丛、田边、河湖堤坝、岸边、园地、苗圃地。
　　　　全市广布。

大薸属 *Pistia* L.

　　※ # **大薸 *Pistia stratiotes*** L.
　　　　多年生水生草本；偶见。
　　　　生于低山、丘陵、岗地或平原等地区水田、河流静水处、湖泊、池塘。
　　　　分布于进贤县（罗溪镇、前坊镇）。

紫萍属 *Spirodela* Schleid.

　　※ **紫萍 *Spirodela polyrhiza*** (L.) Schleid.
　　　　一年生水生草本；罕见。
　　　　生于平原地区水田、水沟、坑塘洼地。
　　　　分布于安义县（龙津镇）；青山湖区（艾溪湖管理处）。

犁头尖属 *Typhonium* Schott

　　※ **犁头尖 *Typhonium blumei*** Nicolson & Sivad.
　　　　多年生草本；罕见。
　　　　生于低山、丘陵、岗地或平原等地区田间地头、河湖堤坝、山坡石隙中。
　　　　分布于红谷滩区（厚田乡）。

无根萍属 *Wolffia* Horkel ex Schleid.

 ※ **无根萍** *Wolffia globosa* (Roxburgh) Hartog & Plas
一年生漂浮草本；偶见。
生于平原地区水田、坑塘洼地。
分布于进贤县（三里乡）。

030 泽泻科 Alismataceae

泽泻属 *Alisma* L.

 ※ **泽泻** *Alisma plantago-aquatica* L.
多年生水生或沼生草本；罕见。
生于平原地区湖泊、河湾、溪流、水塘浅水带。
分布于南昌县（小蓝经济开发区、冈上镇、莲塘镇）。

慈姑属 *Sagittaria* L.

 ※ **小慈姑** *Sagittaria potamogetonifolia* Merr.
多年生水生或沼生草本；罕见。
生于平原地区水田、沼泽、溪沟浅水处。
分布于新建区（昌邑乡）。

 ※ **野慈姑** *Sagittaria trifolia* L.
多年生沼生草本；常见。
生于低山、丘陵、岗地或平原等地区农田、溪沟、河湖沼泽地带。
全市广布。

 ※ **慈姑** *Sagittaria trifolia* subsp. *leucopetala* (Miq.) Q. F. Wang
多年生沼生草本；偶见。
生于丘陵、岗地或平原等地区湖泊、池塘、水田。
分布于安义县（新民乡）；红谷滩区（生米镇）。

032 水鳖科 Hydrocharitaceae

黑藻属 *Hydrilla* Rich.

 ※ **黑藻** *Hydrilla verticillata* (L. f.) Royle
多年生沉水草本；偶见。
生于丘陵、岗地或平原等地区水田、池塘、河流、溪沟静水处。
分布于南昌县（麻丘镇、幽兰镇）。

水鳖属 *Hydrocharis* L.

 ※ **水鳖** *Hydrocharis dubia* (Blume) Backer
多年生水生飘浮草本或沉水草本；常见。
生于低山、丘陵、岗地或平原等地区静水坑塘中。
全市广布。

茨藻属 *Najas* L.

 ※ **东方茨藻** *Najas chinensis* N. Z. Wang
一年生沉水草本；偶见。

生于湖区。

分布于新建区（南矶乡）。

※ **草茨藻** *Najas graminea* Delile

一年生沉水草本；罕见。

生于平原地区静水池塘、水田、缓流中。

分布于进贤县（三里乡）。

※ **大茨藻** *Najas marina* L.

一年生沉水草本；偶见。

生于岗地或平原地区池塘、湖泊、缓流河水中。

分布于新建区（联圩镇）；南昌县（泾口乡、五星垦殖场）；进贤县（三里乡）。

水车前属 *Ottelia* Pers.

※ **龙舌草** *Ottelia alismoides* (L.) Pers.

一年生沉水草本；罕见。

生于平原地区湖泊、沟渠、水塘、水田、积水洼地。

分布于新建区（南矶乡）；青山湖区（艾溪湖管理处）；南昌县（泾口乡）。

苦草属 *Vallisneria* L.

※ # **苦草** *Vallisneria natans* (Lour.) H. Hara

多年生草本；频见。

生于低山、丘陵、岗地或平原等地区溪沟、河流、池塘、湖泊中。

分布于安义县（新民乡）；新建区（石埠镇）；红谷滩区（生米镇）；进贤县（三里乡）。

※ **刺苦草** *Vallisneria spinulosa* Yan

多年生沉水植物；偶见。

生于平原区池塘、湖泊。

分布于新建区（南矶乡）。

水筛属 *Blyxa* Noronha ex Thouars

※ **水筛** *Blyxa japonica* (Miq.) Maxim.

多年生沉水植物；频见。

生于丘陵、岗地或平原等地区农田、水沟、沼泽。

分布于新建区（石埠镇、招贤镇、昌邑乡、南矶乡）；南昌县（八一乡、昌东镇、冈上镇、黄马乡、蒋巷镇、泾口乡）。

038 眼子菜科 Potamogetonaceae

眼子菜属 *Potamogeton* L.

※ **菹草** *Potamogeton crispus* L.

多年生沉水植物；偶见。

生于丘陵、岗地或平原等地区池塘、水沟、水田、灌渠、缓流河水中。

分布于新建区（联圩镇）；南昌县（昌东镇、蒋巷镇、泾口乡、南新乡、塘南镇、幽兰镇）；进贤县（三里乡、文港镇）。

※ **鸡冠眼子菜** *Potamogeton cristatus* Regel & Maack

多年生水生草本；偶见。

生于丘陵、岗地或平原等地区池塘、水田、灌渠、缓流河水中。

分布于安义县（新民乡）；新建区（鄱阳湖）。

※ **眼子菜** *Potamogeton distinctus* A. Benn.

　　多年生水生草本；常见。

　　生于岗地或平原地区池塘、水田、水沟等静水中。

　　分布于南昌县（昌东镇、蒋巷镇、幽兰镇）；进贤县（池溪乡、南台乡、文港镇）。

※ **微齿眼子菜** *Potamogeton maackianus* A. Benn.

　　多年生水生草本；频见。

　　生于岗地或平原地区池塘、水田、水沟等静水中。

　　分布于安义县（万埠镇、新民乡、长埠镇、长均乡）；新建区（南矶乡、昌邑乡）；南昌县（幽兰镇）；进贤县（前坊镇、下埠集乡、衙前乡）。

※ **尖叶眼子菜** *Potamogeton oxyphyllus* Miq.

　　多年生或一年生植物；罕见。

　　生于平原地区池塘、溪沟之中。

　　分布于新建区（南矶乡）；南昌县（八一乡）。

※ **小眼子菜** *Potamogeton pusillus* L.

　　一年生草本；罕见。

　　生于平原地区池塘、湖泊、沼泽、沟渠、水田。

　　分布于新建区（昌邑乡、梅岭镇）。

※ **竹叶眼子菜** *Potamogeton wrightii* Morong

　　多年生草本；偶见。

　　生于平原地区湖泊、河流、沟渠、池塘。

　　分布于新建区（南矶乡、昌邑乡）。

043 沼金花科 Nartheciaceae

肺筋草属 *Aletris* L.

※ **短柄肺筋草** *Aletris scopulorum* Dunn

　　多年生草本；罕见。

　　生于低山或丘陵地区山坡荒地、草坡上。

　　分布于新建区（西山镇）。

※ **肺筋草** *Aletris spicata* (Thunb.) Franch.

　　多年生草本；常见。

　　生于低山、丘陵或岗地等地区林下、灌丛、溪边、路旁草丛中。

　　分布于安义县（龙津镇、新民乡）；新建区（招贤镇）；南昌县（三里乡）；进贤县（长山晏乡）。

045 薯蓣科 Dioscoreaceae

薯蓣属 *Dioscorea* L.

※ **黄独** *Dioscorea bulbifera* L.

　　多年生草本；常见。

　　生于低山、丘陵、岗地或平原等地区林缘、溪流、河湖岸边。

　　分布于安义县（乔乐乡、万埠镇、新民乡、长埠镇）；新建区（罗亭镇、梅岭镇、石岗镇、松湖镇、太平镇、溪霞镇、洗药湖管理处、招贤镇）；南昌县（八一乡、泾口乡、南新乡）；进贤县（梅庄镇、三里乡）。

※ **日本薯蓣** *Dioscorea japonica* Thunb.

　　多年生草本；常见。

　　生于低山、丘陵、岗地或平原等地区林缘、溪流、河湖岸边。

分布于安义县（东阳镇、黄洲镇、龙津镇、石鼻镇、万埠镇、新民乡、长埠镇、长均乡）；新建区（联圩镇、罗亭镇、梅岭镇、樵舍镇、石岗镇、松湖镇、西山镇、溪霞镇、洗药湖管理处、招贤镇）；南昌县（昌东镇、蒋巷镇、泾口乡、麻丘镇、塘南镇）；进贤县（下埠集乡）。

※ **薯蓣** *Dioscorea polystachya* Turcz.

多年生草本；极常见。

生于低山、丘陵、岗地或平原等地区林下、溪边、路旁灌丛中、杂草丛中。

全市广布。

048 百部科 Stemonaceae

百部属 *Stemona* Lour.

※ **百部** *Stemona japonica* (Blume) Miq.

多年生草本；罕见。

生于岗地或平原地区路旁、林缘、林下。

分布于安义县（鼎湖镇、长埠镇）。

※ **大百部** *Stemona tuberosa* Lour.

多年生草本；罕见。

生于低山或丘陵地区山地林缘。

分布于新建区（梅岭镇）。

053 藜芦科 Melanthiaceae

重楼属 *Paris* L.

※ **华重楼** *Paris polyphylla* var. *chinensis* (Franch.) Hara

多年生草本；罕见。

生于低山、丘陵地区沟谷阔叶林下。

分布于安义县（峤岭乡）；新建区（梅岭镇）。文献记载，未见标本或照片。

藜芦属 *Veratrum* L.

※ **藜芦** *Veratrum nigrum* L.

多年生草本；罕见。

生于低山或丘陵地区山地上部灌草丛中。

分布于新建区（梅岭镇）。

※ **牯岭藜芦** *Veratrum schindleri* (Baker) Loes. F.

多年生草本；偶见。

生于低山或丘陵地区山地灌草丛中。

分布于新建区（太平镇、梅岭镇）。

056 秋水仙科 Colchicaceae

万寿竹属 *Disporum* Salisb.

※ **万寿竹** *Disporum cantoniense* (Lour.) Merr

多年生草本；罕见。

生于低山或丘陵地区山地阔叶林下。

分布于安义县（新民乡）。

※ **少花万寿竹** *Disporum uniflorum* Baker ex S. Moore

多年生草本；偶见。

生于低山或丘陵地区山地林下、灌木丛中。

分布于新建区（梅岭镇）。

059 菝葜科 Smilacaceae

菝葜属 *Smilax* L.

※ **尖叶菝葜** *Smilax arisanensis* Hay.

落叶灌木；常见。

生于低山、丘陵、岗地或平原等地区路边、林缘、溪沟、河湖岸边灌草丛中。

全市广布。

※ **菝葜** *Smilax china* L.

攀缘灌木；极常见。

生于低山、丘陵、岗地或平原等地区林缘、路边、河湖岸边、田边荒地、灌草丛中。

全市广布。

※ **小果菝葜** *Smilax davidiana* A. DC.

攀缘灌木；偶见。

生于低山、丘陵或岗地等地区林内、灌丛中、山坡阴处。

分布于安义县（万埠镇、新民乡）；新建区（铁河乡）；进贤县（池溪乡、南台乡）。

※ **托柄菝葜** *Smilax discotis* Warb.

攀缘灌木；常见。

生于低山、丘陵或岗地等地区林下、灌丛中、山坡阴处。

分布于安义县（长埠镇）；新建区（范家山、环球公园、罗亭镇、梅岭镇、石埠镇、石岗镇、松湖镇、太平镇、西山镇、溪霞镇、洗药湖管理处、招贤镇）；南昌县（昌东镇、蒋巷镇、泾口乡）；进贤县（池溪乡、南台乡、三里乡、二塘乡、下埠集乡、衙前乡、长山晏乡）。

※ **长托菝葜** *Smilax ferox* Wall. ex Kunth

常绿木质藤本；罕见。

生于岗地地区林缘、路边。

分布于进贤县（衙前乡）。

※ **土茯苓** *Smilax glabra* Roxb.

攀缘灌木；常见。

生于低山、丘陵、岗地或平原等地区山谷、河岸林中、林缘、灌丛。

分布于安义县（东阳镇、乔乐乡、石鼻镇、万埠镇、新民乡、长埠镇、长均乡）；新建区（金桥乡、乐化镇、罗亭镇、梅岭镇、樵舍镇、石埠镇、石岗镇、太平镇、西山镇、溪霞镇、洗药湖管理处、象山镇）；红谷滩区（流湖镇）；南昌县（广福镇、黄马乡、向塘镇）；进贤县（白圩乡、池溪乡、二塘乡、李渡镇、罗溪镇、民和镇、南台乡、前坊镇、石牛窝、文港镇、下埠集乡、张公镇、长山晏乡、钟陵乡、招贤镇）。

※ **黑果菝葜** *Smilax glaucochina* Warb.

攀缘灌木；频见。

生于低山、丘陵、岗地或平原等地区林中、灌草丛。

分布于安义县（东阳镇、黄洲镇、龙津镇、乔乐乡、石鼻镇、万埠镇、长均乡）；新建区（梅岭镇、樵舍镇、太平镇、西山镇、溪霞镇）；南昌县（黄马乡）；进贤县（白圩乡、池溪乡、民和镇、南台乡、前坊镇、下埠集乡、衙前乡、长山晏乡、钟陵乡、招贤镇）。

※ **马甲菝葜** *Smilax lanceifolia* var. *opaca* A. DC.

攀缘灌木；罕见。

生于低山或丘陵地区林下、灌丛中、山坡阴处。

分布于安义县（新民乡）；新建区（梅岭镇、招贤镇）。

※ **大果菝葜** *Smilax megacarpa* A. DC.

攀缘灌木；罕见。

生于低山或丘陵地区林中荫蔽处。

分布于安义县（长埠镇）。

※ **小叶菝葜** *Smilax microphylla* C. H. Wright

攀缘灌木；罕见。

生于岗地地区林下、灌丛中。

分布于进贤县（南台乡）。

※ **白背牛尾菜** *Smilax nipponica* Miq.

多年生草质藤本；偶见。

生于低山、丘陵、岗地或平原等地区林下、灌草丛中。

分布于新建区（梅岭镇）。

※ **红果菝葜** *Smilax polycolea* Warb.

落叶攀缘灌木；罕见。

生于岗地地区林下、灌丛中、山坡阴处。

分布于进贤县（李渡镇、长山宴乡）。

※ **牛尾菜** *Smilax riparia* A. DC.

多年生草质藤本；偶见。

生于低山或丘陵地区林下、灌草丛中。

分布于安义县（新民乡）；新建区（梅岭镇、石埠镇）。

※ **短梗菝葜** *Smilax scobinicaulis* C. H. Wright

攀缘灌木；罕见。

生于低山或丘陵地区灌丛中。

分布于新建区（溪霞镇）。

※ **鞘柄菝葜** *Smilax stans* Maxim.

落叶灌木；罕见。

生于低山或丘陵地区阔叶林下。

分布于安义县（新民乡）。

060 百合科 Liliaceae

老鸦瓣属 *Amana* Honda

※ **老鸦瓣** *Amana edulis* (Miq.) Honda

多年生草本；罕见。

生于岗地或平原地区山坡竹林、草地、河流、湖泊滩涂、路旁。

分布于新建区（梅岭镇）；进贤县（三里乡）。

大百合属 *Cardiocrinum* (Endl.) Lindl.

※ **荞麦叶大百合** *Cardiocrinum cathayanum* (Wilson) Stearn

多年生草本；罕见。

生于低山或丘陵地区山地沟谷林下、竹林中。

分布于新建区（梅岭镇）。

百合属 *Lilium* L.

※ **野百合** *Lilium brownii* F. E. Brown ex Miellez

多年生草本；罕见。

生于低山或丘陵地区山地溪旁石缝中。

分布于新建区（石埠镇、招贤镇）。

※ **百合** *Lilium brownii* var. *viridulum* Baker

多年生草本；罕见。

生于低山或丘陵地区山地林缘、石缝中。

分布于安义县（西山镇、新民乡）；新建区（梅岭镇）。

※ **卷丹** *Lilium lancifolium* Ker Gawl.

多年生草本；罕见。

生于低山或丘陵地区山地路边、水旁。

分布于新建区（太平镇）。

※ * **麝香百合** *Lilium longiflorum* Thunb.

多年生草本；罕见。

生于城乡绿地、苗圃地。

市内有栽培。

※ **药百合** *Lilium speciosum* var. *gloriosoides* Baker

多年生草本；罕见。

生于低山或丘陵地区山地阔叶林下阴湿处。

分布于新建区（洗药湖管理处；红星乡）。

油点草属 *Tricyrtis* Wall.

※ **中国油点草** *Tricyrtis chinensis* H. Takahashi

多年生草本；罕见。

生于低山或丘陵地区山地林下、沟谷林缘。

分布于新建区（梅岭镇、招贤镇）。

※ **油点草** *Tricyrtis macropoda* Miq.

多年生草本；频见。

生于低山或丘陵地区的山地林下、草丛中、岩石缝隙中。

分布于安义县（新民乡）；新建区（西山镇、招贤镇、梅岭镇）。

061 兰科 Orchidaceae

开唇兰属 *Anoectochilus* Blume

※ **金线兰** *Anoectochilus roxburghii* (Wall.) Lindl.

多年生草本；罕见。

生于低山或丘陵地区常绿阔叶密林下。

分布于安义县（新民乡）。

虾脊兰属 *Calanthe* R. Br.

※ **虾脊兰** *Calanthe discolor* Lindl.

多年生草本；罕见。

生于低山或丘陵地区山地阔叶林或杉木林下。

分布于安义县（峤岭乡）。文献记载，未见标本或照片。

头蕊兰属 *Cephalanthera* Rich.

※ **金兰** *Cephalanthera falcata* (Thunb. ex A. Murray) Bl.

多年生草本；罕见。

生于低山或丘陵地区山地阔叶林下。

分布于新建区（梅岭镇）。

兰属 *Cymbidium* Sw.

※ **建兰 *Cymbidium ensifolium*** (L.) Sw.
多年生草本；罕见。
生于低山或丘陵地区山地阔叶林下。
分布于安义县（新民乡）。

※ **蕙兰 *Cymbidium faberi*** Rolfe
多年生草本；罕见。
生于低山或丘陵地区山地阔叶林下。
分布于安义县（新民乡）。

※ **多花兰 *Cymbidium floribundum*** Lindl.
多年生草本；罕见。
生于低山或丘陵地区山地阔叶林中石壁上。
分布于安义县（新民乡）。

※ **春兰 *Cymbidium goeringii*** (Rchb. f.) Rchb. f.
多年生草本；偶见。
生于低山或丘陵地区山地林缘、林下。
分布于安义县（西山镇、石埠镇、新民乡）；新建区（招贤镇、梅岭镇、洗药湖管理处）。

开宝兰属 *Eucosia* Blume

※ **开宝兰 *Eucosia viridiflora*** (Blume) M. C. Pace
多年生草本；罕见。
生于低山或丘陵地区山地毛竹林、阔叶林下。
分布于安义县（新民乡）。

斑叶兰属 *Goodyera* R. Br.

※ **小小斑叶兰 *Goodyera pusilla*** Bl.
多年生草本；罕见。
生于低山或丘陵地区常绿阔叶密林下。
分布于安义县（新民乡）。

※ **斑叶兰 *Goodyera schlechtendaliana*** Rchb. F.
多年生草本；罕见。
生于低山、丘陵或岗地等地区林缘、林中透光处。
分布于新建区（石埠镇、招贤镇）。

玉凤花属 *Habenaria* Willd.

※ **线叶十字兰 *Habenaria linearifolia*** Maxim.
多年生草本；罕见。
生于低山或丘陵地区山地沟谷草丛中。
分布于新建区（西山镇）。

羊耳蒜属 *Liparis* Rich.

※ **镰翅羊耳蒜 *Liparis bootanensis*** Griff.
多年生草本；罕见。

生于低山或丘陵地区山地阔叶林下。

分布于安义县（新民乡）。

※ **见血青** *Liparis nervosa* (Thunb. ex A. Murray) Lindl.

多年生草本；罕见。

生于低山或丘陵地区山地阔叶林下。

分布于安义县（新民乡）。

小沼兰属 *Oberonioides* Szlach.

※ **小沼兰** *Oberonioides microtatantha* (Schltr.) Szlach.

多年生草本；罕见。

生于低山或丘陵地区路边阴湿岩石上。

分布于新建区（梅岭镇）。

白蝶兰属 *Pecteilis* Raf.

※ **龙头兰** *Pecteilis susannae* (L.) Rafin.

多年生草本；罕见。

生于低山或丘陵地区山坡林下、沟边、草坡。

分布于新建区（望城镇）。

舌唇兰属 *Platanthera* Rich.

※ **小花蜻蜓兰** *Platanthera ussuriensis* (Regel & Maack) Maxim.

多年生草本；罕见。

生于低山或丘陵地区山地林下、林缘、沟边。

分布于新建区（望城镇）。

独蒜兰属 *Pleione* D. Don

※ **台湾独蒜兰** *Pleione formosana* Hayata

多年生草本；罕见。

生于低山或丘陵地区沟谷阔叶林下湿润石壁上。

分布于新建区（梅岭镇）。文献记载，未见标本或照片。

绶草属 *Spiranthes* Rich.

※ **绶草** *Spiranthes sinensis* (Pers.) Ames

多年生草本；罕见。

生于低山、丘陵或岗地等地区河滩沼泽草甸中。

分布于新建区（招贤镇）。

线柱兰属 *Zeuxine* Lindl.

※ **线柱兰** *Zeuxine strateumatica* (L.) Schltr.

多年生草本；偶见。

生于低山或丘陵地区沟边、河边潮湿草地。

分布于新建区（梅岭镇）；青山湖区（京东镇）。

带唇兰属 *Tainia* Blume

　　※ **带唇兰** *Tainia dunnii* Rolfe
　　　　多年生草本；罕见。
　　　　生于低山或丘陵地区毛竹林下。
　　　　分布于新建区（太平镇，招贤镇）。

066 仙茅科 Hypoxidaceae

仙茅属 *Curculigo* Gaertn.

　　※ **仙茅** *Curculigo orchioides* Gaertn.
　　　　多年生草本；罕见。
　　　　生于低山或丘陵地区山地路边、林缘、荒坡草丛中。
　　　　分布于新建区（招贤镇、蛟桥镇、洗药湖管理处）。

小金梅草属 *Hypoxis* L.

　　※ **小金梅草** *Hypoxis aurea* Lour.
　　　　多年生草本；罕见。
　　　　生于低山或丘陵地区干旱荒坡。
　　　　分布于新建区（梅岭镇）。文献记载，未见标本或照片。

070 鸢尾科 Iridaceae

射干属 *Belamcanda* Adans.

　　※ **射干** *Belamcanda chinensis* (L.) Redouté
　　　　多年生草本；偶见。
　　　　生于丘陵或岗地地区林缘、山坡草地。
　　　　分布于南昌县（麻丘镇、塘南镇）。

鸢尾属 *Iris* L.

　　※ **蝴蝶花** *Iris japonica* Thunb.
　　　　多年生草本；频见。
　　　　生于低山、丘陵或岗地等地区向阳坡地、林缘、水边湿地。
　　　　分布于进贤县（梅庄镇、三里乡）。
　　※ * **香根鸢尾** *Iris pallida* Lamarck Encycl
　　　　多年生草本；偶见。
　　　　生于城市湿地。
　　　　市内有栽培。
　　※ * **黄菖蒲** *Iris pseudacorus* L.
　　　　多年生草本；罕见。
　　　　生于城市湿地。
　　　　市内有栽培。
　　※ **小花鸢尾** *Iris speculatrix* Hance
　　　　多年生草本；频见。
　　　　生于低山、丘陵或岗地等地区向阳坡地、林缘、水边湿地。
　　　　分布于新建区（梅岭镇、蛟桥镇、招贤镇、溪霞镇、罗亭镇）。

庭菖蒲属 *Sisyrinchium* L.

　　※ # **庭菖蒲** *Sisyrinchium rosulatum* E. P. Bicknell
　　　　一年生草本；频见。
　　　　生于城乡绿地、河滩、荒草坡。
　　　　分布于安义县（东阳镇、乔乐乡、万埠镇、长埠镇）；新建区（昌邑乡、樵舍镇）；红谷滩区（生米镇、红角洲管理处）；青山湖区（罗家镇）；南昌县（澄碧湖公园、冈上镇、武阳镇）；进贤县（罗溪镇、衙前乡、三里乡）。

072 阿福花科 Asphodelaceae

萱草属 *Hemerocallis* L.

　　※ * **黄花菜** *Hemerocallis citrina* Baroni
　　　　多年生草本；频见。
　　　　生于低山、丘陵、岗地或平原等地区农田边、田埂、河湖堤坝、荒地。
　　　　全市广泛栽培。
　　※ **萱草** *Hemerocallis fulva* (L.) L.
　　　　多年生草本；频见。
　　　　生于低山、丘陵、岗地或平原等地区溪边灌草丛。
　　　　分布于安义县（鼎湖镇、东阳镇、新民乡、长埠镇、长均乡）；新建区（梅岭镇、石岗镇、溪霞镇、招贤镇）；南昌县（冈上镇、麻丘镇）；进贤县（白圩乡、架桥镇、民和镇、七里乡、三里乡、三阳集乡、下埠集乡、长山晏乡、钟陵乡）。

073 石蒜科 Amaryllidaceae

葱属 *Allium* L.

　　※ **薤头** *Allium chinense* G. Don
　　　　多年生草本；常见。
　　　　生于低山、丘陵、岗地或平原等地区路边、河湖堤坝、岸边、园地、荒地。
　　　　全市广布。
　　※ **薤白** *Allium macrostemon* Bunge
　　　　多年生草本；频见。
　　　　生于低山、丘陵、岗地或平原等地区路边、河湖堤坝、岸边、园地、荒地。
　　　　全市广布。

水鬼蕉属 *Hymenocallis* Salisb.

　　※ * **水鬼蕉** *Hymenocallis littoralis* (Jacq.) Salisb.
　　　　多年生草本；罕见。
　　　　生于城乡绿地。
　　　　市内有栽培。

石蒜属 *Lycoris* Herb.

　　※ **忽地笑** *Lycoris aurea* (L'Hér.) Herb.
　　　　多年生草本；偶见。
　　　　生于低山、丘陵或岗地等地区溪边。

分布于新建区（樵舍镇、梅岭镇、西山镇、招贤镇、太平镇）。

※ **石蒜** *Lycoris radiata* (L'Her.) Herb.
多年生草本；偶见。
生于低山或丘陵地区山地溪边。
分布于安义县（新民乡）。

紫娇花属 *Tulbaghia* L.

※ * **紫娇花** *Tulbaghia violacea* Harv.
多年生草本；偶见。
生于城乡绿地。
市内有栽培。

葱莲属 *Zephyranthes* Herb.

※ * **葱莲** *Zephyranthes candida* (Lindl.) Herb.
多年生草本；常见。
生于城乡绿地。
全市广泛栽培。

※ * **韭莲** *Zephyranthes carinata* Herb.
多年生草本；常见。
生于城乡绿地。
全市广泛栽培。

074 天门冬科 Asparagaceae

龙舌兰属 *Agave* L.

※ * **剑麻** *Agave sisalana* Perr. ex Engelm.
多年生草本；罕见。
生于城乡绿地。
市内有栽培。

天门冬属 *Asparagus* L.

※ **山文竹** *Asparagus acicularis* Wang et S. C. Chen
多年生草本；偶见。
生于平原地区湖边草地、灌丛中。
分布于新建区（南矶乡）；南昌县（蒋巷镇）；进贤县（青岚湖）。

※ **天门冬** *Asparagus cochinchinensis* (Lour.) Merr.
多年生草本；偶见。
生于低山、丘陵或岗地等地区灌丛、阔叶林中。
分布于安义县（万埠镇）；新建区（太平镇）；进贤县（梅庄镇）。

绵枣儿属 *Barnardia* Lindl.

※ **绵枣儿** *Barnardia japonica* (Thunberg) Schultes & J. H. Schultes
多年生草本；罕见。
生于低山或丘陵地区山地路边灌草丛。
分布于新建区（招贤镇、太平镇）。

竹根七属 *Disporopsis* Hance

※ **竹根七** *Disporopsis fuscopicta* Hance
多年生草本；偶见。
生于低山或丘陵地区山地林下。
分布于安义县（石鼻镇）；新建区（罗亭镇）。

玉簪属 *Hosta* Tratt.

※ * **玉簪** *Hosta plantaginea* (Lam.) Asch.
多年生草本；常见。
生于城乡绿地。
全市广泛栽培。

※ **紫萼** *Hosta ventricosa* (Salisb.) Stearn
多年生草本；偶见。
生于低山或丘陵地区山地林下、草坡、路旁。
分布于安义县（新民乡）；新建区（招贤镇、太平镇、梅岭镇）。

山麦冬属 *Liriope* Lour.

※ **阔叶山麦冬** *Liriope platyphylla* F. T. Wang & Tang
多年生草本；常见。
生于低山、丘陵、岗地或平原等地区林下。
分布于安义县（新民乡）；新建区（梅岭镇、樵舍镇、洗药湖管理处、招贤镇）。

※ **山麦冬** *Liriope spicata* (Thunb.) Lour.
多年生草本；极常见。
生于低山、丘陵、岗地或平原等地区林下、灌丛、路旁草丛。
全市广布。

沿阶草属 *Ophiopogon* Ker Gawl.

※ **沿阶草** *Ophiopogon bodinieri* H. Lév.
多年生草本；频见。
生于低山、丘陵、岗地或平原等地区林下潮湿处、灌丛中、城市绿地。
全市广布。

※ **麦冬** *Ophiopogon japonicus* (L. f.) Ker Gawl.
多年生草本；频见。
生于低山、丘陵、岗地或平原等地区林下、路边灌草丛中。
分布于新建区（昌邑乡、梅岭镇、铁河乡、象山镇）；青山湖区（艾溪湖管理处）；进贤县（白圩乡、张公镇）。

黄精属 *Polygonatum* Mill.

※ **多花黄精** *Polygonatum cyrtonema* Hua
多年生草本；频见。
生于低山或丘陵地区林下、灌丛。
分布于安义县（新民乡）。

※ **长梗黄精** *Polygonatum filipes* Merr. ex C. Jeffrey & McEwan
多年生草本；偶见。

生于低山、丘陵或岗地等地区林下。

分布于安义县（新民乡）；新建区（梅岭镇、太平镇）；进贤县（衙前乡）。

※ **玉竹** *Polygonatum odoratum* (Mill.) Druce

多年生草本；罕见。

生于低山或丘陵地区山地林下。

分布于安义县（西山镇）；新建区（蛟桥镇）。

吉祥草属 *Reineckea* Kunth

※ **吉祥草** *Reineckea carnea* (Andrews) Kunth

多年生草本；常见。

生于低山、丘陵、岗地或平原等地区常绿阔叶林下、路边阴湿处、河湖岸边、城市绿地。

全市广布。

丝兰属 *Yucca* L.

※ * **凤尾丝兰** *Yucca gloriosa* L.

多年生草本；偶见。

生于城乡绿地。

市内有栽培。

076 棕榈科 Arecaceae

海枣属 *Phoenix* L.

※ * **加拿利海枣** *Phoenix canariensis* Chabaud

常绿乔木；罕见。

生于园林绿地。

市内有栽培。

棕竹属 *Rhapis* L. f. ex Aiton

※ # **棕竹** *Rhapis excelsa* (Thunb.) A. Henry

常绿灌木；偶见。

生于城市绿地。

市内有栽培。

棕榈属 *Trachycarpus* H. Wendl.

※ **棕榈** *Trachycarpus fortunei* (Hook.) H. Wendl.

常绿乔木；极常见。

生于低山、丘陵、岗地或平原等地区疏林、路边、村旁，城市绿地有栽培。

全市广布。

078 鸭跖草科 Commelinaceae

竹叶菜属 *Aneilema* R. Br.

※ **竹叶菜** *Aneilema biflorum* R.Br.

一年生草本；偶见。

生于低山、丘陵田野湿地。

分布于安义县（长均乡）。

鸭跖草属 *Commelina* L.

※ **饭包草** *Commelina benghalensis* L.

一年生草本；偶见。

生于岗地或平原地区田野湿地、菜地。

分布于南昌县（富山乡）；新建区（樵舍镇、沈药湖管理处、昌邑乡）。

※ **鸭跖草** *Commelina communis* L.

一年生草本；极常见。

生于低山、丘陵、岗地或平原等地区田野、园地、河湖堤坝、路边旷地。

全市广布。

※ **竹节菜** *Commelina diffusa* Burm. f.

一年生草本；偶见。

生于低山、丘陵、岗地或平原等地区田野湿地、园地。

分布于安义县（东阳镇、黄洲镇、乔乐乡、新民乡）；新建区（溪霞镇）。

水竹叶属 *Murdannia* Royle

※ **疣草** *Murdannia keisak* (Hassk.) Hand.–Mazz.

多年生草本；罕见。

生于低山、丘陵或岗地等地区田边、溪沟、园地。

分布于新建区（望城乡）。

※ **裸花水竹叶** *Murdannia nudiflora* (L.) Brenan

多年生草本；频见。

生于低山、丘陵、岗地或平原等地区溪沟边。

分布于安义县（东阳镇）；南昌县（广福镇、黄马乡、三江镇、向塘镇、幽兰镇）；进贤县（架桥镇、南台乡、文港镇、下埠集乡、长山晏乡、钟陵乡）。

※ **水竹叶** *Murdannia triquetra* (Wall.) Bruckn.

多年生草本；极常见。

生于低山、丘陵、岗地或平原等地区田边、沼泽湿地。

全市广布。

杜若属 *Pollia* Thunb.

※ **杜若** *Pollia japonica* Thunb.

多年生草本；频见。

生于低山、丘陵或平原等地区林下、屋旁。

分布于安义县（新民乡）；新建区（梅岭镇、太平镇、昌邑乡）；进贤县（前坊镇、长山晏乡）。

080 雨久花科 Pontederiaceae

凤眼莲属 *Eichhornia* Kunth

※ # **凤眼莲** *Eichhornia crassipes* (Mart.) Solms

多年生浮水草本；常见。

生于低山、丘陵、岗地或平原等地区湖泊、池塘、沟渠、稻田中。

全市广布。

雨久花属 *Monochoria* C. Presl

　※ **鸭舌草** *Monochoria vaginalis* (Burm. f.) C. Presl ex Kunth
　　多年生浮水草本；极常见。
　　生于低山、丘陵或平原等地区稻田、沟旁、浅水池塘。
　　分布于安义县（东阳镇、龙津镇、新民乡、长埠镇）；新建区（联圩镇、罗亭镇、樵舍镇、石埠镇）；
　　红谷滩区（厚田乡、生米镇、流湖镇）；南昌县（冈上镇、黄马乡、三江镇、向塘镇）；进贤县（池
　　溪乡、二塘乡、罗溪镇、南台乡、七里乡、前坊镇、石牛窝、下埠集乡、长山晏乡、钟陵乡）。

梭鱼草属 *Pontederia* L.

　※ * **梭鱼草** *Pontederia cordata* L.
　　多年生水生草本；偶见。
　　生于城市湿地。
　　市内有栽培。

085 芭蕉科 Musaceae

芭蕉属 *Musa* L.

　※ * **芭蕉** *Musa basjoo* Siebold & Zucc. ex Iinuma
　　多年生草本；常见。
　　生于低山、丘陵、岗地或平原等地区村旁屋后、城乡绿地。
　　全市广布。

086 美人蕉科 Cannaceae

美人蕉属 *Canna* L.

　※ * **美人蕉** *Canna indica* L.
　　多年生草本；常见。
　　生于城乡绿地。
　　全市广泛栽培。

087 竹芋科 Marantaceae

水竹芋属 *Thalia* L.

　※ * **再力花** *Thalia dealbata* Fraser
　　多年生水生草本；偶见。
　　生于人工湿地。
　　市内有栽培。

089 姜科 Zingiberaceae

山姜属 *Alpinia* Roxb.

　※ **山姜** *Alpinia japonica* (Thunb.) Miq.
　　多年生草本；偶见。

生于低山或丘陵地区山地林下。

分布于安义县（石鼻镇、新民乡）；新建区（招贤镇）。

姜属 *Zingiber* Boehm.

※ **蘘荷 *Zingiber mioga*** (Thunb.) Rosc.

多年生草本；罕见。

生于低山或丘陵地区山地阔叶林下。

分布于安义县（新民乡）。

090 香蒲科 Typhaceae

香蒲属 *Typha* L.

※ **水烛 *Typha angustifolia*** L.

多年生水生草本；常见。

生于低山、丘陵、岗地或平原等地区湖泊、河流、池塘浅水处。

分布于新建区（西山镇、招贤镇）；红谷滩区（流湖镇、生米镇）；南昌县（八一乡、富山乡、武阳镇）。

※ **长苞香蒲 *Typha domingensis*** Pers.

多年生水生草本；罕见。

生于平原地区湖泊、河流、池塘浅水处。

分布于青山湖区（塘山镇）。

※ **香蒲 *Typha orientalis*** C. Presl

多年生水生草本；频见。

生于平原地区湖泊、池塘、沟渠、沼泽、河流缓流带。

分布于安义县（鼎湖镇、新民乡）；新建区（昌邑乡、石岗镇、西山镇、溪霞镇、象山镇、招贤镇、梅岭镇）；红谷滩区（流湖镇、红角洲管理处）；青山湖区（艾溪湖管理处、京东镇）；西湖区（象湖管理处）；南昌县（蒋巷镇、泾口乡、南新乡、塘南镇）；进贤县（文港镇、下埠集乡）。

093 黄眼草科 Xyridaceae

黄眼草属 *Xyris* L.

※ **葱草 *Xyris pauciflora*** Willd.

多年生草本；罕见。

生于低山或丘陵地区山谷沼泽湿地、荒草坡。

分布于新建区（西山镇）。

094 谷精草科 Eriocaulaceae

谷精草属 *Eriocaulon* L.

※ **谷精草 *Eriocaulon buergerianum*** Koern.

一年生草本；频见

生于低山、丘陵、岗地或平原等地区池塘、河流、沼泽、稻田。

全市广布。

灯芯草属 *Juncus* L.

※ **翅茎灯芯草** *Juncus alatus* Franch. & Sav.

一年生草本；偶见。

生于平原地区滩涂湿地。

分布于新建区（望城镇、昌邑乡、南矶乡）；南昌县（蒋巷镇）。

※ **小花灯芯草** *Juncus articulatus* L.

多年生草本；罕见。

生于平原地区溪沟边、河湖岸边、沼泽。

分布于南昌县（五星垦殖场、塘南镇、鲤鱼洲管理处）。

※ **小灯芯草** *Juncus bufonius* L.

一年生草本；偶见。

生于低山、丘陵或平原等地区湿润草地、湖岸、河边、沼泽地。

分布于新建区（西山镇）；红谷滩区（生米镇）；南昌县（冈上镇）。

※ **星花灯芯草** *Juncus diastrophanthus* Buchenau

一年生草本；偶见。

生于平原地区滩涂湿地。

分布于新建区（南矶乡）；南昌县（蒋巷镇、泾口乡、塘南镇）；进贤县（梅庄镇、三里乡）。

※ **灯芯草** *Juncus effusus* L.

多年生草本；常见。

生于低山、丘陵或平原等地区河湖岸边、坑塘洼地、水沟、滩涂、稻田、沼泽湿处。

分布于安义县（万埠镇、新民乡）；新建区（昌邑乡、恒湖垦殖场、联圩镇、罗亭镇、梅岭镇、南矶乡、鄱阳湖国家级自然保护区、樵舍镇、象山镇）；青山湖区（罗家镇）；进贤县（池溪乡、七里乡、前坊镇、泉岭乡、下埠集乡、长山晏乡、钟陵乡）。

※ **笄石菖** *Juncus prismatocarpus* R. Br.

多年生草本；偶见。

生于低山、丘陵、岗地或平原等地区沟边、田野、滩涂湿地。

分布于安义县（长埠镇）；新建区（昌邑乡、梅岭镇、石岗镇、太平镇、铁河乡、溪霞镇、洗药湖管理处、招贤镇）；东湖区（扬子洲镇）。

※ **野灯芯草** *Juncus setchuensis* Buchenau ex Diels

多年生草本；极常见。

生于低山、丘陵、岗地或平原等地区河湖岸边、坑塘洼地、水沟、滩涂、稻田、沼泽湿处。

全市广布。

※ **坚被灯芯草** *Juncus tenuis* Will

多年生草本；偶见。

生于低山或丘陵地区、山地、滩涂、草地。

分布于新建区（梅岭镇）。

地杨梅属 *Luzula* DC.

※ **地杨梅** *Luzula campestris* (L.) DC.

多年生草本；罕见。

生于低山或丘陵地区山地林下。

分布于新建区（西山镇、昌邑乡、溪霞镇）。

三棱草属 *Bolboschoenus* (Asch.) Palla

※ **扁秆荆三棱** *Bolboschoenus planiculmis* (F. Schmidt) T. V. Egorova
多年生草本；偶见。
生于低山、丘陵或平原等地区河道、沼泽。
分布于新建区（乐化镇、西山镇）；红谷滩区（生米镇）。

球柱草属 *Bulbostylis* Kunth

※ **球柱草** *Bulbostylis barbata* (Rottb.) C. B. Clarke
一年生草本；常见。
生于平原地区河湖滩涂、岸边沙地。
分布于安义县（石埠镇）；新建区（南矶乡、昌邑乡）；进贤县（前坊镇、罗溪镇、衙前乡）。

薹草属 *Carex* L.

※ **匿鳞薹草** *Carex aphanolepis* Franch. & Sav.
多年生草本；罕见。
生于低山或丘陵地区林下、林缘阴湿处。
分布于新建区（梅岭镇）。

※ **阿奇薹草** *Carex argyi* Lévl. et Vant.
多年生草本；罕见。
生于平原地区湖区、滩涂、湿地。
分布于新建区（南矶乡、长埈镇、白水湖管理处）。

※ **浆果薹草** *Carex baccans* Nees in Wight
多年生草本；偶见。
生于丘陵、岗地或平原等地区路边、林下、溪边、河湖、沼泽。
分布于安义县（乔乐乡、万埠镇、新民乡、石鼻镇）；新建区（乐化镇、罗亭镇、石埠镇、西山镇）；南昌县（武阳镇）；进贤县（民和镇）。

※ **垂穗薹草** *Carex brachyathera* Ohwi
多年生草本；偶见。
生于低山、丘陵、岗地或平原等地区坑塘洼地、河湖沼泽、山涧溪边。
全市广布。

※ **青绿薹草** *Carex breviculmis* R. Br.
多年生草本；偶见。
生于岗地或平原地区山涧溪边、河道沼泽。
分布于安义县（长均乡）；新建区（梅岭镇、招贤镇）。

※ **褐果薹草** *Carex brunnea* Thunb.
多年生草本；常见。
生于低山、丘陵、岗地或平原等地区林下、路边灌丛中。
全市广布。

※ **灰化薹草** *Carex cinerascens* Kukenth.
多年生草本；频见。
生于平原地区河湖滩涂、沼泽。
分布于新建区（昌邑乡、恒湖垦殖场、蒋巷镇、南矶乡）；南昌县（八一乡、泾口乡、三江镇）；进贤县（罗溪镇）。

※ **缘毛薹草** *Carex craspedotricha* Nelmes

多年生草本；罕见。

生于平原地区水边湿地、湿草地。

分布于新建区（南矶乡）。

※ **十字薹草** *Carex cruciata* Wahlenb.

多年生草本；偶见。

生于低山、丘陵或岗地等地区林下、山涧溪边。

分布于安义县（长均乡）。

※ **二形鳞薹草** *Carex dimorpholepis* Steud.

多年生草本；偶见。

生于低山或丘陵地区沟边潮湿处、路边草地。

分布于新建区（铁河乡、昌邑乡）。

※ **签草** *Carex doniana* Spreng.

多年生草本；罕见。

生于低山或丘陵地区溪边林下。

分布于新建区（太平镇、梅岭镇）。

※ **白颖薹草** *Carex duriuscula* subsp. *rigescens* (Franch) S.Y.Liang et Y.C.Tang

多年生草本；罕见。

生于岗地地区池塘。

分布于南昌县（黄马乡）。江西省新记录。

※ **蕨状薹草** *Carex filicina* Nees in Wight

多年生草本；常见。

生于低山、丘陵、岗地或平原等地区林下、路边。

全市广布。

※ **穹隆薹草** *Carex gibba* Wahlenb.

多年生草本；偶见。

生于低山、丘陵、岗地或平原等地区林下、路边。

分布于新建区（梅岭镇）。

※ **狭穗薹草** *Carex ischnostachya* Steud.

多年生草本；偶见。

生于平原地区路旁草丛中、水边。

分布于新建区（南矶乡、梅岭镇）。

※ **卵果薹草** *Carex maackii* Maxim.

多年生草本；罕见。

生于丘陵、平原区的溪边或湿地。

分布于新建区（长埈镇、蒋巷镇）。

※ **斑点果薹草** *Carex maculata* Boott

多年生草本；罕见。

生于丘陵或岗地地区路边灌草丛。

分布于新建区（望城镇）。

※ **条穗薹草** *Carex nemostachys* Steud.

多年生草本；常见。

生于低山、丘陵、岗地或平原等地区小溪、河流岸边沼泽地。

全市广布。

※ **翼果薹草** *Carex neurocarpa* Maxim.

多年生草本；偶见。

生于平原地区湖泊岸边水陆交错带湿地生境中。

分布于新建区（昌邑乡、南矶乡）。

※ **镜子薹草** *Carex phacota* Spreng

多年生草本；罕见。

生于低山或丘陵地区溪边、阴湿草地。

分布于新建区（梅岭镇）。

※ **粉被薹草** *Carex pruinosa* Boott

多年生草本；罕见。

生于低山或丘陵地区溪边、阴湿草地。

分布于新建区（梅岭镇）。

※ **松叶薹草** *Carex rara* Boott

多年生草本；罕见。

生于低山或丘陵地区溪边、阴湿草地。

分布于新建区（西山镇）。

※ **单性薹草** *Carex unisexualis* C. B. Clarke

多年生草本；偶见。

生于平原地区湖边、池塘、沼泽地、杂草丛中。

分布于新建区（南矶乡）；南昌县（蒋巷镇）；进贤县（南台乡）。

莎草属 *Cyperus* L.

※ **扁穗莎草** *Cyperus compressus* L.

一年生草本；偶见。

生于岗地或平原地区田边旷地。

分布于新建区（南矶乡、昌邑乡）；南昌县（蒋巷镇、麻丘镇、南新乡、五星垦殖场）；进贤县（罗溪镇、衙前乡、长山晏乡）。

※ **砖子苗** *Cyperus cyperoides* (L.) Kuntze

一年生草本；常见。

生于低山、丘陵、岗地或平原等地区干旱荒草地、石缝、建筑砖缝中。

全市广布。

※ **异型莎草** *Cyperus difformis* L.

一年生草本；频见。

生于丘陵、岗地或平原等地区山坡路边阴湿处、湖边浅水区、河滩、沟渠等潮湿地方。

分布于安义县（万埠镇、新民乡）；新建区（昌邑乡、联圩镇、石埠镇、铁河乡、象山镇）；青山湖区（艾溪湖管理处）；南昌县（昌东镇、富山乡、黄马乡、蒋巷镇、泾口乡、麻丘镇、塘南镇、五星垦殖场、武阳镇、幽兰镇）；进贤县（白圩乡、民和镇、七里乡、三里乡）。

※ **畦畔莎草** *Cyperus haspan* L.

多年生草本；常见。

生于低山、丘陵、岗地或平原等地区林下、河湖堤坝、坑塘洼地、田埂、路边、房前屋后、园地。

全市广布。

※ * **风车草** *Cyperus involucratus* Rottb.

多年生草本；偶见。

生于城乡人工湿地。

全市广泛栽培。

※ **碎米莎草** *Cyperus iria* L.

一年生草本；极常见。

生于低山、丘陵、岗地或平原等地区田间、山坡、河湖堤坝、岸边、房前屋后、园地、苗圃地。

全市广布。

※ **旋鳞莎草** *Cyperus michelianus* (L.) Link

一年生草本；常见。

生于岗地或平原地区河湖岸边、滩涂地带。

分布于安义县（龙津镇、长埠镇）；新建区（昌邑乡、南矶乡）；南昌县（泾口乡）；进贤县（罗溪镇）。

※ **具芒碎米莎草** *Cyperus microiria* Steud.
多年生草本；偶见。
生于丘陵、岗地或平原等地区河湖堤坝、岸边湿处。
分布于安义县（东阳镇、黄洲镇、新民乡、长埠镇）；新建区（南矶乡）。

※ **白鳞莎草** *Cyperus nipponicus* Franch. et Savat.
一年生草本；频见。
生于低山、丘陵、岗地或平原等地区向阳山坡、路边、田野、河湖堤坝、岸边沼泽、沙地上。
全市广布。

※ **断节莎** *Cyperus odoratus* L.
一年生草本；频见。
生于岗地或平原地区河湖堤坝、岸边沼泽、滩涂草地。
分布于安义县（长埠镇）；新建区（南矶乡）；南昌县（蒋巷镇、泾口乡、五星垦殖场、武阳镇）；进贤县（罗溪镇、李渡镇）。

※ * **纸莎草** *Cyperus papyrus* L.
多年生草本；偶见。
生于城市人工湿地。
市内有栽培。

※ **毛轴莎草** *Cyperus pilosus* Vahl
多年生草本；罕见。
生于低山、丘陵或岗地等地区路边草丛。
分布于新建区（洗药湖管理处）；南昌县（南台乡）。

※ # **香附子** *Cyperus rotundus* L.
多年生草本；极常见。
生于低山、丘陵、岗地或平原等地区荒地、河湖堤坝、坑塘洼地、田埂、路边、房前屋后、园地。
全市广布。

※ **水莎草** *Cyperus serotinus* Rottb.
多年生草本；常见。
生于平原地区浅水中、水边沙土上。
分布于新建区（昌邑乡）；进贤县（李渡镇）。

※ # **苏里南莎草** *Cyperus surinamensis* Rottb.
多年生草本；偶见。
生于平原地区湖边草地上。
分布于东湖区（扬子洲镇）；南昌县（蒋巷镇）。

荸荠属 *Eleocharis* R. Br.

※ **荸荠** *Eleocharis dulcis* (N. L. Burman) Trinius ex Henschel
多年生草本；偶见。
生于丘陵、岗地或平原等地区池塘、稻田、河流等湿地。
分布于新建区（西山镇、南矶乡）；南昌县（蒋巷镇）。

※ **龙师草** *Eleocharis tetraquetra* Nees in Wight
多年生草本；频见。
生于丘陵、岗地或平原等地区水塘边、沟旁水边。
分布于新建区（西山镇、招贤镇、昌邑乡、南矶乡）；南昌县（蒋巷镇、泾口乡、五星垦殖场、武阳镇）；进贤县（罗溪镇、李渡镇）。

※ **具槽秆荸荠** *Eleocharis valleculosa* Ohwi
多年生草本；罕见。

生于平原地区坑塘湿地。

分布于新建区（昌邑乡）。

※ **具刚毛荸荠 *Eleocharis valleculosa* var. *setosa* Ohwi**

多年生草本；罕见。

生于平原地区湖边浅水中。

分布于新建区（南矶乡、联圩镇）。

※ **牛毛毡 *Eleocharis yokoscensis* (Franch. & Sav.) Tang & F. T. Wang**

多年生草本；常见。

生于丘陵、岗地或平原等地区水田、坑塘洼地、河湖洲滩、浅水沼泽中。

全市广布。

飘拂草属 *Fimbristylis* Vahl

※ **夏飘拂草 *Fimbristylis aestivalis* (Retz.) Vahl**

一年生草本；偶见。

生于丘陵、岗地或平原等地区荒草地、沼泽地、稻田中。

分布于新建区（南矶山）。

※ **两歧飘拂草 *Fimbristylis dichotoma* (L.) Vahl**

一年生草本；常见。

生于低山、丘陵、岗地或平原等地区水田、坑塘洼地、河湖洲滩、溪边、浅水沼泽中。

全市广布。

※ **拟二叶飘拂草 *Fimbristylis diphylloides* Makino**

多年生草本；偶见。

生于低山、丘陵、岗地或平原等地区田埂、溪旁、池塘、河湖岸边、滩涂地带。

分布于安义县（新民乡）；新建区（南矶乡、昌邑乡）；进贤县（李渡镇、三里乡）。

※ **起绒飘拂草 *Fimbristylis dipsacea* (Rottb.) Benth.**

一年生草本；偶见。

生于岗地或平原地区坑塘洼地、河湖岸边、滩涂地带。

分布于新建区（罗亭镇、蛟桥镇）；南昌县（黄马乡、蒋巷镇）。

※ **疣果飘拂草 *Fimbristylis dipsacea* var. *verrucifera* (Maxim.) T. Koyama**

一年生草本；常见。

生于岗地或平原地区坑塘洼地、河湖岸边、滩涂地带。

分布于新建区（恒湖垦殖场、南矶乡）；南昌县（黄马）；进贤县（罗溪镇、李渡镇）。

※ **矮飘拂草 *Fimbristylis fimbristyloides* (F. Mueller) Druce**

一年生草本；罕见。

生于丘陵地区田边溪沟中。

分布于安义县（新民乡）。江西省新记录。

※ **暗褐飘拂草 *Fimbristylis fusca* (Nees) C. B. Clarke in Hooker f.**

一年生草本；偶见。

生于低山、丘陵、岗地或平原等地区草地、田野、沟渠、河滩沼泽地带。

分布于安义县（新民乡）；南昌县（黄马乡）；进贤县（三里乡、李渡镇）。

※ **水虱草 *Fimbristylis littoralis* Gaudich.**

一年生草本；极常见。

生于低山、丘陵、岗地或平原等地区稻田、坑塘洼地、河湖滩涂、湖泊湿地。

分布于安义县（新民乡）；新建（昌邑乡、联芋镇、南矶乡）。

※ **少穗飘拂草 *Fimbristylis schoenoides* (Retz.) Vahl**

多年生草本；罕见。

生于平原地区水田边、河湖岸边。

分布于新建区（联圩镇）。

※ 畦畔飘拂草 *Fimbristylis squarrosa* Vahl
　　一年生草本；偶见。
　　生于平原地区水田边、河湖岸边。
　　分布于新建区（蛟桥镇、罗亭镇）。

黑莎草属 *Gahnia* J. R. Forst. & G. Forst.

　※ 黑莎草 *Gahnia tristis* Nees in Hooker & Arnott
　　多年生草本；罕见。
　　生于丘陵或岗地地区松林下、干旱荒坡灌丛中。
　　分布于进贤县（池溪乡、前坊镇）。

水蜈蚣属 *Kyllinga* Rottb.

　※ 短叶水蜈蚣 *Kyllinga brevifolia* Rottb.
　　多年生草本；常见。
　　生于低山、丘陵、岗地或平原等地区田埂、溪旁、坑塘洼地、河湖堤坝、岸边、滩涂地带。
　　全市广布。
　※ # 水蜈蚣 *Kyllinga polyphylla* Kunth
　　多年生草本；极常见。
　　生于低山、丘陵、岗地或平原等地区田埂、溪旁、坑塘洼地、河湖堤坝、岸边、滩涂地带。
　　全市广布。

湖瓜草属 *Lipocarpha* R.Br.

　※ 华湖瓜草 *Lipocarpha chinensis* (Osbeck) Kern
　　多年生草本；偶见。
　　生于岗地或平原地区田埂、溪旁、坑塘洼地、河湖堤坝、岸边、滩涂地带。
　　分布于南昌县（冈上镇、武阳镇）。
　※ 湖瓜草 *Lipocarpha microcephala* (R. Br.) Kunth
　　一年生草本；偶见。
　　生于岗地或平原地区路旁、沟渠、田埂上。
　　分布于新建区（石岗镇）。

扁莎属 *Pycreus* P.Beauv.

　※ 球穗扁莎 *Pycreus flavidus* (Retz.) T. Koyama
　　多年生草本；常见。
　　生于岗地或平原地区沼泽、河流、草甸、沟渠、水田、滩涂、积水洼地。
　　分布于安义县（黄洲镇、乔乐乡、万埠镇、新民乡）；新建区（乐化镇、联圩镇、樵舍镇、石埠镇、西山镇、象山镇）；红谷滩区（生米镇）；南昌县（八一乡、昌东镇、澄碧湖公园、富山乡、冈上镇、蒋巷镇、泾口乡、罗家镇、南新乡、塘南镇、武阳镇、幽兰镇）；进贤县（南台乡、文港镇）。
　※ 红鳞扁莎 *Pycreus sanguinolentus* (Vahl) Nees ex C. B. Clarke in Hooker f.
　　一年生草本；常见。
　　生于岗地或平原地区湖泊、河流滩涂地带、堤坝、水田、浅水洼地。
　　分布于新建区（南矶乡、昌邑乡）。

刺子莞属 *Rhynchospora* Vahl

　※ 刺子莞 *Rhynchospora rubra* (Lour.) Makino
　　多年生草本；偶见。

生于岗地或平原地区干旱荒坡、灌丛、农田荒地、河岸沙地。

分布于安义县（新民乡、鼎湖镇）；进贤县（七里乡）。

※ **白喙刺子莞** *Rhynchospora rugosa* subsp. *brownii* (Roemer & Schultes) T. Koyama

多年生草本；罕见。

生于低山或丘陵地区山地沼泽。

分布于新建区（西山镇）。

萤蔺属 *Schoenoplectiella* Lye

※ **萤蔺** *Schoenoplectiella juncoides* (Roxburgh) Lye

多年生草本；偶见。

生于丘陵、岗地或平原等地区池塘边、撂荒农田、小溪边干旱地带。

分布于安义县（新民乡）；新建区（西山镇）。

※ **北水毛花** *Schoenoplectiella mucronata* (L.) J.Jung & H.K.Choi

多年生草本；罕见。

生于丘陵、岗地或平原等地区浅水洼地、堤坝、小溪边干旱地带。

分布于安义县（新民乡）。

※ **水毛花** *Schoenoplectiella triangulata* (Roxb.) J.Jung & H.K.Choi

多年生草本；罕见。

生于丘陵、岗地或平原等地区湖边、沼泽、浅水洼地。

分布于安义县（新民乡）。

※ **猪毛草** *Schoenoplectiella wallichii* (Nees) Lye

多年生草本；偶见。

生于岗地或平原地区水田、沼泽、浅水洼地。

分布于新建区（石埠镇）；进贤县（三里乡）。

水葱属 *Schoenoplectus* (Rchb.) Palla

※ * **水葱** *Schoenoplectus tabernaemontani* (C. C. Gmel.) Palla

多年生草本；罕见。

生于城市人工湿地。

市内有栽培。

※ **三棱水葱** *Schoenoplectus triqueter* (Linnaeus) Palla

多年生草本；偶见。

生于平原地区沼泽、坑塘、湖泊浅水区。

分布于新建区（昌邑乡、南矶乡、象山镇）。

藨草属 *Scirpus* L.

※ **华东藨草** *Scirpus karuisawensis* Makino

多年生草本；偶见。

生于平原地区沼泽、湖泊、滩涂等水陆交错带。

分布于新建区（蒋巷镇）；红谷滩区（生米镇）。

※ **庐山藨草** *Scirpus lushanensis* Ohwi

多年生草本；偶见。

生于平原地区沼泽、湖泊、滩涂等水陆交错带。

分布于新建区（昌邑乡、南矶乡）。

※ **百球藨草** *Scirpus rosthornii* Diels

多年生草本；偶见。

生于丘陵、岗地或平原等地区撂荒农田、浅水洼地。
分布于新建区（昌邑乡、南矶乡）。

※ **球穗藨草** *Scirpus wichurae* Boeckeler
多年生草本；偶见。
生于丘陵、岗地或平原等地区浅水洼地、沼泽。
分布于新建区（昌邑乡、南矶乡）。

珍珠茅属 *Scleria* P. J. Bergius

※ **毛果珍珠茅** *Scleria levis* Retz
多年生草本；罕见。
生于低山、丘陵地区沟谷林下。
分布于新建区（梅岭镇）。

※ **高秆珍珠茅** *Scleria terrestris* (L.) Fassett
多年生草本；罕见。
生于低山、丘陵地区山地阔叶林下或林缘。
分布于新建区（乐化镇）。

103 禾本科 Poaceae

剪股颖属 *Agrostis* L.

※ **华北剪股颖** *Agrostis clavata* Trin.
多年生草本；频见。
生于低山、丘陵、岗地或平原等地区林缘，小溪、路旁潮湿地带，干旱荒坡。
全市广布。

※ **台湾剪股颖** *Agrostis sozanensis* Hayata
多年生草本；频见。
生于低山、丘陵、岗地或平原等地区林缘，小溪、路旁及干旱荒坡。
全市广布。

看麦娘属 *Alopecurus* L.

※ **看麦娘** *Alopecurus aequalis* Sobol.
一年生草本；极常见。
生于低山、丘陵、岗地或平原等地区水田、沟渠、田埂、滩涂、堤坝、城市草坪。
全市广布。

※ **日本看麦娘** *Alopecurus japonicus* Steud.
一年生草本；常见。
生于低山、丘陵、岗地或平原等地区水田、沟渠、田埂、滩涂、堤坝、城市草坪。
全市广布。

须芒草属 *Andropogon* L.

※ # **弗吉尼亚须芒草** *Andropogon virginicus* L.
多年生草本；罕见。
生于平原地区的河湖洲滩及路边荒地。
分布于东湖区（扬子洲镇）。

荩草属 *Arthraxon* P. Beauv.

※ **荩草** *Arthraxon hispidus* (Thunb.) Makino
一年生草本；常见。
生于低山、丘陵、岗地或平原等地区园地、苗圃地、田埂、村旁、路边。
全市广布。

※ **矛叶荩草** *Arthraxon lanceolatus* (Roxb.) Hochst.
多年生草本；频见。
生于低山、丘陵、岗地或平原等地区园地、苗圃地、田埂、路边。
全市广布。

※ **长叶荩草** *Arthraxon prionodes* (Steud.) Dandy
多年生草本；偶见。
生于岩石山坡、溪边、路旁。
分布于安义县（长埠镇）；进贤县（李渡镇）。

野古草属 *Arundinella* Raddi

※ **溪边野古草** *Arundinella fluviatilis* Hand.–Mazz.
多年生草本；罕见。
生于平原地区河流洲滩。
分布于新建区（南矶乡）。

※ **野古草**（毛秆野古草）*Arundinella hirta* (Thunberg) Tanaka
多年生草本；常见。
生于低山、丘陵或岗地等地区林缘、向阳山坡，滩涂草地。
分布于新建区（大塘坪乡、铁河乡）。

※ **庐山野古草** *Arundinella hirta* var. *hondana* Koidzumi
多年生草本；偶见。
生于丘陵、岗地或平原等地区河湖岸边、洲滩草丛中。
分布于安义县（鼎湖镇）；新建区（南矶乡）；进贤县（李渡镇）。

※ **刺芒野古草** *Arundinella setosa* Trin.
多年生草本；偶见。
生于低山或丘陵地区山地针叶林下、干旱荒坡。
分布于安义县（新民乡）；新建区（梅岭镇）。

芦竹属 *Arundo* L.

※ **芦竹** *Arundo donax* L.
多年生草本；常见。
生于岗地或平原地区河流、湖泊岸边、滩涂、沼泽。
分布于新建区（昌邑乡、蒋巷镇、南矶乡）；南昌县（冈上镇、广福镇）；进贤县（七里乡、钟陵乡）。

※ * **花叶芦竹** *Arundo donax* 'Versicolor'
多年生草本；频见。
生于城市湿地。
市内广泛栽培。

燕麦属 *Avena* L.

※ # **野燕麦** *Avena fatua* L.
一年生草本；极常见。

生于低山、丘陵、岗地或平原等地区田野、荒地、路边、村边、撂荒农田、河湖堤坝。
全市广布。

※ **光稃野燕麦** *Avena fatua* var. *glabrata* Peterm.
一年生草本；常见。
生于低山、丘陵、岗地或平原等地区田野、荒地、路边、村边、撂荒农田、河湖堤坝。
全市广布。

箣竹属 *Bambusa* Schreb.

※ * **孝顺竹** *Bambusa multiplex* (Lour.) Raeusch. ex Schult. & Schult. f.
竹类；偶见。
生于园林绿地。
市内有栽培。

※ * **小琴丝竹** *Bambusa multiplex* 'Alphonse–karri' Rob. A. Young
竹类；偶见。
生于园林绿地。
市内有栽培。

※ * **凤尾竹** *Bambusa multiplex* 'Fernleaf' Rob. A. Young
竹类；偶见。
生于园林绿地。
全市广泛栽培。

※ * **观音竹** *Bambusa multiplex* var. *riviereorum* Maire
竹类；罕见。
生于园林绿地。
市内有栽培。

※ * **青皮竹** *Bambusa textilis* McClure
竹类；频见。
生于园林绿地、苗圃地。
全市广泛栽培。

※ * **黄金间碧竹** *Bambusa vulgaris* 'Vittata' (Rivière & C. Rivière) McClure
竹类；频见。
生于园林绿地、苗圃地。
全市广泛栽培。

菵草属 *Beckmannia* Host

※ **菵草** *Beckmannia syzigachne* (Steud.) Fernald
一年生草本；常见。
生于低山、丘陵、岗地或平原等地区水田、浅水洼地、河湖堤坝。
全市广布。

孔颖草属 *Bothriochloa* Kuntze

※ **白羊草** *Bothriochloa ischaemum* (Linnaeus) Keng
多年生草本；偶见。
生于丘陵、岗地或平原等地区荒草地、河湖堤坝。
分布于新建区（西山镇）。

臂形草属 *Brachiaria* (Trin.) Griseb.

※ **毛臂形草 *Brachiaria eruciformis*** (J. E. Smith) Griseb.
多年生草本；偶见。
生于丘陵、岗地或平原等地区溪边草丛。
分布于进贤县（南台乡）。

凌风草属 *Briza* L.

※ # **银鳞茅 *Briza minor*** L.
一年生草本；罕见。
生于平原地区路边荒地。
分布于新建区（望城镇）。

雀麦属 *Bromus* L.

※ # **扁穗雀麦 *Bromus catharticus*** Vahl
一年生草本；罕见。
生于平原地区路边杂草丛。
分布于青云谱区（青云谱镇）；南昌县（东新乡）。

※ **雀麦 *Bromus japonicus*** Thunb.
一年生草本；偶见。
生于低山或岗地地区林缘，路旁、河流、湖泊岸边。
分布于安义县（石鼻镇）；新建区（昌邑乡、恒湖垦殖场）。

拂子茅属 *Calamagrostis* Adans.

※ **拂子茅 *Calamagrostis epigeios*** (L.) Roth
多年生草本；频见。
生于低山、丘陵或岗地等地区沼泽、低洼地、河流、湖泊岸边。
全市广布。

细柄草属 *Capillipedium* Stapf

※ **硬秆子草 *Capillipedium assimile*** (Steud.) A. Camus
多年生草本；罕见。
生于低山或丘陵地区林缘、山坡荒地。
分布于安义县（新民乡）。

※ **细柄草 *Capillipedium parviflorum*** (R. Br.) Stapf
多年生草本；偶见。
生于低山、丘陵、岗地或平原等地区路边、灌草丛、河流岸边。
分布于安义县（万埠镇）；红谷滩区（厚田乡）；南昌县（黄马乡）；新建区（昌邑乡）。

※ **多节细柄草 *Capillipedium spicigerum*** S. T. Blake
多年生草本；罕见。
生于平原地区路边草丛、荒地。
分布于南昌县（黄马乡）。江西省新记录。

意苡属 *Coix* L.

※ **薏米 *Coix lacryma-jobi* var. *ma-yuen*** (Romanet du Caillaud) Stapf
多年生草本；频见。

生于低山、丘陵、岗地或平原等地区沟渠、村旁。

全市广布。

莎禾属 *Coleanthus* Seidl

※ **莎禾 *Coleanthus subtilis*** (Tratt.) Seidel

一年生草本；罕见。

生于平原地区湖泊岸边季节性沼泽地带。

分布于新建区（南矶乡）。

香茅属 *Cymbopogon* Spreng.

※ **橘草 *Cymbopogon goeringii*** (Steud.) A. Camus

多年生草本；偶见。

生于低山、丘陵、岗地或平原等地区路边荒地、干旱灌草丛。

分布于安义县（长埠镇）；新建区（梅岭镇、太平镇、昌邑乡、南矶乡）；南昌县（八一乡）；进贤县（长山晏乡、衙前乡）。

※ **扭鞘香茅 *Cymbopogon tortilis*** (J. Presl) A. Camus

多年生草本；偶见。

生于低山、丘陵、岗地或平原等地区荒地、干旱灌草丛。

分布于安义县（长埠镇）；新建区（梅岭镇、太平镇、昌邑乡、南矶乡）；南昌县（八一乡）；进贤县（长山晏乡、衙前乡）。

狗牙根属 *Cynodon* Rich.

※ **狗牙根 *Cynodon dactylon*** (L.) Persoon

多年生草本；极常见。

生于低山、丘陵、岗地或平原等地区林缘、路边、湖泊、河流岸边草甸。

全市广布。

弓果黍属 *Cyrtococcum* Stapf

※ **弓果黍 *Cyrtococcum patens*** (L.) A. Camus

一年生草本；偶见。

生于低山、丘陵或平原等地区阔叶林下、路边、小溪边、浅水洼地。

分布于安义县（新民乡）；新建区（梅岭镇、昌邑乡）。

鸭茅属 *Dactylis* L.

※ **鸭茅 *Dactylis glomerata*** L.

多年生草本；罕见。

生于低山或丘陵地区阔叶林林缘。

分布于安义县（新民乡）。

龙爪茅属 *Dactyloctenium* Willd.

※ **龙爪茅 *Dactyloctenium aegyptium*** (L.) Willd.

一年生草本；偶见。

生于平原地区河流、湖泊堤坝、田埂。

分布于红谷滩区（生米镇）；东湖区（扬子洲镇）；青云谱区（青云谱镇）。

野青茅属 *Deyeuxia* Clarion ex P. Beauv.

※ **野青茅** *Deyeuxia pyramidalis* (Host) Veldkamp
多年生草本；常见。
生于低山、丘陵、岗地或平原等地区灌草丛、林缘、河流、湖泊滩涂。
全市广布。

马唐属 *Digitaria* Haller

※ **升马唐** *Digitaria ciliaris* (Retz.) Koeler
一年生草本；极常见。
生于低山、丘陵、岗地或平原等地区路旁、灌草丛。
全市广布。

※ **毛马唐** *Digitaria ciliaris* var. *chrysoblephara* (Figari & De Notaris) R. R. Stewart
一年生草本；常见。
生于低山、丘陵、岗地或平原等地区路旁、灌草丛。
全市广布。

※ **红尾翎** *Digitaria radicosa* (Presl) Miq.
一年生草本；罕见。
生于低山、丘陵或平原等地区路边、园地、荒地。
分布于新建区（梅岭镇）；东湖区（大院街道）。

※ **马唐** *Digitaria sanguinalis* (L.) Scop.
一年生草本；极常见。
生于低山、丘陵、岗地或平原等地区路旁、园地、苗圃地、河流、湖泊堤坝。
全市广布。

※ **紫马唐** *Digitaria violascens* Link
一年生草本；偶见。
生于低山、丘陵或平原等地区路边、园地。
分布于安义县（东阳镇）；东湖区（扬子洲镇）。

稗属 *Echinochloa* P. Beauv.

※ **长芒稗** *Echinochloa caudata* Roshev.
一年生草本；频见。
生于丘陵、岗地或平原等地区水田、浅水洼地。
全市广布。

※ **光头稗** *Echinochloa colona* (L.) Link
一年生草本；常见。
生于低山、丘陵、岗地或平原等地区水田、浅水洼地、河流、湖泊堤坝、滩涂。
全市广布。

※ **稗** *Echinochloa crus-galli* (L.) P. Beauv.
一年生草本；极常见。
生于低山、丘陵、岗地或平原等地区水田、浅水洼地、河流、湖泊堤坝、滩涂。
全市广布。

※ **小旱稗** *Echinochloa crus-galli* var. *austrojaponensis* Ohwi
一年生草本；常见。
生于低山、丘陵、岗地或平原等地区路边、田埂、河流、湖泊堤坝、滩涂。

全市广布。

※ **无芒稗** *Echinochloa crus-galli* var. *mitis* (Pursh) Peterm.
一年生草本；常见。
生于低山、丘陵、岗地或平原等地区水田、坑塘、浅水洼地。
全市广布。

※ **西来稗** *Echinochloa crus-galli* var. *zelayensis* (Kunth) Hitchc.
一年生草本；偶见。
生于低山、丘陵、岗地或平原等地区路边、水田、荒地。
分布于安义县（新民乡）；新建区（昌邑乡、乐化镇、樵舍镇、铁河乡）；红谷滩区（生米镇）；
青山湖区（罗家镇）。

䅟属 *Eleusine* Gaertn.

※ **牛筋草** *Eleusine indica* (L.) Gaertn.
一年生草本；极常见。
生于低山、丘陵、岗地或平原等地区路边、田埂、堤坝、荒地。
全市广布。

披碱草属 *Elymus* L.

※ **纤毛鹅观草** *Elymus ciliaris* (Trin. ex Bunge) Tzvelev
一年生草本；常见。
生于低山、丘陵、岗地或平原等地区路边、堤坝、田埂、园地、荒地。
全市广布。

※ **披碱草** *Elymus dahuricus* Turcz.
一年生草本；频见。
生于低山、丘陵、岗地或平原等地区路边、堤坝、田埂、园地、荒地。
全市广布。

※ **鹅观草** *Elymus kamoji* (Ohwi) S. L. Chen
一年生草本；偶见。
生于低山、丘陵、岗地或平原等地区路边、堤坝、田埂、园地、荒地。
全市广布。

画眉草属 *Eragrostis* Wolf

※ **大画眉草** *Eragrostis cilianensis* (All.) Vignolo–Lutati ex Janch.
一年生草本；偶见。
生于平原地区路边、堤坝、园地。
分布于新建区（昌邑乡）。

※ **珠芽画眉草** *Eragrostis cumingii* Steud.
一年生草本；偶见。
生于平原地区河流、湖泊岸边沙地。
分布于红谷滩区（厚田乡）。

※ **知风草** *Eragrostis ferruginea* (Thunb.) P. Beauv.
多年生草本；极常见。
生于低山、丘陵、岗地或平原等地区路边、村旁、荒地。
全市广布。

※ **乱草** *Eragrostis japonica* (Thunb.) Trin.
一年生草本；常见。

生于低山、丘陵、岗地或平原等地区河流、湖泊滩涂、浅水洼地。
全市广布。

※ **宿根画眉草** *Eragrostis perennans* Keng
多年生草本；罕见。
生于平原地区路边、河流、湖泊堤坝、滩涂。
分布于新建区（昌邑乡）。

※ **疏穗画眉草** *Eragrostis perlaxa* Keng
多年生草本；罕见。
生于岗地或平原地区路边、草地。
分布于新建区（望城镇）。

※ **画眉草** *Eragrostis pilosa* (L.) P. Beauv.
一年生草本；常见。
生于低山、丘陵、岗地或平原等地区林下、路边，河流、湖泊堤坝。
全市广布。

※ **多毛知风草** *Eragrostis pilosissima* Link
多年生草本；罕见。
生于岗地地区干旱草丛。
分布于新建区（望城镇）。

※ **牛虱草** *Eragrostis unioloides* (Retz.) Nees ex Steud.
一年生草本；偶见。
生于丘陵、岗地或平原等地区林缘、路边、平原荒地、河流、湖泊堤坝、园地。
分布于新建区（昌邑乡）。

蜈蚣草属 *Eremochloa* Buse

※ **假俭草** *Eremochloa ophiuroides* (Munro) Hack.
多年生草本；极常见。
生于低山、丘陵、岗地或平原等地区林缘、路边、村旁、河流、湖泊堤坝、滩涂草地。
全市广布。

野黍属 *Eriochloa* Kunth

※ **野黍** *Eriochloa villosa* (Thunb.) Kunth
一年生草本；罕见。
生于低山、丘陵或岗地等地区沟谷、岗地阔叶林下。
分布于新建区（西山镇）；进贤县（七里乡）。

黄金茅属 *Eulalia* Kunth

※ **龚氏金茅** *Eulalia leschenaultiana* (Decne.) Ohwi
多年生草本；罕见。
生于低山或丘陵地区岩石裸露地带。
分布于安义县（石鼻镇）；新建区（西山镇、梅岭镇、招贤镇）。

羊茅属 *Festuca* L.

※ **高羊茅** *Festuca elata* Keng ex E. B. Alexeev
多年生草本；偶见。
生于岗地或平原地区路旁、林缘、河流、湖泊堤坝。

分布于新建区（梅岭镇）；南昌县（八一乡）。

　　※ **紫羊茅** *Festuca rubra* L.

　　多年生草本；罕见。

　　生于平原地区湖泊堤坝、滩涂。

　　分布于新建区（昌邑乡）；红谷滩区（厚田乡）；进贤县（李渡镇）。

牛鞭草属 *Hemarthria* R. Br.

　　※ **大牛鞭草** *Hemarthria altissima* (Poir.) Stapf et C. E. Hubb.

　　多年生草本；罕见。

　　生于丘陵或平原地区湖泊、坑塘浅水湿地、干旱草地。

　　分布于新建区（西山镇）。

　　※ **扁穗牛鞭草** *Hemarthria compressa* (L. f.) R. Br.

　　多年生草本；极常见。

　　生于丘陵、岗地或平原等地区田埂、浅水洼地，河流、湖泊滩涂。

　　全市广布。

　　※ **牛鞭草** *Hemarthria sibirica* (Gand.) Ohwi

　　多年生草本；罕见。

　　生于岗地或平原地区湖泊岸边滩涂、浅水洼地。

　　分布于进贤县（三里乡）。

黄茅属 *Heteropogon* Pers.

　　※ **黄茅** *Heteropogon contortus* (L.) P. Beauv. ex Roemer & Schult.

　　多年生草本；罕见。

　　生于丘陵或岗地地区林缘、路边、荒草坡。

　　分布于新建区（招贤镇）。

水禾属 *Hygroryza* Nees

　　※ **水禾** *Hygroryza aristata* (Retz.) Nees

　　多年生水生草本；罕见。

　　生于平原地区湖泊、坑塘湿地。

　　分布于进贤县（李渡镇）。

猬草属 *Hystrix* Moench

　　※ **猬草** *Hystrix duthiei* (Stapf ex Hook. f.) Bor

　　多年生草本；罕见。

　　生于平原地区湖泊岸边、滩涂。

　　分布于新建区（昌邑乡、联圩镇）。

白茅属 *Imperata* Cyrillo

　　※ **大白茅** *Imperata cylindrica* var. *major* (Nees) C. E. Hubb.

　　多年生草本；极常见。

　　生于低山、丘陵、岗地或平原等地区路边、河湖堤坝、撂荒地等干旱地带。

　　全市广布。

箬竹属 *Indocalamus* Nakai

※ **阔叶箬竹 *Indocalamus latifolius*** (Keng) McClure
竹类；偶见。
生于低山、丘陵或岗地等地区林下、沟谷林缘。
分布于安义县（万埠镇）；新建区（恒湖垦殖场、樵舍镇、招贤镇）。

※ **箬叶竹 *Indocalamus longiauritus*** Hand.–Mazz.
竹类；罕见。
生于低山或丘陵地区山坡、路旁。
分布于新建区（招贤镇）。

※ **箬竹 *Indocalamus tessellatus*** (Munro) P. C. Keng
竹类；极常见。
生于低山、丘陵、岗地或平原等地区林缘、路边、村前屋后。
全市广布。

柳叶箬属 *Isachne* R. Br.

※ **柳叶箬 *Isachne globosa*** (Thunb.) Kuntze
多年生草本；频见。
生于低山、丘陵或岗地等地区林缘、路边、浅水洼地、撂荒农田。
全市广布。

鸭嘴草属 *Ischaemum* L.

※ **有芒鸭嘴草 *Ischaemum aristatum*** L.
多年生草本；常见。
生于岗地或平原地区河流、湖泊岸边、堤坝。
分布于安义县（万埠镇）；新建区（梅岭镇）。

※ **粗毛鸭嘴草 *Ischaemum barbatum*** Retz.
多年生草本；罕见。
生于平原地区河流、湖泊堤坝。
分布于南昌县（黄马乡）。

假稻属 *Leersia* Sol. & Swartz

※ **李氏禾 *Leersia hexandra*** Sw.
多年生草本；偶见。
生于低山、丘陵、岗地或平原等地区坑塘、沼泽、浅水洼地、田边湿地。
分布于新建区（昌邑乡）；南昌县（黄马乡）。

※ **假稻 *Leersia japonica*** (Makino ex Honda) Honda
多年生草本；极常见。
生于岗地或平原地区坑塘、沼泽、浅水洼地、田边湿地。
全市广布。

※ **秕壳草 *Leersia sayanuka*** Ohwi
一年生草本；罕见。
生于低山或丘陵地区沟谷林缘、溪边。
分布于安义县（新民乡）。

千金子属 *Leptochloa* P. Beauv.

※ **千金子** *Leptochloa chinensis* (L.) Nees
一年生草本；常见。
生于低山、丘陵、岗地或平原等地区水田、田埂、河流、湖泊岸边、堤坝、园地、苗圃地。
全市广布。

※ **虮子草** *Leptochloa panicea* (Retz.) Ohwi
一年生草本；频见。
生于低山、丘陵、岗地或平原等地区水田、田埂、河流、湖泊岸边、堤坝、园地、苗圃地。
全市广布。

黑麦草属 *Lolium* L.

※ # **多花黑麦草** *Lolium multiflorum* Lamk.
一年生草本；频见。
生于平原地区路边、荒地、草地。
分布于新建区（昌邑乡、联圩镇）。

※ * **黑麦草** *Lolium perenne* L.
多年生草本；频见。
生于路边、绿地。
全市广泛栽培。

淡竹叶属 *Lophatherum* Brongn.

※ **淡竹叶** *Lophatherum gracile* Brongn.
多年生草本；常见。
生于低山、丘陵、岗地或平原等地区森林下、荒地、田边灌草丛。
全市广布。

莠竹属 *Microstegium* Nees

※ **日本莠竹** *Microstegium japonicum* (Miq.) Koidz.
一年生草本；偶见。
生于丘陵、岗地或平原等地区路边、森林林缘、路边。
分布于新建区（西山镇）。

※ **竹叶茅** *Microstegium nudum* (Trin.) A. Camus
一年生草本；偶见。
生于丘陵或岗地地区林下阴湿沟边、田边、路边草丛。
分布于新建区（西山镇）。

※ **莠竹** *Microstegium vimineum* (Trin.) A. Camus
一年生草本；极常见。
生于低山、丘陵、岗地或平原等地区林缘、路边、园地、苗圃地，小溪边、浅水洼地、摞荒农田。
全市广布。

粟草属 *Milium* Linn.

※ **粟草** *Milium effusum* L.
多年生草本；罕见。
生于低山、丘陵山地林下及阴湿草地。

分布于新建区（太平镇）。

芒属 *Miscanthus* Andersson

※ **五节芒** *Miscanthus floridulus* (Labill.) Warburg ex K. Schumann
多年生草本；极常见。
生于山地、丘陵、岗地或平原等地区小溪边、河流堤坝、撂荒荒坡。
全市广布。

※ **南荻** *Miscanthus lutarioriparius* L. Liu ex Renvoize & S. L. Chen
多年生草本；常见。
生于丘陵、岗地或平原等地区河流、湖泊浅水区、滩涂。
全市广布。

※ **荻** *Miscanthus sacchariflorus* (Maxim.) Benth. & Hook. f. ex Franch.
多年生草本；偶见。
生于平原地区河流、湖泊滩涂、沼泽。
分布于新建区（联圩镇、南矶乡）；南昌县（广福镇、黄马乡、五星垦殖场）；青山湖区（罗家镇）；进贤县（文港镇）。

※ **芒** *Miscanthus sinensis* Andersson
多年生草本；极常见。
生于山地、丘陵、岗地或平原等地区小溪边、河流堤坝、沙地、荒坡。
全市广布。

乱子草属 *Muhlenbergia* Schreb.

※ **乱子草** *Muhlenbergia huegelii* Trin.
多年生草本；常见。
生于低山、丘陵、岗地或平原等地区田埂、撂荒农田、溪边、坑塘洼地、园地、苗圃地、河流、湖泊滩涂、堤坝。
全市广布。

求米草属 *Oplismenus* P. Beauv.

※ **竹叶草** *Oplismenus compositus* (L.) P. Beauv.
多年生草本；常见。
生于低山、丘陵、岗地或平原等地区森林下、林缘、溪边。
全市广布。

※ **求米草** *Oplismenus undulatifolius* (Ard.) Roemer & Schuit.
多年生草本；常见。
生于低山、丘陵、岗地或平原等地区森林下、林缘、溪边、路边阴湿处。
全市广布。

※ **日本求米草** *Oplismenus undulatifolius* var. *japonicus* (Steud.) Koidz.
多年生草本；常见。
生于低山、丘陵、岗地或平原等地区森林下、林缘、溪边、路边阴湿处。
全市广布。

稻属 *Oryza* L.

※ * **稻** *Oryza sativa* L.
一年生草本；极常见。

生于农田。

全市广为栽培。

黍属 *Panicum* L.

※ **糠稷** *Panicum bisulcatum* Thunb.

一年生草本；极常见。

生于低山、丘陵、岗地或平原等地区田埂、撂荒农田、溪边、坑塘洼地、园地、苗圃地、河流、湖泊滩涂。

全市广布。

※ # **洋野黍** *Panicum dichotomiflorum* Michx.

一年生草本；罕见。

生于平原区的静水或池边淤泥中。

分布于南昌县（蒋巷镇）；青山湖区（鱼尾洲湿地公园）。

※ **铺地黍** *Panicum repens* L.

一年生草本；罕见。

生于平原地区的河湖岸边草地。

分布于新建区（蒋巷镇）。

※ **细柄黍** *Panicum sumatrense* Roth ex Roemer & Schultes

一年生草本；偶见。

生于低山、丘陵或岗地等地区林缘、路边。

分布于安义县（新民乡）；新建区（梅岭镇、招贤镇）。

※ * **柳枝稷** *Panicum virgatum* L.

一年生草本；罕见。

生于平原地区河湖岸边草地。

市内有栽培。

雀稗属 *Paspalum* L.

※ # **毛花雀稗** *Paspalum dilatatum* Poir.

多年生草本；常见。

生于低山、丘陵、岗地或平原等地区路边、荒地、滩涂、村边。

全市广布。

※ **双穗雀稗** *Paspalum distichum* L.

多年生草本；常见。

生于低山、丘陵、岗地或平原等地区溪边、坑塘洼地、河流、湖泊岸边、沼泽。

全市广布。

※ # **百喜草** *Paspalum notatum* Flugge

多年生草本；常见。

生于平原地区路边、荒地、河流、湖泊堤坝、岸边、苗圃地。

全市广布。

※ **鸭嘴草** *Paspalum scrobiculatum* L.

多年生或一年生草本；常见。

生于低山、丘陵、岗地或平原等地区路边、荒地、河流、湖泊堤坝、岸边、园地、苗圃地。

全市广布。

※ **雀稗** *Paspalum thunbergii* Kunth ex Steud.

多年生草本；常见。

生于丘陵、岗地或平原等地区路边、荒地、河流、湖泊堤坝、岸边、滩涂、园地、苗圃地。

全市广布。

※ # **丝毛雀稗** *Paspalum urvillei* Steud.
多年生草本；偶见。
生于丘陵、岗地或平原等地区村旁、路边、荒地。
全市广布。

狼尾草属 *Pennisetum* Rich.

※ **狼尾草** *Pennisetum alopecuroides* (L.) Spreng.
多年生草本；常见。
生于低山、丘陵或岗地等地区路边、荒地、河流、湖泊堤坝以及城市绿地。
全市广布。
※ * **象草** *Pennisetum purpureum* Schumach.
多年生草本；偶见。
生于村旁、田野、荒地。
市内有栽培。

显子草属 *Phaenosperma* Munro ex Benth.

※ **显子草** *Phaenosperma globosum* Munro ex Benth.
一年生草本；偶见。
生于低山或丘陵地区林下、林缘。
分布于安义县（新民乡）；新建区（梅岭镇、招贤镇）。

虉草属 *Phalaris* L.

※ **虉草** *Phalaris arundinacea* L.
多年生草本；常见。
生于低山、丘陵、岗地或平原等地区坑塘洼地、河流、湖泊沼泽地带。
全市广布。

芦苇属 *Phragmites* Adans.

※ **芦苇** *Phragmites australis* (Cav.) Trin. ex Steud.
多年生草本；常见。
生于低山、丘陵、岗地或平原等地区小溪、坑塘洼地、河流、湖泊沼泽地带。
全市广布。

刚竹属 *Phyllostachys* Siebold & Zucc.

※ **毛竹** *Phyllostachys edulis* (Carrière) J. Houz.
乔木状竹类；常见。
生于低山、丘陵、岗地或平原等地区林中、村旁。
全市广布。
※ **水竹** *Phyllostachys heteroclada* Oliv.
乔木状竹类；偶见。
生于丘陵、岗地或平原等地区村边、林中。
分布于安义县、新建区。
※ **篌竹** *Phyllostachys nidularia* Munro
灌木状竹类；常见。

生于低山、丘陵、岗地、平原等地区的干旱地带。

全市广布。

※ * **紫竹** *Phyllostachys nigra* (Lodd.) Munro

灌木状竹类；罕见。

生于城乡绿地、庙宇内。

市内有栽培。

※ * **毛金竹** *Phyllostachys nigra* var. *henonis* (Mitford) Stapf ex Rendle

乔木状竹类；偶见。

生于城市园林绿地。

全市广为栽培。

※ * **灰竹** *Phyllostachys nuda* McClure

灌木状竹类；偶见。

生于城市园林绿地。

全市广为栽培。

※ **刚竹** *Phyllostachys sulphurea* var. *viridis* R. A. Young

乔木状竹类；频见。

生于低山或丘陵地区沟谷林中、林缘。

分布于安义县（东阳镇、乔乐乡、石鼻镇、新民乡、长埠镇、长均乡）；南昌县（黄马乡、向塘镇）；进贤县（白圩乡、池溪乡、二塘乡、民和镇、南台乡、七里乡、前坊镇、泉岭乡、三阳集乡、石牛窝、文港镇、下埠集乡、长山晏乡、钟陵乡）。

苦竹属 *Pleioblastus* Nakai

※ **苦竹** *Pleioblastus amarus* (Keng) P. C. Keng

乔木状竹类；偶见。

生于低山、丘陵或岗地等地区山坡、路旁、村边。

分布于红谷滩区（厚田乡）；南昌县（泾口乡、塘南镇）。

早熟禾属 *Poa* L.

※ **白顶早熟禾** *Poa acroleuca* Steud.

一年生或二年生草本；常见。

生于丘陵、岗地或平原等地区溪边、田埂、路边、村边、河流、湖泊堤坝、园地、苗圃地。

全市广布。

※ **早熟禾** *Poa annua* L.

一年生草本；常见。

生于低山、丘陵、岗地或平原等地区溪边、田埂、路边、村边、河流、湖泊堤坝、园地、苗圃地。

全市广布。

※ # **草地早熟禾** *Poa pratensis* L.

多年生草本；偶见。

生于平原地区溪边、河流、湖泊滩涂、湿润草甸、沙地。

全市广布。

金发草属 *Pogonatherum* P. Beauv.

※ **金丝草** *Pogonatherum crinitum* (Thunb.) Kunth

多年生草本；偶见。

生于低山或丘陵地区路边陡坡、岩壁。

分布于安义县（鼎湖镇、东阳镇）；新建区（南矶乡）。

※ **金发草** *Pogonatherum paniceum* (Lam.) Hack.
多年生草本；偶见。
生于低山或丘陵地区路边陡坡、岩壁。
分布于新建区（西山镇、石埠镇）。

棒头草属 *Polypogon* Desf.

※ **棒头草** *Polypogon fugax* Nees ex Steud.
一年生草本；常见。
生于低山、丘陵、岗地或平原等地区溪边、田埂、撂荒农田，河流、湖泊滩涂、堤坝、园地、苗圃地。
全市广布。

伪针茅属 *Pseudoraphis* Griff. ex Pilg.

※ **瘦脊伪针茅** *Pseudoraphis sordida* (Thwaites) S. M. Phillips & S. L. Chen
多年生草本；偶见。
生于平原地区浅水洼地、湖泊滩涂地、沼泽。
分布于新建区（昌邑乡、南矶乡）；南昌县（八一乡）；进贤县（李渡镇、衙前乡、三里乡、前坊镇、罗溪镇）。

筒轴茅属 *Rottboellia* L. f.

※ **筒轴茅** *Rottboellia cochinchinensis* (Loureiro) Clayton
多年生草本；罕见。
生于丘陵或平原地区田边湿地、河流岸边。
分布于安义县（新民乡）；新建区（昌邑乡）；进贤县（李渡镇）。

甘蔗属 *Saccharum* L.

※ **斑茅** *Saccharum arundinaceum* Retz.
多年生草本；频见。
生于丘陵或岗地地区河漫滩、田边湿地。
分布于安义县（新民乡）；新建区（昌邑乡、联圩镇、梅岭镇）；南昌县（莲塘镇、蒋巷镇）。
※ **河八王** *Saccharum narenga* (Nees ex Steud.) Wall. ex Hack.
多年生草本；偶见。
生于丘陵或岗地地区河漫滩、河岸边草丛。
分布于安义县（鼎湖镇、乔乐乡、石鼻镇、新民乡、长埠镇、长均乡）；新建区（西山镇）。
※ * **竹蔗** *Saccharum sinense* Roxb.
多年生草本；偶见。
生于平原地区村边、园地。
分布于新建区（蒋巷镇）；东湖区（扬子洲镇）。
※ **甜根子草** *Saccharum spontaneum* L.
多年生草本；频见。
生于丘陵、岗地和平原地区林缘、溪边、路边及洲滩荒地。
分布于新建区（招贤镇）；红谷滩区（生米镇）；南昌县（蒋巷镇）。

囊颖草属 *Sacciolepis* Nash

※ **囊颖草** *Sacciolepis indica* (L.) Chase
一年生草本；常见。

生于低山、丘陵、岗地或平原等地区田埂、园地、溪沟。

全市广布。

裂稃草属 *Schizachyrium* Nees

 ※ **裂稃草** *Schizachyrium brevifolium* (Sw.) Nees ex Büse

 一年生草本；罕见。

 生于丘陵、岗地或平原等地区田埂、干旱荒坡。

 分布于新建区（梅岭镇、望城镇）。

狗尾草属 *Setaria* P. Beauv.

 ※ **莩草** *Setaria chondrachne* (Steud.) Honda

 多年生草本；罕见。

 生于低山或丘陵地区林缘、路边。

 分布于安义县（新民乡）。

 ※ **大狗尾草** *Setaria faberi* R. A. W. Herrmann

 一年生草本；极常见。

 生于低山、丘陵、岗地或平原等地区溪边、田埂、撂荒农田、河流、湖泊滩涂、堤坝、园地、苗圃地。

 全市广布。

 ※ **莠狗尾草** *Setaria geniculata* (Lam.) Beauv.

 多年生草本；偶见。

 生于低山、丘陵、岗地或平原等地区溪边、田埂、撂荒农田、河流、湖泊滩涂、堤坝、园地、苗圃地。

 全市广布。

 ※ # **棕叶狗尾草** *Setaria palmifolia* (J. Konig) Stapf

 多年生草本；偶见。

 生于低山、丘陵、岗地或平原等地区溪边、撂荒农田、河流、湖泊滩涂、堤坝。

 全市广布。

 ※ **皱叶狗尾草** *Setaria plicata* (Lam.) T. Cooke

 多年生草本；偶见。

 生于低山、丘陵、岗地或平原等地区溪边、撂荒农田、河流、湖泊滩涂、堤坝。

 全市广布。

 ※ **金色狗尾草** *Setaria pumila* (Poir.) Roem. & Schult.

 一年生草本；极常见。

 生于低山、丘陵、岗地或平原等地区溪边、田埂、撂荒农田、河流、湖泊滩涂、堤坝、园地、苗圃地。

 全市广布。

 ※ **狗尾草** *Setaria viridis* (L.) P. Beauv.

 一年生草本；极常见。

 生于低山、丘陵、岗地或平原等地区溪边、田埂、撂荒农田、河流、湖泊滩涂、堤坝、园地、苗圃地。

 全市广布。

高粱属 *Sorghum* Moench

 ※ **光高粱** *Sorghum nitidum* (Vahl) Pers.

 多年生草本；罕见。

生于丘陵或岗地地区撂荒地。

分布于新建区（西山镇）。

大油芒属 *Spodiopogon* Trin.

※ **大油芒** *Spodiopogon sibiricus* Trin.
多年生草本；偶见。
生于低山或丘陵地区山地林下、林缘。
分布于安义县（新民乡）；新建区（梅岭镇、招贤镇、洗药湖管理处）。

鼠尾粟属 *Sporobolus* R. Br.

※ **鼠尾粟** *Sporobolus fertilis* (Steud.) Clayton
多年生草本；常见。
生于低山、丘陵、岗地或平原等地区田野路边、村旁、干旱荒坡。
全市广布。

菅属 *Themeda* Forssk.

※ **黄背草** *Themeda triandra* Forsk.
多年生草本；偶见。
生于低山、丘陵或岗地等地区荒地、干旱灌草坡。
分布于新建区（西山镇）。

※ **菅** *Themeda villosa* (Poir.) A. Camus in Lecomte
多年生草本；罕见。
生于低山、丘陵或岗地等地区荒地、干旱灌草坡。
分布于新建区（招贤镇、蛟桥镇）。

小麦属 *Triticum* L.

※ * **小麦** *Triticum aestivum* L.
一年生草本；偶见。
生于田地。
市内有栽培。

鼠茅属 *Vulpia* C. C. Gmel.

※ **鼠茅** *Vulpia myuros* (L.) C. C. Gmel.
一年生草本；频见。
生于低山、丘陵、岗地或平原等地区路边、山坡、石缝、沟边、河流、湖泊堤坝。
分布于安义县（万埠镇）；新建区（昌邑乡、蒋巷镇）；南昌县（黄马乡）；进贤县（李渡镇）。

菰属 *Zizania* L.

※ **菰** *Zizania latifolia* (Griseb.) Turcz. ex Stapf
多年生草本；常见。
生于低山、丘陵、岗地或平原等地区农田、小溪、河流、湖泊沼泽地带。
全市广布。

结缕草属 *Zoysia* Willd.

※ **结缕草 *Zoysia japonica* Steud.**
多年生草本；偶见。
生于低山或丘陵地区山坡、路旁草地。
分布于新建区（昌邑乡、招贤镇）；南昌县（麻丘镇）；进贤县（池溪乡、三里乡）。

※ * **沟叶结缕草 *Zoysia matrella* (L.) Merr.**
多年生草本；极常见。
生于城乡绿地。
全市广泛栽培。

※ **中华结缕草 *Zoysia sinica* Hance**
多年生草本；罕见。
生于平原地区河岸、路旁、草地。
分布于新建区（联圩镇）。

104 金鱼藻科 Ceratophyllaceae

金鱼藻属 *Ceratophyllum* L.

※ **金鱼藻 *Ceratophyllum demersum* L.**
多年生沉水草本；常见。
生于丘陵、岗地或平原等地区坑塘、农田、小溪、河流、湖泊浅水区。
全市广布。

106 罂粟科 Papaveraceae

紫堇属 *Corydalis* DC.

※ **北越紫堇 *Corydalis balansae* Prain**
一年生草本；常见。
生于低山或丘陵地区沟谷林下、溪沟边湿润地带。
分布于安义县（石埠镇）；新建区（招贤镇、南矶乡、梅岭镇、太平镇、红星乡）。

※ **夏天无 *Corydalis decumbens* (Thunb.) Pers.**
多年生草本；频见。
生于低山、丘陵、岗地或平原等地区路边、村边、园地、苗圃地、河流、湖泊堤坝、滩涂。
全市广布。

※ **紫堇 *Corydalis edulis* Maxim.**
一年生草本；罕见。
生于丘陵或岗地地区溪边、村宅墙缝。
分布于南昌县（向塘镇、黄马乡、三江镇）；进贤县（白圩乡、池溪乡、李渡镇、钟陵乡）。

※ **刻叶紫堇 *Corydalis incisa* (Thunb.) Pers.**
一年生草本；常见。
生于低山、丘陵、岗地或平原等地区路边、村旁、溪边、河流、湖泊堤坝、园地、苗圃地。
全市广布。

※ **蛇果黄堇 *Corydalis ophiocarpa* Hook. f. & Thomson**
一年生草本；罕见。
生于低山、丘陵山区沟谷林缘。
分布于新建区（梅岭镇）。文献记载，未见标本或照片。

※ **黄堇** *Corydalis pallida* (Thunb.) Pers.
　　一年生草本；偶见。
　　生于低山或丘陵地区沟谷林下湿润地带。
　　分布于新建区（招贤镇）。

※ **小花黄堇** *Corydalis racemosa* (Thunb.) Pers.
　　一年生草本；常见。
　　生于低山、丘陵、岗地或平原等地区林缘阴湿地、多石溪边、村前屋后、石壁、河流、湖泊岸边。
　　全市广布。

※ **地锦苗** *Corydalis shearreri* S. Moore
　　多年生草本；常见。
　　生于低山、丘陵、岗地或平原等地区林缘阴湿地、多石溪边、村前屋后、石壁、河流、湖泊岸边。
　　全市广布。

血水草属 *Eomecon* Hance

※ **血水草** *Eomecon chionantha* Hance
　　多年生草本；罕见。
　　生于低山或丘陵地区山地阔叶林下湿润地带。
　　分布于安义县（新民乡）。

博落回属 *Macleaya* R. Br.

※ **博落回** *Macleaya cordata* (Willd.) R. Br.
　　多年生草本；常见。
　　生于低山、丘陵、岗地或平原等地区林缘、路边、村前屋后、荒地、河流、湖泊滩涂。
　　全市广布。

108 木通科 Lardizabalaceae

木通属 *Akebia* Decne.

※ **木通** *Akebia quinata* (Houtt.) Decne.
　　常绿木质藤本；偶见。
　　生于低山或丘陵地区山地灌丛、森林中，林缘。
　　分布于安义县（万埠镇、新民乡）；新建区（罗亭镇、樵舍镇、招贤镇）；南昌县（昌东镇）。

※ **三叶木通** *Akebia trifoliata* (Thunb.) Koidz.
　　落叶木质藤本；偶见。
　　生于低山或丘陵地区山地林中。
　　分布于安义县（乔乐乡）；新建区（梅岭镇、太平镇、蛟桥镇）。

※ **白木通** *Akebia trifoliata* subsp. *australis* (Diels) T. Shimizu
　　落叶或半常绿木质藤本；偶见。
　　生于低山或丘陵地区山地沟谷林中。
　　分布于安义县（新民乡、万埠镇）；新建区（梅岭镇、招贤镇、西山镇、乔乐乡）。

八月瓜属 *Holboellia* Diels

※ **五月瓜藤** *Holboellia angustifolia* Wall.
　　落叶木质藤本；罕见。
　　生于低山或丘陵地区阔叶林中、林缘。
　　分布于安义县（新民乡）。

大血藤属 *Sargentodoxa* Rehder & E. H. Wilson

　　※ **大血藤 *Sargentodoxa cuneata*** (Oliv.) Rehd. & E. H. Wilson in C. S. Sargent
　　　　落叶木质藤本；偶见。
　　　　生于低山、丘陵或岗地等地区林缘、林中、路边灌丛。
　　　　分布于安义县（乔乐乡、石鼻镇、万埠镇、新民乡、长埠镇）；新建区（罗亭镇、梅岭镇、太平镇、溪霞镇、招贤镇）。

野木瓜属 *Stauntonia* DC.

　　※ **野木瓜 *Stauntonia chinensis*** DC.
　　　　常绿木质藤本；罕见。
　　　　生于低山或丘陵地区山地阔叶林林缘。
　　　　分布于安义县（新民乡）。
　　※ **尾叶那藤 *Stauntonia obovatifoliola* subsp. *urophylla*** (Hand.–Mazz.) H. N. Qin
　　　　常绿木质藤本；偶见。
　　　　生于低山或丘陵地区山地林中、沟谷林缘。
　　　　分布于安义县（新民乡、万埠镇）；新建区（招贤镇、梅岭镇）。

109 防己科 Menispermaceae

木防己属 *Cocculus* DC.

　　※ **木防己 *Cocculus orbiculatus*** (L.) DC.
　　　　落叶木质藤本；频见。
　　　　生于低山、丘陵、岗地或平原等地区林缘、灌丛、村边、路边。
　　　　全市广布。

轮环藤属 *Cyclea* Arn. & Wight

　　※ **粉叶轮环藤 *Cyclea hypoglauca*** (Schauer) Diels
　　　　落叶木质藤本；罕见。
　　　　生于低山、丘陵或平原等地区林缘、路边、村旁、湖泊滩涂灌草丛。
　　　　分布于新建区（南矶乡）。
　　※ **轮环藤 *Cyclea racemosa*** Oliv.
　　　　落叶木质藤本；罕见。
　　　　生于低山或丘陵地区山地林中、林缘、灌丛。
　　　　分布于安义县（新民乡）；新建区（梅岭镇）。

秤钩风属 *Diploclisia* Miers

　　※ **秤钩风 *Diploclisia affinis*** (Oliv.) Diels in Engler
　　　　落叶木质藤本；罕见。
　　　　生于低山、丘陵、岗地或平原等地区林缘、灌丛、村边、路边。
　　　　全市广布。

蝙蝠葛属 *Menispermum* L.

　　※ **蝙蝠葛 *Menispermum dauricum*** DC.
　　　　落叶木质藤本；罕见。

生于低山或丘陵地区山地林缘。

分布于安义县（新民乡）。

细圆藤属 *Pericampylus* Miers

※ **细圆藤** *Pericampylus glaucus* (Lam.) Merr.

落叶木质藤本；频见。

生于低山、丘陵或岗地等地区林中、林缘、灌丛。

分布于安义县（鼎湖镇）；新建区（梅岭镇）；进贤县（七里乡）。

风龙属 *Sinomenium* Diels

※ **风龙** *Sinomenium acutum* (Thunb.) Rehd. et Wils.

落叶木质藤本；罕见。

生于低山或丘陵地区山地林中。

分布于新建区（梅岭镇、太平镇）。

千金藤属 *Stephania* Lour.

※ **金线吊乌龟** *Stephania cephalantha* Hayata

草质藤本；常见。

生于低山、丘陵、岗地或平原等地区村边、旷野、林缘、河湖堤坝、岸边灌草丛。

分布于安义县（新民乡）；新建区（昌邑乡、金桥乡、罗亭镇、梅岭镇、樵舍镇、石埠镇、西山镇、溪霞镇、象山镇、招贤镇）；南昌县（黄马乡、南新乡）；进贤县（白圩乡、池溪乡、李渡镇、南台乡、前坊镇、三里乡、三阳集乡、温圳镇、钟陵乡）。

※ **千金藤** *Stephania japonica* (Thunb.) Miers

常绿木质藤本；常见。

生于低山、丘陵山地林缘或灌丛中。

分布于新建区（梅岭镇）。

※ **粉防己** *Stephania tetrandra* S. Moore

草质藤本；常见。

生于村边、旷野、路边等处。

分布于安义县（鼎湖镇、新民乡）；新建区（昌邑乡、范家山、罗亭镇、梅岭镇、石埠镇、石岗镇、松湖镇、西山镇、溪霞镇、洗药湖管理处、招贤镇）；红谷滩区（厚田乡、生米镇）；南昌县（冈上镇）；进贤县（下埠集乡、长山晏乡）。

青牛胆属 *Tinospora* Miers

※ **青牛胆** *Tinospora sagittata* (Oliv.) Gagnep.

常绿木质藤本；罕见。

生于低山或丘陵地区山地阔叶林下。

分布于新建区（梅岭镇）。

110 小檗科 Berberidaceae

小檗属 *Berberis* L.

※ **豪猪刺** *Berberis julianae* Schneid.

常绿灌木；偶见。

生于丘陵、岗地阔叶林林缘、灌丛中。

分布于安义县（新民乡）；新建区（梅岭镇、招贤镇、蛟桥街道）。

鬼臼属 *Dysosma* Woodson

※ **六角莲** *Dysosma pleiantha* (Hance) Woodson
多年生草本；罕见。
生于低山、丘陵山地阔叶林下。
分布于新建区（梅岭镇）。

※ **八角莲** *Dysosma versipellis* (Hance) M. Cheng ex Ying
多年生草本；罕见。
生于低山或丘陵地区山地阔叶林下。
分布于安义县（石鼻镇）；新建区（梅岭镇）。

淫羊藿属 *Epimedium* L.

※ **三枝九叶草** *Epimedium sagittatum* (Sieb. et Zucc.) Maxim.
多年生草本；罕见。
生于低山或丘陵地区山地阔叶林林缘。
分布于新建区（梅岭镇）。

十大功劳属 *Mahonia* Nutt.

※ **阔叶十大功劳** *Mahonia bealei* (Fort.) Carr.
常绿灌木；偶见。
生于低山或丘陵地区林下、村边风水林中。
分布于西湖区（桃花镇、朝阳洲街道）；南昌县（东新乡、富山乡）。

※ * **十大功劳** *Mahonia fortunei* (Lindl.) Fedde
常绿灌木；偶见。
生于城市绿地。
市内有栽培。

南天竹属 *Nandina* Thunb.

※ **南天竹** *Nandina domestica* Thunb.
常绿灌木；偶见。
生于低山或丘陵地区山地阔叶林下、路边、小溪边灌丛中。
分布于青山湖区（艾溪湖管理处、京东镇）；新建区（象山镇、招贤镇、栖霞镇、梅岭镇）。

111 毛茛科 Ranunculaceae

乌头属 *Aconitum* Makino

※ **乌头** *Aconitum carmichaelii* Debeaux
多年生草本；罕见。
生于低山地区山顶草丛。
分布于新建区（洗药湖管理处）。

水毛茛属 *Batrachium* S. F. Gray

※ **水毛茛** *Batrachium bungei* (Steud.) L. Liou
多年生沉水草本；罕见。

生于平原地区坑塘洼地、湖泊湿地。

分布于新建区（南矶乡）；南昌县（蒋巷镇）。

※ **小花水毛茛** *Batrachium bungei* var. *micranthum* W. T. Wang

多年生沉水草本；罕见

生于平原地区小池塘。

分布于东湖区（公园街道）。

铁线莲属 *Clematis* L.

※ **女萎** *Clematis apiifolia* DC.

木质藤本；罕见。

生于低山或丘陵地区山地阔叶林林缘。

分布于新建区（招贤镇、蛟桥镇）。

※ **钝齿铁线莲** *Clematis apiifolia* var. *argentilucida* (H. Lév. & Vaniot) W. T. Wang

木质藤本；罕见。

生于低山或丘陵地区山坡林下、小溪路旁。

分布于安义县（新民乡）；新建区（招贤镇）。

※ **小木通** *Clematis armandii* Franch.

木质藤本；罕见。

生于低山或丘陵地区路边灌丛中。

分布于新建区（梅岭镇）

※ **短柱铁线莲** *Clematis cadmia* Buch.–Ham. ex Wall.

多年生草本；罕见。

生于平原地区湖区滩涂、河流堤坝。

分布于新建区（南矶乡）；红谷滩区（流湖镇）。

※ **威灵仙** *Clematis chinensis* Osbeck

木质藤本；偶见。

生于低山、丘陵、岗地或平原等地区山坡阔叶林、灌丛中、村边风水林林缘。

分布于红谷滩区（生米镇）；进贤县（李渡镇）。

※ **厚叶铁线莲** *Clematis crassifolia* Benth.

木质藤本，罕见。

生于低山地区疏林中。

分布于安义县（新民乡）。

※ **山木通** *Clematis finetiana* H. Lév. & Vaniot

木质藤本；偶见。

生于低山或丘陵地区山坡疏林、溪边、路旁灌丛中、石缝中。

分布于新建区（梅岭镇、蛟桥镇、望城镇）。

※ **铁线莲** *Clematis florida* Thunb.

多年生草质藤本；偶见。

生于低山、丘陵、岗地或平原等地区路旁、小溪边灌丛中。

分布于安义县（东阳镇、新民乡）；新建区（罗亭镇、樵舍镇、太平镇、溪霞镇、招贤镇、望城镇）；南昌县（塘南镇）；进贤县（池溪乡、三里乡）。

※ **金佛铁线莲** *Clematis gratopsis* W. T. Wang

多年生草质藤本；罕见。

生于低山或丘陵地区山地沟谷林缘。

分布于新建区（太平镇）。

※ **单叶铁线莲** *Clematis henryi* Oliv.

常绿木质藤本；罕见。

生于低山、丘陵山地林中。

分布于新建区（梅岭镇）。

※ **吴兴铁线莲** *Clematis huchouensis* Tamura
多年生草质藤本；罕见。
生于岗地地区湖边灌丛、村边风水林中。
分布于进贤县（罗溪镇）。

※ **巴氏铁线莲** *Clematis parviloba* var. *bartlettii* (Yamamoto) W. T. Wang
多年生草质藤本；罕见。
生于低山或丘陵地区山地阔叶林林缘。
分布于新建区（望城镇）。

※ **扬子铁线莲** *Clematis puberula* var. *ganpiniana* (H. Lév. & Vaniot) W. T. Wang
木质藤本；罕见。
生于丘陵或岗地地区山坡、小溪边灌丛中。
分布于新建区（石埠镇）；红谷滩区（生米镇）。

※ **圆锥铁线莲** *Clematis terniflora* DC.
多年生草质藤本；罕见。
生于湖边干旱地带。
分布于新建区（南矶乡）；进贤县（罗溪镇）。

※ **柱果铁线莲** *Clematis uncinata* Champ. & Benth.
木质藤本；罕见。
生于低山或丘陵地区山谷林缘、溪边灌丛。
分布于安义县（东阳镇、新民乡）。

翠雀属 *Delphinium* L.

※ **还亮草** *Delphinium anthriscifolium* Hance
一年生草本；偶见。
生于低山或丘陵地区田野、路边、溪边草丛。
分布于安义县（东阳镇、新民乡）。

毛茛属 *Ranunculus* L.

※ **禺毛茛** *Ranunculus cantoniensis* DC.
多年生草本；频见。
生于低山、丘陵、岗地或平原地区水田、田野、滩涂、沼泽、积水洼地。
分布于安义县（东阳镇、黄洲镇、龙津镇、石鼻镇、万埠镇）；新建区（恒湖垦殖场、西山镇）；
红谷滩区（生米镇、流湖镇）；南昌县（昌东镇、广福镇、黄马乡、蒋巷镇、塘南镇、武阳镇、
向塘镇）；进贤县（白圩乡、池溪乡、二塘乡、李渡镇、罗溪镇、民和镇、南台乡、前坊镇、三
里乡、温圳镇、下埠集乡、张公镇、长山晏乡、钟陵乡）。

※ **西南毛茛** *Ranunculus ficariifolius* H. Lév. & Vaniot
多年生草本；罕见。
生于平原地区沼泽、积水洼地。
分布于南昌县（南新乡）。

※ **毛茛** *Ranunculus japonicus* Thunb.
多年生草本；极常见。
生于低山、丘陵、岗地或平原地区田野、河湖堤坝、滩涂、沼泽、积水洼地。
全市广布。

※ **刺果毛茛** *Ranunculus muricatus* L.
一年生草本；偶见。
生于平原地区沼泽、滩涂。

分布于新建区（蒋巷镇）；青山湖区（艾溪湖管理处）。

　　※ **肉根毛茛** *Ranunculus polii* Franch. ex Hemsl. et Hemsley
　　　　一年生草本；偶见。
　　　　生于平原地区田野、河湖沼泽。
　　　　分布于新建区（南矶乡）；南昌县（蒋巷镇、南新乡）。

　　※ **石龙芮** *Ranunculus sceleratus* L.
　　　　一年生草本；偶见。
　　　　生于低山、丘陵、岗地或平原等地区沼泽、田野、小溪边。
　　　　分布于新建区（溪霞镇）；东湖区（扬子洲镇）；青云谱区（青云谱镇）。

　　※ **扬子毛茛** *Ranunculus sieboldii* Miq.
　　　　多年生草本；频见。
　　　　生于低山、丘陵、岗地或平原等地区田野、河湖堤坝、滩涂、沼泽。
　　　　分布于安义县（鼎湖镇、东阳镇、黄洲镇、石鼻镇、万埠镇、新民乡、长埠镇、长均乡）；新建
　　　　区（红角洲管理处、罗亭镇、招贤镇）；南昌县（泾口乡、塘南镇、五星垦殖场）。

　　※ **钩柱毛茛** *Ranunculus silerifolius* H. Lév.
　　　　多年生草本；罕见。
　　　　生于林缘、草坡。
　　　　分布于南昌县（蒋巷镇）。

　　※ **猫爪草** *Ranunculus ternatus* Thunb.
　　　　多年生草本；偶见。
　　　　生于低山、丘陵、岗地或平原等地区田野、坑塘洼地、河湖提拔、湖边沼泽。
　　　　分布于红谷滩区（厚田乡）；南昌县（冈上镇）。

天葵属 *Semiaquilegia* Makino

　　※ **天葵** *Semiaquilegia adoxoides* (DC.) Makino
　　　　多年生草本；常见。
　　　　生于低山、丘陵、岗地或平原等地区路边、荒地、河湖堤坝、房前屋后、园地、苗圃地。
　　　　全市广布。

唐松草属 *Thalictrum* L.

　　※ **大叶唐松草** *Thalictrum faberi* Ulbr.
　　　　多年生草本；罕见。
　　　　生于低山或丘陵地区山顶腐殖土深厚的草丛中。
　　　　分布于新建区（洗药湖管理处）。

112 清风藤科 Sabiaceae

泡花树属 *Meliosma* Blume

　　※ **垂枝泡花树** *Meliosma flexuosa* Pamp.
　　　　落叶灌木；罕见
　　　　生于低山或丘陵地区山地阔叶林中。
　　　　分布于新建区（太平镇；招贤镇）。

　　※ **红柴枝** *Meliosma oldhamii* Maxim.
　　　　落叶乔木；罕见。
　　　　生于低山或丘陵地区山地阔叶林中。
　　　　分布于安义县（新民乡）；新建区（梅岭镇）。

※ **有腺泡花树 *Meliosma oldhamii* var. *glandulifera*** Cufod.

落叶乔木；罕见。

生于低山山地阔叶林中。

分布于新建区（梅岭镇）。

※ **毡毛泡花树 *Meliosma rigida* var. *pannosa*** (Hand.–Mazz.) Y. W. Law

常绿乔木；罕见。

生于低山山地阔叶林中。

分布于新建区（西山镇）。

清风藤属 *Sabia* Colebr.

※ **革叶清风藤 *Sabia coriacea*** Rehder & E. H. Wilson in C. S. Sargent

常绿木质藤本；罕见。

生于低山、丘陵地区山谷林缘。

分布于新建区（梅岭镇）。文献记载，未见标本或照片。

※ **鄂西清风藤 *Sabia campanulata* subsp. *ritchieae*** (Rehd.et Wils.)Y.F.Wu

落叶木质藤本；罕见。

生于低山或丘陵地区山谷林中。

分布于新建区（太平镇、招贤镇）。

※ **灰背清风藤 *Sabia discolor*** Dunn

常绿木质藤本；罕见。

生于低山或丘陵地区山地林缘。

分布于安义县（新民乡）。

※ **清风藤 *Sabia japonica*** Maxim.

落叶木质藤本；频见。

生于低山或丘陵地区山谷林缘、灌丛中。

分布于安义县（鼎湖镇、乔乐乡、万埠镇）；新建区（罗亭镇、梅岭镇、石埠镇、溪霞镇、招贤镇）。

※ **尖叶清风藤 *Sabia swinhoei*** Hemsl.

常绿木质藤本；偶见。

生于低山或丘陵地区山地阔叶林中。

分布于安义县（新民乡）；新建区（蛟桥镇、梅岭镇、太平镇）。

113 莲科 Nelumbonaceae

莲属 *Nelumbo* Adans.

※ * **莲 *Nelumbo nucifera*** Gaertn.

多年生水生草本；频见。

生于低山、丘陵、岗地或平原等地区池塘、水田。

全市广泛栽培。

114 悬铃木科 Platanaceae

悬铃木属 *Platanus* L.

※ * **二球悬铃木 *Platanus* × *acerifolia*** (Aiton) Willd.

落叶乔木；常见。

生于城市道路两旁。

全市广泛栽植。

※ * **一球悬铃木** *Platanus occidentalis* L.

　　落叶乔木；偶见。

　　生于城市道路两旁。

　　全市有栽培。

115 山龙眼科 Proteaceae

山龙眼属 *Helicia* Lour.

※ **小果山龙眼** *Helicia cochinchinensis* Lour.

　　常绿乔木；罕见。

　　生于低山或丘陵地区常绿阔叶林、村边风水林中。

　　分布于安义县（新民乡）；新建区（石埠镇、梅岭镇、太平镇、蛟桥镇）。

117 黄杨科 Buxaceae

黄杨属 *Buxus* L.

※ **雀舌黄杨** *Buxus bodinieri* H. Lév.

　　常绿灌木；偶见。

　　生于山坡地区林下、路边灌丛中。

　　分布于进贤县（南台乡、七里乡、前坊镇、石牛窝）；南昌县（广福镇、黄马乡、三江镇、向塘镇、幽兰镇）。

※ **黄杨** *Buxus sinica* (Rehder & E. H. Wilson) M. Cheng

　　常绿灌木；罕见。

　　生于低山或丘陵地区山谷林下、溪边灌丛中。

　　分布于进贤县（池溪乡、民和镇、南台乡）。

※ * **小叶黄杨** *Buxus sinica* var. *parvifolia* M. Cheng

　　常绿灌木；偶见。

　　生于城乡绿地。

　　分布于进贤县（民和镇、前坊镇、钟陵乡）。

野扇花属 *Sarcococca* Lindl.

※ **长叶柄野扇花** *Sarcococca longipetiolata* M. Cheng

　　常绿灌木；罕见。

　　生于低山或丘陵地区山地阔叶林下。

　　分布于安义县（新民乡）；新建区（招贤镇、梅岭镇）。

※ **东方野扇花** *Sarcococca orientalis* C. Y. Wu ex M. Cheng

　　常绿灌木；罕见。

　　生于低山山地阔叶林下、灌丛中。

　　分布于安义县（新民乡）；新建区（招贤镇、梅岭镇）。

※ **野扇花** *Sarcococca ruscifolia* Stapf

　　常绿灌木；偶见。

　　生于低山、丘陵或岗地等地区山坡、沟谷林下。

　　分布于安义县（万埠镇、新民乡）；新建区（洗药湖管理处、招贤镇）；进贤县（下埠集乡、衙前乡、长山晏乡）。

122 芍药科 Paeoniaceae

芍药属 *Paeonia* L.

※ * **芍药** *Paeonia lactiflora* Pall.
多年生草本；罕见。
生于房前屋后绿地中。
市内有栽培。

123 蕈树科 Altingiaceae

蕈树属 *Altingia* Noronha

※ * **蕈树** *Altingia chinensis* (Champ. ex Benth.) Oliv. ex Hance
常绿乔木；罕见。
生于南昌植物园。
市内有栽培。

枫香树属 *Liquidambar* L.

※ **枫香树** *Liquidambar formosana* Hance
落叶乔木；极常见。
生于低山、丘陵、岗地或平原等地区次生林中、村边风水林中。
全市广布。

124 金缕梅科 Hamamelidaceae

蜡瓣花属 *Corylopsis* Siebold & Zucc.

※ **蜡瓣花** *Corylopsis sinensis* Hemsl.
落叶灌木；罕见。
生于低山或丘陵地区山地灌丛中。
分布于新建区（梅岭镇）。

牛鼻栓属 *Fortunearia* Rehder & E. H. Wilson

※ **牛鼻栓** *Fortunearia sinensis* Rehder & E. H. Wilson
落叶灌木；罕见。
生于低山或丘陵地区山地阔叶林下、路旁灌丛中。
分布于新建区（招贤镇、梅岭镇、罗亭镇、溪霞镇）。

金缕梅属 *Hamamelis* Gronov. ex L.

※ **金缕梅** *Hamamelis mollis* Oliv.
落叶灌木；罕见。
生于低山地区山地次生林中。
分布于新建区（梅岭镇）。

檵木属 Loropetalum R. Br.

　　※ **檵木 Loropetalum chinense** (R. Br.) Oliv.
　　　常绿灌木；极常见。
　　　生于低山、丘陵、岗地或平原等地区林下、灌丛中。
　　　全市广布。

　　※ * **红花檵木 Loropetalum chinense** var. **rubrum** Yieh
　　　常绿灌木；常见。
　　　生于城乡绿地。
　　　全市广泛栽植。

126 虎皮楠科 Daphniphyllaceae

虎皮楠属 Daphniphyllum Blume

　　※ **虎皮楠 Daphniphyllum oldhamii** (Hemsl.) K. Rosenth.
　　　常绿乔木；罕见。
　　　生于低山或丘陵地区山谷阔叶林中。
　　　分布于安义县（新民乡）。

127 鼠刺科 Iteaceae

鼠刺属 Itea L.

　　※ **峨眉鼠刺 Itea omeiensis** C. K. Schneid.
　　　常绿灌木；频见。
　　　生于低山或丘陵地区林中、灌丛中。
　　　分布于安义县（新民乡、长埠镇）；新建区（西山镇）；进贤县（温圳镇、长山晏乡）；南昌县
　　　（向塘镇、昌东镇、冈上镇、泾口乡、南新乡）。

129 虎耳草科 Saxifragaceae

落新妇属 Astilbe Buch. – Ham. ex D. Don

　　※ **落新妇 Astilbe chinensis** (Maxim.) Franch. et Savat.
　　　多年生草本；罕见。
　　　生于低山地区山顶草丛中。
　　　分布于新建区（梅岭镇）。

金腰属 Chrysosplenium Tourn. ex L.

　　※ **大武金腰 Chrysosplenium hebetatum** Ohwi
　　　多年生草本；罕见。
　　　生于低山或丘陵地区山谷林下小溪边。
　　　分布于安义县（长埠镇）；江西省新记录。

虎耳草属 Saxifraga Tourn. ex L.

　　※ **虎耳草 Saxifraga stolonifera** Curt.
　　　多年生草本；偶见。

生于低山、丘陵、岗地或平原等地区林下、小溪边湿润石壁上、村边风水林中。

分布于安义县（新民乡、长埠镇、万埠镇）；新建区（梅岭镇、招贤镇、太平镇）。

黄水枝属 *Tiarella* L.

※ **黄水枝 *Tiarella polyphylla*** D. Don

多年生草本；罕见。

生于低山或丘陵地区山地溪边林下。

分布于安义县（长埠镇）；新建区（梅岭镇）。

130 景天科 Crassulaceae

瓦松属 *Orostachys* (DC.) Fisch.

※ **瓦松 *Orostachys fimbriata*** (Turcz.) A. Berger

二年生草本；罕见。

生于低山或丘陵山坡石上。

分布于新建区（梅岭镇）。文献记载，未见标本或照片。

费菜属 *Phedimus* Raf.

※ **费菜 *Phedimus aizoon*** (L.) 't Hart

多年生草本；罕见。

生于低山或丘陵地区山地草丛中。

分布于安义县（新民乡）；新建区（蛟桥镇）。

景天属 *Sedum* L.

※ **东南景天 *Sedum alfredii*** Hance

多年生草本；罕见。

生于低山或丘陵地区山坡草丛、石壁上。

分布于安义县（长埠镇）；新建区（梅岭镇）。

※ **珠芽景天 *Sedum bulbiferum*** Makino

多年生草本；频见。

生于低山、丘陵或平原等地区路边、草地、房前屋后、河湖堤坝、园地、苗圃地。

分布于安义县（鼎湖镇、黄洲镇、万埠镇、长埠镇）；新建区（罗亭镇、梅岭镇、太平镇、溪霞镇、招贤镇）；红谷滩区（生米镇、红角洲管理处）；东湖区（扬子洲镇）；进贤县（梅庄镇）。

※ **凹叶景天 *Sedum emarginatum*** Migo

多年生草本；偶见。

生于低山、丘陵或平原等地区路边、林下、草丛中。

全市广布。

※ **佛甲草 *Sedum lineare*** Thunb.

多年生草本；频见。

生于低山或平原地区草丛中。

分布于新建区（南矶乡）；南昌县（广福镇、黄马乡、三江镇、向塘镇）；进贤县（白圩乡、池溪乡、二塘乡、架桥镇、李渡镇、梅庄镇、民和镇、南台乡、七里乡、泉岭乡、三阳集乡、石牛窝、文港镇、下埠集乡、张公镇、长山晏乡、钟陵乡）。

※ **圆叶景天 *Sedum makinoi*** Maxim.

多年生草本；罕见。

生于低山或丘陵地区山谷林下。

分布于安义县（万埠镇）；新建区（太平镇、梅岭镇）。

※ **大苞景天 *Sedum oligospermum* Maire**
多年生草本；罕见。
生于低山或丘陵地区沟谷地带阔叶林下。
分布于新建区（太平镇、梅岭镇）。

※ **垂盆草 *Sedum sarmentosum* Bunge**
多年生草本；偶见。
生于低山、丘陵或平原等地区石壁、田埂、河湖堤坝、房前屋后。
分布于新建区（梅岭镇、溪霞镇、招贤镇）；东湖区（扬子洲镇）；南昌县（向塘镇、黄马乡）；进贤县（白圩乡、架桥镇、民和镇、南台乡、石牛窝、钟陵乡）。

※ **日本景天 *Sedum uniflorum* var. *japonicum* (Siebold ex Miq.) H. Ohba**
多年生草本；罕见。
生于丘陵或平原地区残墙、撂荒地。
分布于青山湖区（上海路街道）；南昌县（莲塘镇）。

134 小二仙草科 Haloragaceae

小二仙草属 *Gonocarpus* Thunb.

※ **小二仙草 *Gonocarpus micranthus* Thunb.**
多年生草本；罕见。
生于低山、丘陵或岗地等地区荒地、路边草丛、河湖堤坝、村宅旁。
分布于新建区（金桥乡、大塘坪乡、望城镇）；进贤县（长山晏乡、白圩乡）。

狐尾藻属 *Myriophyllum* L.

※ # **粉绿狐尾藻 *Myriophyllum aquaticum* (Vell.) Verdc.**
多年生挺水或沉水草本；偶见。
生于丘陵或平原地区坑塘洼地、河湖沼泽、城市人工湿地。
分布于南昌县（泾口乡）；进贤县（三里乡）。

※ **穗状狐尾藻 *Myriophyllum spicatum* L.**
多年生沉水草本；罕见。
生于丘陵或平原地区坑塘洼地、溪流中。
分布于安义县（新民乡、石埠镇）

※ **乌苏里狐尾藻 *Myriophyllum ussuriense* (Regel) Maximowicz**
多年生水生草本；罕见。
生于岗地或平原地区坑塘。
分布于南昌县（向塘镇）。

※ **狐尾藻 *Myriophyllum verticillatum* L.**
多年生沉水草本；罕见。
生于平原地区坑塘、湖泊、沼泽中。
分布于南昌县（昌东镇、麻丘镇）；进贤县（文港镇、黄马乡）。

136 葡萄科 Vitaceae

蛇葡萄属 *Ampelopsis* Michx.

※ **三裂蛇葡萄 *Ampelopsis delavayana* Planch.**
落叶木质藤本；常见。

生于低山、丘陵或岗地等地区山坡、路边灌丛、村边风水林中。

全市广布。

　　※ **蛇葡萄** *Ampelopsis glandulosa* (Wall.) Momiy.

落叶木质藤本；极常见。

生于低山、丘陵、岗地或平原等地区林缘、路边灌丛、河湖堤坝、岸边、村边风水林林缘。

全市广布。

　　※ **异叶蛇葡萄** *Ampelopsis glandulosa* var. *heterophylla* (Thunb.) Momiy.

落叶木质藤本；常见。

生于低山、丘陵、岗地或平原等地区林缘、路边灌丛、河湖堤坝、岸边、村边风水林林缘。

分布于安义县（长埠镇）；新建区（昌邑乡、罗亭镇、梅岭镇、太平镇、西山镇、溪霞镇、象山镇、恒湖垦殖场、招贤镇）；红谷滩区（厚田乡）；南昌县（昌东镇、蒋巷镇、泾口乡、麻丘镇、塘南镇、幽兰镇）；进贤县（南台乡、三里乡、文港镇、下埠集乡、衙前乡、长山晏乡）。

　　※ **葎叶蛇葡萄** *Ampelopsis humulifolia* Bunge

落叶木质藤本；偶见。

生于丘陵或岗地等地区林缘、路边灌丛、河湖堤坝、村边风水林林缘。

分布于南昌县（蒋巷镇、泾口乡、南新乡、五星垦殖场）；进贤县（南台乡、文港镇）。

　　※ **白蔹** *Ampelopsis japonica* (Thunb.) Makino

落叶木质藤本；罕见。

生于丘陵、岗地或平原等地区河湖堤坝、撂荒地。

分布于新建区（昌邑乡）；进贤县（罗溪镇、前坊镇、三里乡）。

　　※ **毛叶蛇葡萄** *Ampelopsis mollifolia* W. T. Wang

落叶木质藤本；罕见。

生于丘陵、岗地或平原等地区路边灌丛、村边风水林林缘。

分布于安义县（鼎湖镇、长埠镇、东阳镇）；进贤县（衙前乡、长山晏乡）。江西省新记录。

乌蔹莓属 *Causonis* Raf.

　　※ **乌蔹莓** *Causonis japonica* (Thunb.) Raf.

草质藤本；极常见。

生于低山、丘陵、岗地或平原等地区路边、灌丛、河湖堤坝、园地、苗圃地。

全市广布。

牛果藤属 *Nekemias* Raf.

　　※ **牛果藤** *Nekemias cantoniensis* (Hook. & Arn.) J. Wen & Z. L. Nie

落叶木质藤本；频见。

生于低山、丘陵、岗地或平原等地区山谷林中、山坡灌丛。

分布于安义县（万埠镇、长均乡）；新建区（蛟桥镇、梅岭镇、太平镇）。

　　※ **羽叶牛果藤** *Nekemias chaffanjonii* (H. Lév. & Vaniot) J. Wen & Z. L. Nie

落叶木质藤本；偶见。

生于低山或丘陵地区山地林中、小溪边灌丛。

分布于安义县（万埠镇、新民乡）；新建区（罗亭镇）。

　　※ **大齿牛果藤** *Nekemias grossedentata* (Hand.–Mazz.) J. Wen & Z. L. Nie

落叶木质藤本；偶见。

生于低山或丘陵地区山地林中、山坡灌丛。

分布于新建区（联圩镇）；南昌县（昌东镇、蒋巷镇、泾口乡、麻丘镇、塘南镇、五星垦殖场、幽兰镇）；进贤县（梅庄镇、南台乡、三里乡、二塘乡）。

地锦属 *Parthenocissus* Planch.

　　※ **绿叶地锦 *Parthenocissus laetevirens* Rehder**
　　　　落叶木质藤本；偶见。
　　　　生于低山或丘陵地区山地林下、多石地带、树干上。
　　　　分布于安义县（新民乡）；新建区（太平镇、梅岭镇）。
　　※ * **五叶地锦 *Parthenocissus quinquefolia* (L.) Planch.**
　　　　落叶木质藤本；罕见。
　　　　生丁城市绿地。
　　　　市内有栽培。
　　※ **地锦 *Parthenocissus tricuspidata* (Siebold & Zucc.) Planch.**
　　　　落叶木质藤本；常见。
　　　　生于低山、丘陵、岗地或平原等地区林下、山坡石壁、村边风水林中。
　　　　全市广布。

拟乌蔹莓属 *Pseudocayratia* J.Wen

　　※ **异果拟乌蔹莓 *Pseudocayratia dichromocarpa* (H. Lév.) J. Wen & Z. D. Chen**
　　　　落叶木质藤本；罕见。
　　　　生于低山或丘陵地区山地阔叶林中。
　　　　分布于安义县（新民乡）。

崖爬藤属 *Tetrastigma* (Miq.) Planch.

　　※ **三叶崖爬藤 *Tetrastigma hemsleyanum* Diels & Gilg**
　　　　落叶木质藤本；偶见。
　　　　生于丘陵或岗地地区阔叶林下。
　　　　分布于进贤县（白圩乡、下埠集乡）。

葡萄属 *Vitis* L.

　　※ **蘡薁 *Vitis bryoniifolia* Bunge**
　　　　落叶木质藤本；偶见。
　　　　生于低山、丘陵、岗地或平原等地区林缘、路边荒地、河湖堤坝灌草丛中。
　　　　分布于安义县（东阳镇）；新建区（象山镇、招贤镇）；南昌县（冈上镇）；进贤县（池溪乡）。
　　※ **东南葡萄 *Vitis chunganensis* Hu**
　　　　落叶木质藤本；偶见。
　　　　生于低山或丘陵地区山地阔叶林中。
　　　　分布于新建区（昌邑乡、联圩镇、南矶乡、溪霞镇）；南昌县（昌东镇、蒋巷镇、泾口乡、塘南
　　　　镇、五星垦殖场）；进贤县（南台乡、三里乡、二塘乡）。
　　※ **刺葡萄 *Vitis davidii* (Rom. Caill.) Foëx**
　　　　落叶木质藤本；偶见。
　　　　生于低山或丘陵地区山地阔叶林中。
　　　　分布于安义县（长埠镇）；新建区（太平镇、招贤镇、梅岭镇）。
　　※ **葛藟葡萄 *Vitis flexuosa* Thunb.**
　　　　落叶木质藤本；罕见。
　　　　生于低山、丘陵或平原等地区沟谷林缘、河湖岸边、田边荒地。
　　　　分布于新建区（招贤镇、幸福街道、站前街道、南矶乡）。

※ **菱叶葡萄** *Vitis hancockii* Hance

落叶木质藤本；频见。

生于低山、丘陵或平原等地区山地林缘、村边风水林、路边灌丛中。

分布于安义县（鼎湖镇、东阳镇、龙津镇、乔乐乡、石鼻镇、万埠镇、新民乡、长埠镇、长均乡）；新建区（金桥乡、石埠镇）；进贤县（白圩乡、二塘乡、李渡镇、前坊镇、下埠集乡、长山晏乡、钟陵乡）。

※ **毛葡萄** *Vitis heyneana* Roem. & Schult.

落叶木质藤本；频见。

生于低山、丘陵、岗地或平原等地区山坡、沟谷、路边灌丛、林缘。

分布于安义县（龙津镇、新民乡、长埠镇）；新建区（昌邑乡、环球公园、溪霞镇）；东湖区（扬子洲镇）；进贤县（白圩乡、池溪乡、二塘乡、李渡镇、民和镇、南台乡、七里乡、前坊镇、石牛窝、下埠集乡、衙前乡、长山晏乡、钟陵乡）。

※ **庐山葡萄** *Vitis hui* W. C. Cheng

落叶木质藤本；罕见。

生于丘陵地区阔叶林缘。

分布于新建区（溪霞镇）

※ **华东葡萄** *Vitis pseudoreticulata* W. T. Wang

落叶木质藤本；常见。

生于低山、丘陵、岗地或平原等地区河湖岸边、洲滩、房前屋后林中、灌丛、荒地上。

分布于安义县（鼎湖镇、乔乐乡、万埠镇、新民乡、石鼻镇）；新建区（金桥乡、乐化镇、联圩镇、樵舍镇、石埠镇、西山镇、象山镇）；红谷滩区（厚田乡、生米镇、流湖镇）；青山湖区（艾溪湖管理处、罗家镇）；南昌县（八一乡、向塘镇、富山乡、冈上镇、黄马乡、蒋巷镇、泾口乡、南新乡、塘南镇、武阳镇、幽兰镇）；进贤县（李渡镇、前坊镇、三阳集乡、钟陵乡）。

※ **武汉葡萄** *Vitis wuhanensis* C. L. Li

落叶木质藤本；罕见。

生于低山或丘陵地区林缘、灌丛中。

分布于新建区（罗亭镇、溪霞镇）。

※ **浙江蘡薁** *Vitis zhejiang-adstricta* P. L. Qiu

落叶木质藤本；偶见。

生于岗地或平原地区湖岸边林缘、灌丛中。

分布于新建区（南矶乡）；南昌县（黄马乡）；进贤县（罗溪镇）。江西省新记录。

俞藤属 *Yua* C. L. Li

※ **俞藤** *Yua thomsonii* (M. A. Lawson) C. L. Li

落叶木质藤本；偶见。

生于低山或丘陵地区山地阔叶林林缘。

分布于安义县（新民乡）；新建区（太平镇）。

140 豆科 Fabaceae

相思树属 *Acacia* Mill.

※ * **黑荆** *Acacia mearnsii* De Wild.

常绿乔木；罕见。

生于城乡绿地。

分布于红谷滩区（厚田乡）；青云谱区（京山街道、洪都街道、徐家坊街道、青云谱镇）；南昌县（冈上镇）。

合萌属 *Aeschynomene* L.

※ **合萌** *Aeschynomene indica* L.
一年生草本；极常见。
生于低山、丘陵、岗地或平原等地区林缘、草丛中。
全市广布。

合欢属 *Albizia* Durazz.

※ **合欢** *Albizia julibrissin* Durazz.
落叶乔木；常见。
生于低山、丘陵、岗地或平原等地区次生林中、河流岸边。
分布于安义县（鼎湖镇、龙津镇、万埠镇、新民乡、长埠镇）；新建区（昌邑乡、恒湖垦殖场、罗亭镇、梅岭镇、南矶乡、石埠镇、石岗镇、西山镇、溪霞镇、洗药湖管理处、象山镇、恒湖垦殖场、招贤镇、白水管理处）；红谷滩区（流湖镇）；青山湖区（艾溪湖管理处、京东镇）；东湖区（扬子洲镇）；南昌县（八一乡、昌东镇、东新乡、富山乡、广福镇、蒋巷镇、泾口乡、麻丘镇、塘南镇、五星垦殖场、幽兰镇）；进贤县（白圩乡、梅庄镇、民和镇、南台乡、前坊镇、三里乡、二塘乡、温圳镇、文港镇、下埠集乡、张公镇、钟陵乡）。

※ **山槐** *Albizia kalkora* (Roxb.) Prain
落叶乔木；常见。
生于低山、丘陵、岗地或平原等地区山坡林中、村边风水林中。
分布于安义县（鼎湖镇、东阳镇、龙津镇、石鼻镇、万埠镇、新民乡、长埠镇）；新建区（范家山、金桥乡、乐化镇、罗亭镇、梅岭镇、南矶乡、樵舍镇、石埠镇、太平镇、西山镇、溪霞镇、招贤镇）；红谷滩区（厚田乡、生米镇、流湖镇）；青山湖区（梅岭镇）；南昌县（八一乡、黄马乡、蒋巷镇、三江镇、塔城乡、向塘镇）；进贤县（白圩乡、池溪乡、架桥镇、罗溪镇、民和镇、南台乡、七里乡、前坊镇、泉岭乡、文港镇、下埠集乡、钟陵乡）。

链荚豆属 *Alysicarpus* Neck. ex Desv.

※ **链荚豆** *Alysicarpus vaginalis* (L.) DC.
多年生草本；偶见。
生于平原地区田边、路旁、荒草坡。
分布于安义县（石鼻镇）；南昌县（南新乡、蒋巷镇）。

紫穗槐属 *Amorpha* L.

※ # **紫穗槐** *Amorpha fruticosa* L.
落叶灌木；偶见。
生于丘陵、岗地或平原等地区路旁、田边荒地、河湖堤坝。
分布于新建区（石埠镇）；红谷滩区（生米镇）；南昌县（广福镇、黄马乡、向塘镇）。

两型豆属 *Amphicarpaea* Elliott ex Nutt.

※ **两型豆** *Amphicarpaea edgeworthii* Benth.
一年生草本；偶见。
生于丘陵或岗地地区路旁、田野草丛中。
分布于新建区（太平镇、红星乡）；进贤县（三里乡）。

土圞儿属 *Apios* Fabr.

※ **肉色土圞儿 *Apios carnea*** (Wall.) Benth. ex Baker
多年生草质藤本；罕见。
生于低山或丘陵地区山地阔叶林中。
分布于新建区（梅岭镇）。

※ **土圞儿 *Apios fortunei*** Maxim.
多年生草质藤本；罕见。
生于低山地区山地阔叶林中。
分布于新建区（招贤镇、太平镇）。

落花生属 *Arachis* L.

※ * **落花生 *Arachis hypogaea*** L.
一年生草本；常见。
生于农田。
全市广泛种植。

黄芪属 *Astragalus* L.

※ **紫云英 *Astragalus sinicus*** L.
二年生草本；频见。
生于低山、丘陵、岗地或平原等地区山坡、溪边、农田、河湖堤坝、湖边草地、路旁草丛中。
分布于安义县（鼎湖镇、长均乡）；新建区（昌邑乡、恒湖垦殖场、蒋巷镇、梅岭镇、南矶乡、石埠镇、招贤镇）；红谷滩区（北龙幡街、红角洲管理处）；东湖区（扬子洲镇）；南昌县（东新乡、广福镇）；进贤县（白圩乡、二塘乡、民和镇、钟陵乡）。

云实属 *Biancaea* Tod.

※ **云实 *Biancaea decapetala*** (Roth) O. Deg.
木质藤本；偶见。
生于低山或丘陵地区山坡灌丛中。
分布于新建区（蛟桥镇）。

鸡血藤属 *Callerya* Endl.

※ **香花鸡血藤 *Callerya dielsiana*** (Harms) P. K. Lôc ex Z. Wei & Pedley
常绿木质藤本；偶见。
生于低山、丘陵或岗地等地区阔叶林、荒地灌丛中。
分布于安义县（鼎湖镇、东阳镇、黄洲镇、龙津镇、万埠镇、新民乡、长埠镇、长均乡）；新建区（招贤镇）；进贤县（三里乡）。

※ **亮叶鸡血藤 *Callerya nitida*** (Benth.) R. Geesink
常绿木质藤本；偶见。
生于低山或丘陵地区山地阔叶林中。
分布于安义县（长埠镇）；新建区（梅岭镇、溪霞镇、招贤镇）。

杭子梢属 *Campylotropis* Bunge

※ **杭子梢 *Campylotropis macrocarpa*** (Bunge) Rehder
落叶灌木；罕见。

生于低山或丘陵地区山坡灌丛、林缘。

分布于新建区（梅岭镇）。

锦鸡儿属 *Caragana* Fabr.

※ **锦鸡儿 *Caragana sinica*** (Buc'hoz) Rehder

落叶灌木；罕见。

生于低山或丘陵地区山地林缘。

分布丁新建区（梅岭镇）。

紫荆属 *Cercis* L.

※ * **紫荆 *Cercis chinensis*** Bunge

落叶灌木；常见。

生于城市绿地。

全市广泛栽培。

※ * **湖北紫荆 *Cercis glabra*** Pamp.

落叶乔木；罕见。

生于城市绿地。

市内有栽培。

山扁豆属 *Chamaecrista* Moench

※ **大叶山扁豆 *Chamaecrista leschenaultiana*** (DC.) O. Deg.

一年生草本；偶见。

生于岗地地区路旁灌丛或草丛中。

分布于进贤县（下埠集乡、衙前乡、长山晏乡）。

※ # **含羞草山扁豆 *Chamaecrista mimosoides*** (L.) Greene

一年生草本；偶见。

生于岗地或平原地区路边、荒地、田野。

分布于南昌县（八一乡、黄马乡、向塘镇）；进贤县（南台乡、前坊镇、三阳集乡、长山晏乡、钟陵乡）。

※ **豆茶山扁豆 *Chamaecrista nomame*** (Siebold) H. Ohashi

一年生草本；罕见。

生于岗地或平原地区路边、荒地、田野。

分布于新建区（石岗镇）。

猪屎豆属 *Crotalaria* L.

※ **响铃豆 *Crotalaria albida*** Heyne ex Roth

多年生草本；罕见。

生于低山或丘陵地区路旁荒地。

分布于新建区（梅岭镇）。

※ **大猪屎豆 *Crotalaria assamica*** Benth.

多年生草本；罕见。

生于岗地或平原地区路边草丛中。

分布于新建区（蛟桥镇）。

※ **中国猪屎豆 *Crotalaria chinensis*** L.

多年生草本；罕见。

生于丘陵或岗地地区路边荒草地。

分布于新建区（梅岭镇）。

※ **猪屎豆** *Crotalaria pallida* Aiton

多年生草本；偶见。

生于丘陵或岗地地区路边荒草地。

分布于新建区（蛟桥镇、招贤镇、梅岭镇）。

※ **大托叶猪屎豆** *Crotalaria spectabilis* Roth.

多年生草本；偶见。

生于丘陵、岗地或平原等地区的田野、路旁荒草地。

分布于新建区（招贤镇）；南昌县（八一乡）。

※ **多疣猪屎豆** *Crotalaria verrucosa* L.

多年生草本；罕见。

生于岗地或平原地区田边荒草地。

分布于南昌县（八一乡）。

黄檀属 *Dalbergia* L. f.

※ **秧青** *Dalbergia assamica* Benth.

落叶乔木；偶见。

生于丘陵、岗地或平原等地区阔叶林、河边或村边风水林中。

分布于安义县（长埠镇、鼎湖镇、东阳镇、乔乐乡、石鼻镇）；新建区（招贤镇、太平镇）。

※ **藤黄檀** *Dalbergia hancei* Benth.

落叶木质藤本；偶见。

生于低山或丘陵地区山谷溪边阔叶林林缘。

分布于新建区（洗药湖管理处、招贤镇）。

※ **黄檀** *Dalbergia hupeana* Hance

落叶乔木；极常见。

生于低山、丘陵、岗地或平原等地区阔叶林中、灌丛、村边风水林中。

全市广布。

※ **象鼻藤** *Dalbergia mimosoides* Franch.

落叶木质藤本；偶见。

生于低山或丘陵地区山地阔叶林林缘。

分布于安义县（东阳镇、黄洲镇、龙津镇、乔乐乡）；新建区（石埠镇、西山镇、溪霞镇、招贤镇）。

野扁豆属 *Dunbaria* Wight & Arn.

※ **野扁豆** *Dunbaria villosa* (Thunb.) Makino

一年生草质藤本；罕见。

生于丘陵、岗地或平原地区田埂、沟渠边。

分布于安义县（新民乡）；南昌县（八一乡）。

鸡头薯属 *Eriosema* (DC.) G. Don

※ **鸡头薯** *Eriosema chinense* Vog.

多年生草本；罕见。

生于岗地地区山坡草地。

分布于南昌县（望城镇）。

千斤拔属 *Flemingia* Roxb. ex W. T. Aiton

　　※ **千斤拔** *Flemingia prostrata* auct. non Roxb. f. ex Roxb. : C. Y. Wu
　　　　落叶灌木；罕见。
　　　　生于平原地区路边。
　　　　分布于南昌县（扬子洲镇）。

皂荚属 *Gleditsia* L.

　　※ **山皂荚** *Gleditsia japonica* Miq.
　　　　落叶乔木；罕见。
　　　　生于低山或丘陵地区山地阔叶林中。
　　　　分布于新建区（铁河乡）。
　　※ **皂荚** *Gleditsia sinensis* Lam.
　　　　落叶乔木；偶见。
　　　　生于丘陵或岗地地区阔叶林中、房前屋后。
　　　　分布于新建区（西山镇、梅岭镇、蛟桥镇）；进贤县（下埠集乡）。

大豆属 *Glycine* Willd.

　　※ * **大豆** *Glycine max* (L.) Merr.
　　　　一年生草本；常见。
　　　　生于农田。
　　　　全市广泛种植。
　　※ **野大豆** *Glycine soja* Siebold & Zucc.
　　　　一年生草本；极常见。
　　　　生于低山、丘陵、岗地或平原等地区田野、沼泽、河湖堤坝、岸边草地、滩涂、路边杂草丛中。
　　　　全市广布。

假地豆属 *Grona* Lour.

　　※ **假地豆** *Grona heterocarpos* (L.) H. Ohashi & K. Ohashi
　　　　多年生草本；频见。
　　　　生于岗地或平原地区田野、路边草丛。
　　　　分布于安义县（万埠镇）；南昌县（黄马乡、南新乡、向塘镇）；进贤县（池溪乡、民和镇、七里乡、前坊镇、温圳镇、文港镇、下埠集乡、钟陵乡）。
　　※ **赤三点金** *Grona rubra* (Lour.) H. Ohashi & K. Ohashi
　　　　多年生草本；罕见。
　　　　生于低山或丘陵地区路边、林缘。
　　　　分布于新建区（西山镇）。

肥皂荚属 *Gymnocladus* Lam.

　　※ **肥皂荚** *Gymnocladus chinensis* Baill.
　　　　落叶乔木；偶见。
　　　　生于丘陵或岗地地区阔叶林中。
　　　　分布于新建区（蛟桥镇、长陵乡）；进贤县（白圩乡、下埠集乡）。

长柄山蚂蝗属 *Hylodesmum* H. Ohashi & R. R. Mill

※ **羽叶长柄山蚂蝗** *Hylodesmum oldhamii* (Oliver) H. Ohashi & R. R. Mill
落叶灌木；罕见。
生于低山或丘陵地区山地阔叶林下。
分布于新建区（招贤镇）。

※ **长柄山蚂蝗** *Hylodesmum podocarpum* (DC.) H. Ohashi & R. R. Mill
多年生草本；罕见。
生于低山、丘陵或平原等地区次生阔叶林下、路旁草丛、村边风水林中。
分布于新建区（乐化镇、昌邑乡、南矶乡）。

※ **尖叶长柄山蚂蝗** *Hylodesmum podocarpum* subsp. *oxyphyllum* (Candolle) H. Ohashi & R. R. Mill
多年生草本；罕见。
生于低山地区的山地阔叶林下。
分布于安义县（新民乡）。

木蓝属 *Indigofera* L.

※ **河北木蓝** *Indigofera bungeana* Walp.
落叶灌木；罕见。
生于低山、丘陵、岗地或平原等地区路边灌草丛、村边风水林林缘。
分布于新建区（溪霞镇）。

※ **庭藤** *Indigofera decora* Lindl.
落叶灌木；罕见。
生于低山、丘陵山地阔叶林下。
分布于新建区（梅岭镇，招贤镇）。

※ **宜昌木蓝** *Indigofera decora* var. *ichangensis* (Craib) Y.Y.Fang et C.Z.Zheng
落叶灌木；罕见。
生于低山或丘陵地区山地阔叶林中。
分布于新建区（梅岭镇）。

※ **黑叶木蓝** *Indigofera nigrescens* Kurz ex King & Prain
落叶灌木；罕见。
生于低山或丘陵地区山地灌丛、山谷阔叶林中。
分布于新建区（厚田乡）；红谷滩区（流湖镇）。

※ **浙江木蓝** *Indigofera parkesii* Craib
落叶灌木；罕见。
生于低山或丘陵地区山地阔叶林中。
分布于安义县（新民乡）。

※ **木蓝** *Indigofera tinctoria* L.
落叶灌木；偶见。
生于低山、丘陵或岗地等地区阔叶林下。
分布于新建区（石岗镇、松湖镇、招贤镇、西山镇）；进贤县（下埠集乡、长山晏乡、钟陵乡）。

鸡眼草属 *Kummerowia* Schindl.

※ **长萼鸡眼草** *Kummerowia stipulacea* (Maxim.) Makino
多年生草本；罕见。
生于平原地区湖边荒草地上。
分布于南昌县（昌东镇）；进贤县（罗溪镇）。

※ **鸡眼草** *Kummerowia striata* (Thunb.) Schindl.
一年生草本；极常见。
生于低山、丘陵、岗地或平原等地区路边、田埂、河湖堤坝、岸边、房前屋后、撂荒地。
全市广布。

扁豆属 *Lablab* Adans.

※ * **扁豆** *Lablab purpureus* (L.) Sweet
多年生草质藤本；偶见。
生于农田。
全市广泛种植。

细蚂蟥属 *Leptodesmia* (Benth.) Benth.

※ **小叶细蚂蟥** *Leptodesmia microphylla* (Thunb.) H. Ohashi & K. Ohashi
多年生草本；罕见。
生于低山或丘陵地区山地路边、田边草丛中。
分布于新建区（西山镇）。

胡枝子属 *Lespedeza* Michx.

※ **胡枝子** *Lespedeza bicolor* Turcz.
落叶灌木；极常见。
生于低山、丘陵、岗地或平原等地区山坡、林缘、路旁、灌丛、次生林中。
全市广布。

※ **绿叶胡枝子** *Lespedeza buergeri* Miq.
落叶灌木；偶见。
生于低山或丘陵地区山地阔叶林下、路边灌草丛。
分布于安义县（鼎湖镇、东阳镇、石鼻镇、万埠镇、新民乡、长埠镇）；新建区（罗亭镇、西山镇、招贤镇）。

※ **中华胡枝子** *Lespedeza chinensis* G. Don
落叶灌木；罕见。
生于低山或丘陵地区山地灌木丛中、路旁灌草丛。
分布于新建区（梅岭镇、太平镇、万埠镇）。

※ **截叶铁扫帚** *Lespedeza cuneata* (Dum. Cours.) G. Don
落叶灌木；常见。
生于低山、丘陵、岗地或平原等地区路边、田埂、园地、河湖堤坝、岸边草地。
全市广布。

※ **大叶胡枝子** *Lespedeza davidii* Franch.
落叶灌木；常见。
生于低山、丘陵、岗地或平原等地区路边、河湖岸边、林缘、灌丛中。
分布于安义县（黄洲镇、龙津镇、乔乐乡、石鼻镇、万埠镇、新民乡、长埠镇、长均乡）；新建区（乐化镇、石埠镇、西山镇、溪霞镇、招贤镇）；南昌县（向塘镇）；进贤县（池溪乡、二塘乡、罗溪镇、民和镇、南台乡、前坊镇、下埠集乡、钟陵乡）。

※ **多花胡枝子** *Lespedeza floribunda* Bunge
落叶灌木；罕见。
生于丘陵地区山地路边灌丛。
分布于新建区（梅岭镇）。

※ **广东胡枝子** *Lespedeza fordii* Schindl.

落叶灌木；偶见。

生于低山或丘陵地区山坡路旁灌丛中。

分布于安义县（鼎湖镇、新民乡）；新建区（溪霞镇）。

※ **铁马鞭** *Lespedeza pilosa* (Thunb.) Siebold & Zucc.

多年生草本；偶见。

生于低山、丘陵、岗地或平原等地区路边、河湖堤坝、岸边草地。

分布于安义县（东阳镇、黄洲镇、万埠镇、新民乡、长埠镇）；新建区（罗亭镇、梅岭镇、石岗镇、西山镇、溪霞镇、招贤镇）；南昌县（五星垦殖场）。

※ **美丽胡枝子** *Lespedeza thunbergii* subsp. *formosa* (Vogel) H. Ohashi

落叶灌木；频见。

生于低山或丘陵地区山地林缘、路旁灌丛中。

分布于安义县（长埠镇）；新建区（金桥乡、乐化镇、梅岭镇、樵舍镇、石埠镇、太平镇、溪霞镇、招贤镇）；红谷滩区（生米镇）；南昌县（黄马乡）；进贤县（前坊镇、钟陵乡）。

马鞍树属 *Maackia* Rupr.

※ **浙江马鞍树** *Maackia chekiangensis* S. S. Chien

落叶灌木；罕见。

生于平原地区河湖岸边。

分布于进贤县（张公镇、罗溪镇）。

苜蓿属 *Medicago* L.

※ **天蓝苜蓿** *Medicago lupulina* L.

一、二年生草本；频见。

生于岗地或平原地区路边、河湖堤坝、岸边草地、撂荒地。

分布于新建区（环球公园、联圩镇、罗亭镇、梅岭镇、石埠镇、溪霞镇、招贤镇）；红谷滩区（北龙幡街、生米镇、红角洲管理处）；南昌县（昌东镇、东新乡、蒋巷镇、泾口乡、麻丘镇、南新乡、塘南镇、幽兰镇）；进贤县（池溪乡、梅庄镇、南台乡、三里乡、二塘乡、文港镇、下埠集乡）。

※ # **南苜蓿** *Medicago polymorpha* L.

一、二年生草本；偶见。

生于岗地或平原地区路边、河湖堤坝、岸边草地、撂荒地。

分布于新建区（昌邑乡）；红谷滩区（北龙幡街）；南昌县（蒋巷镇、泾口乡、南新乡、塘南镇）；进贤县（梅庄镇、三里乡）。

※ # **苜蓿** *Medicago sativa* L.

多年生草本；常见。

生于平原地区河岸、路边、田野、沼泽、河湖堤坝、杂草丛。

全市广布。

草木樨属 *Melilotus* (L.) Mill.

※ **草木樨** *Melilotus officinalis* (L.) Pall.

二年生草本；频见。

生于低山、丘陵、岗地或平原等地区林缘、路边、村旁、河湖堤坝、园地、撂荒地。

分布于新建区（昌邑乡、联圩镇、石埠镇）；红谷滩区（生米镇、生米镇）；青云谱区（青云谱镇）；南昌县（八一乡、向塘镇、昌东镇、东新乡、富山乡、黄马乡、蒋巷镇、泾口乡、麻丘镇、南新乡、三江镇、塔城乡、塘南镇、武阳镇、向塘镇、幽兰镇）；进贤县（池溪乡、梅庄镇、民和镇、南台乡、七里乡、前坊镇、三里乡、石牛窝、文港镇、长山晏乡、钟陵乡）。

油麻藤属 *Mucuna* Adans.

※ **闽油麻藤 *Mucuna cyclocarpa* F. P. Metcalf**
木质藤本；罕见。
生于低山或丘陵地区阔叶林林缘。
分布于新建区（梅岭镇）。

※ **褶皮油麻藤 *Mucuna lamellata* Wilmot–Dear**
多年生草质藤本；罕见。
生于低山地区阔叶林林缘。
分布于新建区（招贤镇）。

※ **油麻藤 *Mucuna sempervirens* Hemsl.**
常绿木质藤本；偶见。
生于低山地区沟谷林缘。
分布于安义县（新民乡）；新建区（罗亭镇、梅岭镇）。

草葛属 *Neustanthus* Benth.

※ **草葛 *Neustanthus phaseoloides* (Roxb.) Benth.**
草质藤本；频见。
生于丘陵、岗地或平原等地区路边灌丛、河湖岸边。
分布于新建区（樵舍镇、石埠镇）；红谷滩区（厚田乡）；南昌县（八一乡、富山乡、冈上镇、蒋巷镇、泾口乡、五星垦殖场）；进贤县（池溪乡、梅庄镇、三里乡、文港镇）。

小槐花属 *Ohwia* H. Ohashi

※ **小槐花 *Ohwia caudata* (Thunb.) Ohashi**
落叶灌木；偶见。
生于低山或丘陵地区山地溪沟边阔叶林下、山路旁草地。
分布于安义县（鼎湖镇、乔乐乡、石鼻镇、万埠镇、新民乡）；新建区（西山镇）；进贤县（白圩乡、民和镇、南台乡、张公镇）。

红豆属 *Ormosia* Jacks.

※ **花榈木 *Ormosia henryi* Prain**
常绿乔木；偶见。
生于低山、丘陵或岗地等地区次生林中、村边风水林中。
分布于安义县（乔乐乡、万埠镇、长埠镇）；新建区（梅岭镇、石岗镇、西山镇、洗药湖管理处）；红谷滩区（流湖镇）；进贤县（白圩乡、下埠集乡）。

豌豆属 *Pisum* L.

※ * **豌豆 *Pisum sativum* L.**
一年生草本；常见。
生于农田、园地。
全市广泛栽培。

翅荚香槐属 *Platyosprion* (Maxim.) Maxim.

※ **翅荚香槐 *Platyosprion platycarpum* (Maxim.) Maxim.**
落叶乔木；罕见。

生于丘陵地区村边风水林中。

分布于新建区（梅岭镇）。

老虎刺属 *Pterolobium* R. Br. ex Wight & Arn.

※ **老虎刺** *Pterolobium punctatum* Hemsl.
木质藤本；罕见。
生于低山或丘陵地区山地阔叶林下、村边风水林中。
分布于安义县（乔乐乡、西山镇、石鼻镇）；新建区（长均乡、罗亭镇）。

葛属 *Pueraria* DC.

※ **山葛** *Pueraria montana* (Lour.) Merr.
草质藤本；偶见。
生于低山、丘陵、岗地或平原等地区路边荒地、灌丛中。
分布于新建区（石埠镇）；红谷滩区（厚田乡）；南昌县（八一乡、武阳镇）；进贤县（三阳集乡）。

※ **葛** *Pueraria montana* var. *lobata* (Willd.) Maesen & S. M. Almeida ex Sanjappa & Predeep
草质藤本；极常见。
生于低山、丘陵、岗地或平原等地区路边荒地、河湖堤坝、岸边灌丛、村边。
全市广布。

鹿藿属 *Rhynchosia* Lour.

※ **菱叶鹿藿** *Rhynchosia dielsii* Harms
草质藤本；罕见。
生于低山、丘陵或平原等地区路边、河湖岸边灌草丛中。
分布于安义县（万埠镇、长均乡）。

※ **鹿藿** *Rhynchosia volubilis* Lour.
草质藤本；频见。
生于低山、丘陵或平原等地区路边、河湖岸边灌草丛中。
分布于安义县（万埠镇、新民乡）；新建区（石埠镇）；东湖区（扬子洲镇）；南昌县（蒋巷镇、五星垦殖场）；进贤县（下埠集乡、衙前乡、长山晏乡）。

刺槐属 *Robinia* L.

※ # **刺槐** *Robinia pseudoacacia* L.
落叶乔木；偶见。
生于低山、丘陵、岗地或平原等地区村边、路旁。
分布于安义县（新民乡）；红谷滩区（厚田乡）；南昌县（八一乡、塔城乡、幽兰镇）；进贤县（池溪乡、民和镇、南台乡、七里乡、前坊镇、长山晏乡、钟陵乡）。

儿茶属 *Senegalia* Raf.

※ **皱荚藤儿茶** *Senegalia rugata* (Lam.) Britton & Rose
落叶木质藤本；罕见。
生于平原地区路边灌丛中。
分布于红谷滩区（厚田乡）。

决明属 *Senna* Mill.

※ # **望江南** *Senna occidentalis* (L.) Link
落叶灌木；偶见。
生于岗地或平原地区田野、路边。。
分布于进贤县（七里乡、前坊镇、钟陵乡）。

※ # **槐叶决明** *Senna sophera* (L.) Roxb.
落叶灌木；罕见。
生丁岗地或平原地区田野、路边。
分布于新建区（厚田乡）。

※ **决明** *Senna tora* (L.) Roxb.
一年生草本；频见。
生于丘陵、岗地或平原等地区田野、路边、河湖堤坝、岸边荒地上。
分布于安义县（黄洲镇）；新建区（联圩镇、梅岭镇、石埠镇、招贤镇）；南昌县（黄马乡、向塘镇、幽兰镇）；进贤县（池溪乡、架桥镇、李渡镇、南台乡、七里乡、前坊镇、三阳集乡、温圳镇、文港镇、张公镇、长山晏乡、钟陵乡）。

田菁属 *Sesbania* Scop.

※ # **田菁** *Sesbania cannabina* (Retz.) Poir.
一年生草本；频见。
生于丘陵、岗地或平原等地区田野、路边、沟渠、河湖堤坝、岸边、滩涂、沼泽。
分布于安义县（龙津镇、万埠镇、石埠镇、新民乡）；新建区（乐化镇、罗亭镇、樵舍镇、石岗镇、石埠镇、西山镇）；红谷滩区（厚田乡、生米镇、流湖镇）；青山湖区（罗家镇）；南昌县（东新乡、富山乡、冈上镇、蒋巷镇、南新乡、武阳镇）。

苦参属 *Sophora* L.

※ **苦参** *Sophora flavescens* Aiton
多年生草本；偶见。
生于丘陵或岗地地区路边灌草丛中。
分布于安义县（鼎湖镇）；新建区（招贤镇）；进贤县（罗溪镇）。

槐属 *Styphnolobium* Schott

※ **槐** *Styphnolobium japonicum* (L.) Schott
落叶乔木；偶见。
生于低山、丘陵、岗地或平原等地区路边、村边风水林中。
分布于新建区（洗药湖管理处）；南昌县（泾口乡）；进贤县（下埠集乡、张公镇）。

※ * **龙爪槐** *Styphnolobium japonicum* f. *pendulum* (Lodd. ex Sweet) H. Ohashi
落叶乔木；常见。
生于城市绿地。
全市广泛栽植。

车轴草属 *Trifolium* L.

※ # **红车轴草** *Trifolium pratense* L.
多年生草本；罕见。
生于城市绿地。

分布于新建区（环球公园、溪霞镇、乐化镇、樵舍镇）；红谷滩区（沙井街道、凤凰洲街道）、东湖区（豫章街道）。

※ # **白车轴草** *Trifolium repens* L.

多年生草本；常见。

生于低山、丘陵、岗地或平原等地区河岸、路边、田野、滩涂、沼泽。

全市广布。

野豌豆属 *Vicia* L.

※ **小巢菜** *Vicia hirsuta* (L.) Gray

一年生草本；偶见。

生于丘陵或平原地区滩涂、田边、荒地、路旁草丛。

分布于新建区（昌邑乡、梅岭镇、南矶乡、溪霞镇）；南昌县（东新乡）。

※ **牯岭野豌豆** *Vicia kulingana* L. H. Bailey

多年生草本；罕见。

生于低山或丘陵地区山谷林缘。

分布于新建区（招贤镇）。

※ # **救荒野豌豆** *Vicia sativa* L.

一、二年生草本；常见。

生于低山、丘陵、岗地或平原等地区林缘、田边、河湖堤坝、路旁草丛。

全市广布。

※ **野豌豆** *Vicia sepium* L.

多年生草本；常见。

生于低山、丘陵、岗地或平原等地区林缘、田野、河湖堤坝、路边草丛。

全市广布。

※ **四籽野豌豆** *Vicia tetrasperma* (L.) Schreber

一年生草质藤本；频见。

生于低山、丘陵、岗地或平原等地区山坡林缘、田埂、路边草丛。

分布于安义县（万埠镇）；新建区（招贤镇）；红谷滩区（九龙湖管理处）。

豇豆属 *Vigna* Savi

※ * **赤豆** *Vigna angularis* (Willd.) Ohwi & H. Ohashi

一年生草本；常见。

生于旱地。

全市广泛种植。

※ * **绿豆** *Vigna radiata* (L.) R. Wilczek

一年生草本；常见。

生于旱地。

全市广泛种植。

※ **赤小豆** *Vigna umbellata* (Thunb.) Ohwi & Ohashi

一年生草本；偶见。

生于平原地区田埂、路边灌草丛中。

分布于进贤县（张公镇、白圩乡、民和镇）。

※ * **豇豆** *Vigna unguiculata* (L.) Walp.

一年生草本；常见。

生于旱地。

全市广泛种植。

※ * **短豇豆** *Vigna unguiculata* subsp. *cylindrica* (L.) Verdc.
一年生草本；常见。
生于旱地。
全市广泛种植。

※ **野豇豆** *Vigna vexillata* (L.) A. Rich.
多年生草本；罕见。
生于岗地或平原地区田野、河湖堤坝灌草丛中。
分布于新建区（恒湖垦殖场、昌邑乡）；南昌县（冈上镇、富山乡）。

紫藤属 *Wisteria* Nutt.

※ **紫藤** *Wisteria sinensis* (Sims) Sweet
落叶木质藤本；常见。
生于低山、丘陵、岗地或平原等地区溪边、河湖岸边、洲滩上林中、村边风水林林缘。
分布于安义县（万埠镇）；新建区（梅岭镇、石岗镇、松湖镇、溪霞镇、洗药湖管理处、招贤镇）；青云谱区（象湖风景区管理处）；进贤县（下埠集乡、长山晏乡、钟陵乡）。

夏藤属 *Wisteriopsis* J. Compton & Schrire

※ **网络夏藤** *Wisteriopsis reticulata* (Benth.) J. Compton & Schrire
落叶木质藤本；极常见。
生于低山、丘陵、岗地或平原等地区阔叶林林缘、路边荒地。
全市广布。

丁癸草属 *Zornia* J. F. Gmel.

※ **丁癸草** *Zornia gibbosa* Spanog.
多年生草本；偶见。
生于平原地区田边、村边、河湖岸边草地上。
分布于南昌县（幽兰镇、塘南镇、泾口乡、蒋巷镇）。

142 远志科 Polygalaceae

远志属 *Polygala* L.

※ **狭叶香港远志** *Polygala hongkongensis* var. *stenophylla* Migo
多年生草本；偶见。
生于沟低山、丘陵或岗地等地区林缘、林下、路边草地上。
分布于新建区（石岗镇、西山镇、梅岭镇）。

※ **瓜子金** *Polygala japonica* Houtt.
多年生草本；偶见。
生于丘陵或岗地地区山坡草地、田埂上。
分布于安义县（新民乡）；新建区（昌邑乡、乐化镇、罗亭镇、石埠镇、西山镇）；南昌县（黄马乡）。

※ **西伯利亚远志** *Polygala sibirica* L.
多年生草本；偶见。
生于低山或丘陵地区山地林缘、草地。
分布于安义县（万埠镇、西山镇）；新建区（梅岭镇）。

※ **小花远志** *Polygala telephioides* Willd.

一年生草本；罕见。

生于丘陵或岗地地区山坡草地。

分布于新建区（梅岭镇、望城镇）。

※ **远志** *Polygala tenuifolia* Willd.

多年生草本；罕见。

生于低山或丘陵地区山地灌丛中、次生林下。

分布于新建区（梅岭镇）。

齿果草属 *Salomonia* Lour.

※ **齿果草** *Salomonia cantoniensis* Lour.

一年生草本；罕见。

生于岗地地区阔叶林林缘、灌丛中。

分布于进贤县（白圩乡、下埠集乡）。

143 蔷薇科 Rosaceae

龙芽草属 *Agrimonia* L.

※ **龙芽草** *Agrimonia pilosa* Ledeb.

多年生草本；常见。

生于低山、丘陵、岗地或平原等地区路边、溪边、河湖堤坝、滩涂草地、房前屋后荒地。

全市广布。

木瓜海棠属 *Chaenomeles* Lindl.

※ * **木瓜海棠** *Chaenomeles cathayensis* (Hemsl.) Schneid.

落叶灌木；偶见。

生于城乡绿地。

市内有栽培。

※ * **日本海棠** *Chaenomeles japonica* (Thunb.) Lindl. ex Spach

落叶灌木；偶见。

生于城乡绿地。

市内有栽培。

※ * **贴梗海棠** *Chaenomeles speciosa* (Sweet) Nakai

落叶灌木；偶见。

生于城乡绿地。

市内有栽培。

山楂属 *Crataegus* L.

※ **野山楂** *Crataegus cuneata* Siebold & Zucc.

落叶灌木；频见。

生于低山、丘陵、岗地或平原等地区灌丛、荒地、森林林缘。

分布于安义县（龙津镇、乔乐乡、新民乡、石鼻镇）；新建区（乐化镇、梅岭镇、石埠镇、太平镇、铁河乡、招贤镇）；红谷滩区（厚田乡、生米镇）；南昌县（向塘镇）；进贤县（池溪乡、架桥镇、民和镇、前坊镇、泉岭乡、三阳集乡、下埠集乡、衙前乡、长山晏乡、钟陵乡）。

※ **湖北山楂** *Crataegus hupehensis* Sarg.
　　　　落叶乔木；罕见。
　　　　生于低山或丘陵地区山地林中。
　　　　分布于新建区（招贤镇、望城镇）。
　　※ **华中山楂** *Crataegus wilsonii* Sarg.
　　　　落叶乔木；罕见。
　　　　生于低山或丘陵地区山地林中。
　　　　分布于新建区（梅岭镇）。

蛇莓属 *Duchesnea* J.E.Smith.

　　※ **皱果蛇莓** *Duchesnea chrysantha* (Zoll. et Mor.) Miq.
　　　　多年生草本；偶见。
　　　　生于低山或丘陵地区山地路边、田埂草地。
　　　　分布于新建区（太平镇）。
　　※ **蛇莓** *Duchesnea indica* (Andrews) Teschem.
　　　　多年生草本；极常见。
　　　　生于低山、丘陵、岗地或平原等地区山坡、河湖堤坝、岸边草地、田埂、房前屋后、撂荒地。
　　　　全市广布。

枇杷属 *Eriobotrya* Lindl.

　　※ **枇杷** *Eriobotrya japonica* (Thunb.) Lindl.
　　　　常绿乔木；常见。
　　　　生于低山、丘陵、岗地或平原等地区阔叶林、村边风水林中。
　　　　全市广布。

棣棠花属 *Kerria* DC.

　　※ **棣棠** *Kerria japonica* (L.) DC.
　　　　落叶灌木；偶见。
　　　　生于低山或丘陵地区山地灌丛、林下。
　　　　分布于进贤县（三里乡）；新建区（梅岭镇）；青云谱区（青云谱镇）。

桂樱属 *Lauro-cerasus* Torn.ex Duh.

　　※ **橉木** *Lauro-cerasus buergeriana* (Miq.) C. K. Schneid.
　　　　落叶乔木；罕见。
　　　　生于低山或丘陵地区山地次生林中。
　　　　分布于进贤县（钟陵乡）。
　　※ **刺叶桂樱** *Lauro-cerasus spinulosa* (Sieb. et Zucc.) Schneid.
　　　　常绿乔木；罕见。
　　　　生于低山或丘陵地区山地阔叶林下。
　　　　分布于新建区（洗药湖管理处）。
　　※ **大叶桂樱** *Lauro-cerasus zippeliana* (Miq.) Yü
　　　　常绿乔木；罕见。
　　　　生于低山或丘陵地区山地石山坡阔叶林下。
　　　　分布于新建区（石埠镇）。

苹果属 *Malus* Mill.

　　※ * **花红** *Malus asiatica* Nakai
　　　　落叶乔木；罕见。
　　　　生于城乡绿地。
　　　　分布于新建区（梅岭镇）。

　　※ * **山荆子** *Malus baccata* (L.) Borkh.
　　　　落叶乔木
　　　　生于城乡绿地。
　　　　市内有栽培。

　　※ * **垂丝海棠** *Malus halliana* Koehne
　　　　落叶乔木，常见。
　　　　生于城乡绿地。
　　　　全市广泛栽植。

　　※ **湖北海棠** *Malus hupehensis* (Pamp.) Rehder
　　　　落叶乔木；偶见。
　　　　生于低山或丘陵地区山地阔叶林中。
　　　　分布于安义县（长埠镇）；新建区（招贤镇、梅岭镇）。

石楠属 *Photinia* Lindl.

　　※ **中华石楠** *Photinia beauverdiana* C. K. Schneid.
　　　　落叶灌木；偶见。
　　　　生于低山、丘陵、岗地或平原等地区阔叶林中、村边风水林中。
　　　　分布于安义县（鼎湖镇、东阳镇、龙津镇、新民乡、长均乡）；新建区（招贤镇）。

　　※ **椤木石楠** *Photinia bodinieri* H. Lév.
　　　　常绿乔木；频见。
　　　　生于低山、丘陵、岗地或平原等地区阔叶林中、房前屋后、村边风水林中。
　　　　分布于安义县（乔乐乡、石鼻镇、新民乡）；新建区（罗亭镇、石岗镇、松湖镇）；进贤县（南台乡、下埠集乡）。

　　※ * **红叶石楠** *Photinia* × *fraseri* Dress
　　　　常绿灌木；极常见。
　　　　生于城乡绿地。
　　　　全市广泛栽植。

　　※ **光叶石楠** *Photinia glabra* (Thunb.) Maxim.
　　　　常绿乔木；偶见。
　　　　生于低山或丘陵地区山地阔叶林中。
　　　　分布于安义县（新民乡）；新建区（招贤镇、梅岭镇、太平镇）。

　　※ **褐毛石楠** *Photinia hirsuta* Hand.–Mazz.
　　　　落叶灌木；罕见。
　　　　生于低山或丘陵地区山地阔叶林中。
　　　　分布于新建区（太平镇）。

　　※ **小叶石楠** *Photinia parvifolia* (E. Pritz.) C. K. Schneid.
　　　　落叶灌木；常见。
　　　　生于低山、丘陵、岗地或平原等地区阔叶林下、路边、荒地灌丛中。
　　　　分布于新建区（金桥乡、梅岭镇、太平镇、溪霞镇、洗药湖管理处、招贤镇）；南昌县（三江镇）；进贤县（白圩乡、池溪乡、二塘乡、民和镇、南台乡、长山晏乡、下埠集乡）。

　　※ **桃叶石楠** *Photinia prunifolia* (Hook. & Arn.) Lindl.
　　　　常绿乔木；罕见。

生于低山或丘陵地区山地阔叶林中。

分布于新建区（石岗镇、松湖镇）；进贤县（下埠集乡）。

※ **绒毛石楠** *Photinia schneideriana* Rehder & E. H. Wilson in Sarg.

落叶灌木；罕见。

生于低山或丘陵地区山地阔叶林中。

分布于安义县（长埠镇）。

※ **石楠** *Photinia serratifolia* (Desf.) Kalkman

常绿灌木；常见。

生于低山、丘陵或岗地等地区阔叶林中、灌丛中。

全市广布。

※ **毛叶石楠** *Photinia villosa* (Thunb.) DC.

落叶灌木；罕见。

生于低山或丘陵地区山地山坡灌丛中。

分布于新建区（梅岭镇）。

委陵菜属 *Potentilla* L.

※ **委陵菜** *Potentilla chinensis* Ser.

多年生草本；偶见。

生于低山或丘陵地区山坡草地、沟谷林缘、灌丛中。

分布于安义县（鼎湖镇、石鼻镇）；新建区（罗亭镇）。

※ **翻白草** *Potentilla discolor* Bunge

多年生草本；偶见。

生于低山、丘陵、岗地或平原等地区山谷、山坡草地、疏林下。

分布于红谷滩区（流湖镇）；南昌县（南新乡、武阳镇）；进贤县（前坊镇）。

※ **莓叶委陵菜** *Potentilla fragarioides* L.

多年生草本；罕见。

生于低山或丘陵地区山地路边草地。

分布于新建区（西山镇、望城镇）。

※ **三叶委陵菜** *Potentilla freyniana* Bornm.

多年生草本；偶见。

生于低山、丘陵或岗地等地区山坡草地、山谷林下。

分布于新建区（昌邑乡、招贤镇）；红谷滩区（厚田乡）；南昌县（武阳镇）。

※ **蛇含委陵菜** *Potentilla kleiniana* Wight & Arn.

一、二年生草本；常见。

生于低山、丘陵、岗地或平原等地区田边、河湖堤坝、岸边草地、滩涂、沼泽。

全市广布。

※ **下江委陵菜** *Potentilla limprichtii* J. Krause

多年生草本；偶见。

生于湖边滩涂。

分布于新建区（南矶乡）。

※ **朝天委陵菜** *Potentilla supina* L.

一、二年生草本；常见。

生于低山、丘陵、岗地和平原区等地的田边、滩涂、沼泽、堤坝、山坡草地上。

全市广布。

※ **三叶朝天委陵菜** *Potentilla supina* var. *ternata* Peterm.

多年生草本；罕见。

生于平原地区河湖堤坝。

分布于红谷滩区（流湖镇）。

李属 *Prunus* L.

※ * **紫叶李** *Prunus cerasifera* 'Atropurpurea'
落叶乔木；常见。
生于城乡绿地。
全市广泛种植。

※ **尾叶樱桃** *Prunus dielsiana* C. K. Schneid.
落叶乔木；偶见。
生于低山或丘陵地区山地阔叶林中。
分布于安义县（新民乡）；新建区（罗亭镇、梅岭镇）；南昌县（麻丘镇）。

※ **迎春樱桃** *Prunus discoidea* Yü et Li
落叶乔木；罕见。
生于低山或丘陵地区山地次生阔叶林中。
分布于新建区（太平镇、梅岭镇）。

※ **麦李** *Prunus japonica* Thunb.
落叶灌木；偶见。
生于低山或丘陵地区山地干旱山坡。
分布于安义县（长埠镇）；新建区（招贤镇、梅岭镇）。

※ * **梅** *Prunus mume* (Siebold) Siebold & Zucc.
落叶乔木；常见。
生于城乡绿地。
全市广泛栽植。

※ * **桃** *Prunus persica* L.
落叶乔木；常见。
生于城乡绿地、园地、苗圃地。
全市广泛栽植。

※ * **樱桃** *Prunus pseudocerasus* Lindl.
落叶乔木；常见。
生于城乡绿地、园地、苗圃地。
全市广泛栽植。

※ **山樱桃** *Prunus serrulata* Lindl.
落叶乔木；罕见。
生于低山或丘陵地区山地次生阔叶林中。
分布于安义县（乔乐乡、新民乡）；新建区（西山镇）。

※ * **榆叶梅** *Prunus triloba* Lindl.
落叶灌木；罕见。
生于城乡绿地、公园。
市内有栽培。

※ * **东京樱花** *Prunus × yedoensis* Matsum.
落叶乔木；罕见。
生于城乡绿地、公园。
市内有栽培。

火棘属 *Pyracantha* M. Roem.

※ **火棘** *Pyracantha fortuneana* (Maxim.) H. L. Li
常绿灌木；常见。
生于低山或丘陵地区山坡林下、灌丛中、路边荒地上。
分布于新建区（招贤镇）；东湖区（扬子洲镇）；青云谱区（青云谱镇）。

梨属 _Pyrus_ L.

※ **杜梨 _Pyrus betulifolia_ Bunge**
落叶乔木；罕见。
生于低山或丘陵地区山地林中。
分布于安义县（石鼻镇）。

※ **豆梨 _Pyrus calleryana_ Decne.**
落叶乔木；偶见。
生于低山或丘陵地区山地阔叶林中。
分布于新建区（石岗镇、樵舍镇）。

※ * **沙梨 _Pyrus pyrifolia_ (Burm. f.) Nakai**
落叶乔木；频见。
生于城市绿地、园地。
分布于安义县（新民乡）；新建区（罗亭镇、梅岭镇、石岗镇、松湖镇、溪霞镇、洗药湖管理处、招贤镇）；进贤县（下埠集乡、长山晏乡）。

※ * **麻梨 _Pyrus serrulata_ Rehder**
落叶乔木；罕见。
生于低山山地林中。
分布于安义县（新民乡）。

石斑木属 _Rhaphiolepis_ Lindl.

※ **石斑木 _Rhaphiolepis indica_ (L.) Lindl.**
常绿灌木；偶见。
生于低山、丘陵或岗地等地区山坡林中、路边、溪边灌丛、村边风水林中。
分布于新建区（太平镇）；进贤县（下埠集乡、长山晏乡）。

蔷薇属 _Rosa_ L.

※ **木香花 _Rosa banksiae_ Aiton**
落叶灌木；频见。
生于低山或丘陵地区溪边、路旁、山坡灌丛中。
分布于南昌县（八一乡、广福镇、塔城乡、向塘镇、幽兰镇）；进贤县（白圩乡、池溪乡、架桥镇、罗溪镇、民和镇、南台乡、泉岭乡、文港镇、下埠集乡、长山晏乡、钟陵乡）。

※ **硕苞蔷薇 _Rosa bracteata_ J. C. Wendl.**
常绿灌木；偶见。
生于丘陵或岗地地区溪边、路旁灌丛中。
分布于南昌县（黄马乡）；进贤县（南台乡、钟陵乡）。

※ * **月季花 _Rosa chinensis_ Jacq.**
落叶灌木；常见。
生于城乡绿地，园地。
全市广泛栽植。

※ **小果蔷薇 _Rosa cymosa_ Tratt.**
常绿灌木；极常见。
生于低山、丘陵、岗地或平原等地区的山坡、山谷、路旁、村边林缘、灌丛。
全市广布。

※ **软条七蔷薇 _Rosa henryi_ Boulenger**
常绿灌木；频见。
生于低山或丘陵地区山谷林缘、路边灌丛中。

分布于新建区（梅岭镇、石岗镇、西山镇、招贤镇）。

※ **金樱子 *Rosa laevigata* Michx.**

常绿灌木；极常见。

生于低山、丘陵、岗地或平原等地区路边、村边、河湖堤坝、岸边林缘、灌丛、荒地上。

全市广布。

※ **野蔷薇 *Rosa multiflora* Thunb.**

常绿灌木；极常见。

生于低山、丘陵、岗地或平原等地区路边、村边、河湖堤坝、岸边林缘、灌丛、荒地上。

全市广布。

※ **粉团蔷薇 *Rosa multiflora* var. *cathayensis* Rehder & E. H. Wilson**

常绿灌木；常见。

生于低山、丘陵、岗地或平原等地区路边、村边、河湖堤坝、岸边林缘、灌丛、荒地上。

全市广布。

※ **悬钩子蔷薇 *Rosa rubus* H. Lév. & Vaniot**

落叶灌木；偶见。

生于低山或丘陵地区山坡、路旁草地、灌丛中。

分布于南昌县（昌东镇、蒋巷镇、泾口乡、南新乡、塘南镇、五星垦殖场）；进贤县（池溪乡、南台乡、三里乡、文港镇）。

悬钩子属 *Rubus* L.

※ **粗叶悬钩子 *Rubus alceifolius* Poir.**

落叶灌木；偶见。

生于丘陵、岗地或平原等地区灌丛、林缘、路边。

分布于南昌县（五星垦殖场、鲤鱼洲管理处）；进贤县（池溪乡、南台乡、三里乡）。

※ **周毛悬钩子 *Rubus amphidasys* Focke ex Diels**

落叶灌木；罕见。

生于低山或丘陵地区山地路边、林缘、溪边灌丛中。

分布于安义县（万埠镇、长均乡）；新建区（太平镇）。

※ **寒莓 *Rubus buergeri* Miq.**

常绿灌木；频见。

生于低山或丘陵地区山地阔叶林下。

分布于安义县（东阳镇、黄洲镇、石鼻镇、新民乡、长埠镇、长均乡）；新建区（罗亭镇、梅岭镇、太平镇、铁河乡、西山镇、象山镇、招贤镇）。

※ **掌叶覆盆子 *Rubus chingii* Hu**

落叶灌木；频见。

生于低山或丘陵地区山地林缘、荒地灌丛中。

分布于新建区（溪霞镇、招贤镇）。

※ **小柱悬钩子 *Rubus columellaris* Tutcher**

落叶灌木；罕见。

生于低山或丘陵地区山地阔叶林下。

分布于安义县（新民乡）。

※ **山莓 *Rubus corchorifolius* L. f.**

落叶灌木；极常见。

生于低山、丘陵、岗地或平原等地区林下、林缘、河湖堤坝、撂荒地灌草丛中。

全市广布。

※ **插田藨 *Rubus coreanus* Miq.**

落叶灌木；常见。

生于低山、丘陵、岗地或平原等地区路边、河湖堤坝、撂荒地灌草丛中。

全市广布。

※ **大红薦 *Rubus eustephanos* ** Focke

　　落叶灌木；偶见。

　　生于低山、丘陵、岗地或平原等地区路边、河湖堤坝、撂荒地灌草丛中。

　　全市广布。

※ **蓬蘽 *Rubus hirsutus* ** Thunb.

　　常绿灌木；常见。

　　生于低山、丘陵、岗地或平原等地区路边、河湖堤坝、撂荒地灌草丛中。

　　全市广布。

※ **白叶莓 *Rubus innominatus* ** S. Moore

　　落叶灌木；偶见。

　　生于低山、丘陵或岗地等地区溪边、河湖堤坝灌丛中。

　　分布于新建区（梅岭镇、招贤镇）；红谷滩区（生米镇）。

※ **无腺白叶莓 *Rubus innominatus* var. *kuntzeanus* ** (Hemsl.) L. H. Bailey

　　落叶灌木；偶见。

　　生于低山或丘陵地区溪边灌丛中。

　　分布于安义县（东阳镇、新民乡）。

※ **高粱薦 *Rubus lambertianus* ** Ser.

　　落叶灌木；常见。

　　生于低山、丘陵、岗地或平原等地区路边、河湖堤坝、撂荒地灌草丛中。

　　全市广布。

※ **太平莓 *Rubus pacificus* ** Hance

　　常绿矮小灌木；偶见。

　　生于低山或丘陵地区山坡疏林、灌丛中。

　　分布于新建区（梅岭镇、太平镇、招贤镇、蛟桥镇）。

※ **茅莓 *Rubus parvifolius* ** L.

　　落叶灌木；极常见。

　　生于低山、丘陵、岗地或平原等地区路边、河湖堤坝、撂荒地灌草丛中。

　　全市广布。

※ **盾叶莓 *Rubus peltatus* ** Maxim.

　　落叶灌木；罕见。

　　生于低山或丘陵地区山地林下、林缘。

　　分布于新建区（西山镇）。

※ **锈毛莓 *Rubus reflexus* ** Ker Gawl.

　　落叶藤本；偶见。

　　生于低山或丘陵地区山谷、溪沟疏林下。

　　分布于新建区（蛟桥镇、梅岭镇、太平镇、罗亭镇）。

※ **深裂锈毛莓 *Rubus reflexus* var. *lanceolobus* ** F. P. Metcalf

　　落叶灌木；罕见。

　　生于低山或丘陵地区山谷、溪沟疏林下。

　　分布于新建区（梅岭镇）。

※ **川莓 *Rubus setchuenensis* ** Bureau & Franch.

　　落叶灌木；罕见。

　　生于低山或丘陵地区山坡林缘、路旁灌丛中。

　　分布于安义县（东阳镇）。

※ **红腺悬钩子 *Rubus sumatranus* ** Miq.

　　落叶灌木；偶见。

　　生于低山或丘陵地区山地阔叶林下、林缘、灌丛中。

　　分布于安义县（东阳镇）；新建区（梅岭镇、太平镇、溪霞镇）。

※ **木莓 *Rubus swinhoei*** Hance

　　落叶灌木；偶见。

　　生于低山或丘陵地区山坡疏林、灌丛中。

　　分布于安义县（龙津镇、新民乡、长埠镇）；新建区（梅岭镇、太平镇、招贤镇）。

※ **灰白毛莓 *Rubus tephrodes*** Hance

　　落叶灌木；常见。

　　生于低山、丘陵、岗地或平原等地区路边、河湖堤坝、撂荒地灌草丛中。

　　全市广布。

地榆属 *Sanguisorba* L.

※ **地榆 *Sanguisorba officinalis*** L.

　　多年生草本；偶见。

　　生于低山、丘陵、岗地或平原等地区河湖岸边草地、撂荒地灌草丛。

　　分布于新建区（铁河乡）；南昌县（蒋巷镇）；进贤县（温圳镇）。

※ **长叶地榆 *Sanguisorba officinalis* var. *longifolia*** (Bertol.) Yü et Li

　　多年生草本；罕见。

　　生于低山、丘陵或岗地地区山坡草地。

　　分布于新建区（望城镇）。

花楸属 *Sorbus* L.

※ **石灰花楸 *Sorbus folgneri*** (C. K. Schneid.) Rehder in Sarg.

　　落叶乔木；偶见。

　　生于低山或丘陵地区山地次生林中。

　　分布于新建区（石埠镇、招贤镇）。

※ **齿叶石灰树 *Sorbus folgneri* var. *duplicatodentata*** T. T. Yu & L. T. Lu

　　落叶乔木；罕见。

　　生于低山或丘陵地区山地路旁阔叶林中。

　　分布于新建区（招贤镇）。

※ **江南花楸 *Sorbus hemsleyi*** (C. K. Schneid.) Rehder in Sarg.

　　落叶乔木；罕见。

　　生于低山或丘陵地区山地裸露岩砾地阔叶林中。

　　分布于新建区（洗药湖管理处、梅岭镇）。

绣线菊属 *Spiraea* L.

※ **麻叶绣线菊 *Spiraea cantoniensis*** Lour.

　　落叶灌木；偶见。

　　生于低山或丘陵地区山地阔叶林林缘、溪边或河岸边灌丛中。

　　分布于安义县（鼎湖镇）；新建区（招贤镇）；南昌县（麻丘镇）。

※ **中华绣线菊 *Spiraea chinensis*** Maxim.

　　落叶灌木；偶见。

　　生于低山或丘陵地区山坡、路旁灌丛中。

　　分布于安义县（石鼻镇）；新建区（罗亭镇、梅岭镇、太平镇、溪霞镇、洗药湖管理处、招贤镇）。

※ **疏毛绣线菊 *Spiraea hirsuta*** (Hemsl.) Schneid.

　　落叶灌木；罕见。

　　生于低山或丘陵地区山地灌丛中。

　　分布于新建区（招贤镇）。

※ **粉花绣线菊** *Spiraea japonica* L. f.

　　落叶灌木；常见。

　　生于低山、丘陵、岗地或平原等地区路边、河湖堤坝、岸边、荒地灌草丛。

　　全市广布。

※ **光叶粉花绣线菊** *Spiraea japonica* var. *fortunei* (Planch.) Rehder

　　落叶灌木；罕见。

　　生于低山或丘陵地区山坡林下。

　　分布于新建区（望城镇）。

※ **李叶绣线菊** *Spiraea prunifolia* Siebold & Zucc.

　　落叶灌木；罕见。

　　生于低山、丘陵或岗地等地区路边、荒地灌丛。

　　分布于新建区（石埠镇）；红谷滩区（生米镇）。

※ **单瓣李叶绣线菊** *Spiraea prunifolia* var. *simpliciflora* (Nakai) Nakai

　　落叶灌木；罕见。

　　生于低山、丘陵、岗地或平原等地区路边、河湖堤坝、岸边、荒地灌草丛。

　　全市广布。

小米空木属 *Stephanandra* Sieb.et Zucc.

※ **野珠兰** *Stephanandra chinensis* Hance

　　落叶灌木；偶见。

　　生于低山、丘陵或岗地等地区次生林林缘、灌丛中。

　　分布于安义县（龙津镇）；新建区（洗药湖管理处、招贤镇、梅岭镇）；进贤县（下埠集乡、衙前乡、长山晏乡）。

146 胡颓子科 Elaeagnaceae

胡颓子属 *Elaeagnus* L.

※ **长叶胡颓子** *Elaeagnus bockii* Diels

　　常绿灌木；罕见。

　　生于丘陵或岗地地区向阳山坡、路旁灌丛。

　　分布于进贤县（七里乡）。

※ **蔓胡颓子** *Elaeagnus glabra* Thunb.

　　常绿灌木；偶见。

　　生于低山、丘陵、岗地或平原等地区林中、林缘、村旁风水林中。

　　分布于安义县（东阳镇、万埠镇、新民乡）；新建区（太平镇）。

※ **宜昌胡颓子** *Elaeagnus henryi* Warb. ex Diels

　　常绿灌木；偶见。

　　生于低山或丘陵地区疏林、灌丛。

　　分布于安义县（乔乐乡、石鼻镇、万埠镇、新民乡）；新建区（梅岭镇、望城镇、西山镇）。

※ **银果牛奶子** *Elaeagnus magna* (Servett.) Rehder in Sarg.

　　落叶灌木；偶见。

　　生于低山或丘陵地区路边、林缘、河边干旱地带。

　　分布于新建区（梅岭镇、溪霞镇）；进贤县（新民乡、石鼻镇）。

※ **胡颓子** *Elaeagnus pungens* Thunb.

　　常绿灌木；偶见。

　　生于低山、丘陵或岗地等地区向阳山坡、路旁。

　　分布于安义县（乔乐乡、东阳镇）；新建区（西山镇、罗亭镇）；进贤县（下埠集乡、衙前乡）。

147 鼠李科 Rhamnaceae

勾儿茶属 *Berchemia* Neck. ex DC.

※ **多花勾儿茶** *Berchemia floribunda* (Wall.) Brongn.
落叶藤状灌木；频见。
生于低山或丘陵地区沟谷林下、林缘。
分布于新建区（太平镇、梅岭镇、蛟桥镇、罗亭镇、溪霞镇）。

※ **勾儿茶** *Berchemia sinica* C. K. Schneid.
落叶灌木；频见。
生于低山、丘陵或岗地等地区沟谷、林中、林缘。
分布于安义县（东阳镇、龙津镇、新民乡）；新建区（梅岭镇、太平镇、招贤镇、溪霞镇）；进贤县（长山晏乡、南台乡、衙前乡、下埠集乡）。

裸芽鼠李属 *Frangula* Mill.

※ **长叶冻绿** *Frangula crenata* (Siebold & Zucc.) Miq.
落叶灌木；极常见。
生于低山、丘陵、岗地或平原等地区林下、路边、灌丛、河流岸边、村边风水林中。
全市广布。

枳椇属 *Hovenia* Thunb.

※ **枳椇** *Hovenia acerba* Lindl.
落叶乔木；偶见。
生于低山、丘陵、岗地或平原等地区林中、林缘、村边。
分布于安义县（东阳镇、乔乐乡、石鼻镇、新民乡）；新建区（乐化镇、梅岭镇、望城镇、招贤镇、溪霞镇、洗药湖管理处）；南昌县（塔城乡）；进贤县（罗溪镇、三里乡、下埠集乡、衙前乡）。

※ **北枳椇** *Hovenia dulcis* Thunb.
落叶乔木；罕见。
生于低山或丘陵地区次生林中。
分布于安义县（新民乡）。

马甲子属 *Paliurus* Mill.

※ **硬毛马甲子** *Paliurus hirsutus* Hemsl.
落叶木质藤本或小乔木；罕见。
生于平原地区溪沟边、河流、湖边灌丛。
分布于安义县（鼎湖镇、长埠镇、东阳镇）；进贤县（李渡镇、罗溪镇）。

※ **马甲子** *Paliurus ramosissimus* (Lour.) Poir.
落叶灌木；频见。
生于低山、丘陵、岗地或平原等地区旷地、村旁、河流、湖边灌丛。
分布于新建区（昌邑乡、恒湖垦殖场、蒋巷镇、梅岭镇、南矶乡、铁河乡、溪霞镇）；南昌县（昌东镇、富山乡、蒋巷镇、泾口乡、南新乡、塘南镇、幽兰镇）；进贤县（白圩乡、池溪乡、李渡镇、罗溪镇、前坊镇、三里乡、二塘乡、石牛窝、温圳镇、文港镇、长山晏乡、钟陵乡）。

猫乳属 *Rhamnella* Miq.

※ **猫乳** *Rhamnella franguloides* (Maxim.) Weberb.
落叶灌木；罕见。

生于低山或丘陵地区林中或路旁。

分布于安义县（新民乡）。

鼠李属 *Rhamnus* L.

※ **鼠李** *Rhamnus davurica* Pall.

常绿灌木；罕见。

生于丘陵或岗地地区林下、林缘、沟边阴湿处。

分布于南昌县（广福镇）；进贤县（二塘乡、民和镇、前坊镇、钟陵乡）。

※ **薄叶鼠李** *Rhamnus leptophylla* C. K. Schneid.

常绿灌木；偶见。

生于低山或丘陵地区山坡、山谷、路旁灌丛、林缘。

分布于安义县（新民乡、石鼻镇）；新建区（太平镇）。

雀梅藤属 *Sageretia* Brongn.

※ **钩刺雀梅藤** *Sageretia hamosa* (Wall.) Brongn.

常绿藤状灌木；罕见。

生于低山或丘陵地区岩石裸露地带林缘、灌丛。

分布于新建区（招贤镇、梅岭镇）。

※ **刺藤子** *Sageretia melliana* Hand.–Mazz.

常绿灌木；罕见。

生于低山或丘陵地区林缘、林下。

分布于新建区（梅岭镇）。

※ **雀梅藤** *Sageretia thea* (Osbeck) M. C. Johnst.

常绿灌木；罕见。

生于低山或丘陵地区林下、灌丛。

分布于安义县（新民乡）。

枣属 *Ziziphus* Mill.

※ * **枣** *Ziziphus jujuba* Mill.

落叶乔木；偶见。

生于低山、丘陵、岗地或平原等地区村旁、园地。

分布于新建区（铁河乡、招贤镇）；红谷滩区（厚田乡）；南昌县（向塘镇、蒋巷镇、泾口乡）；进贤县（南台乡、三里乡、石牛窝、文港镇、钟陵乡）。

※ * **无刺枣** *Ziziphus jujuba* var. *inermis* (Bunge) Rehder

落叶乔木；罕见。

生于岗地或平原地区村边。

分布于新建区（南矶乡）。

148 榆科 Ulmaceae

刺榆属 *Hemiptelea* Planch.

※ **刺榆** *Hemiptelea davidii* (Hance) Planch.

落叶乔木；罕见。

生于低山或丘陵地区次生林中。

分布于新建区（梅岭镇）。

榆属 *Ulmus* L.

※ **杭州榆 *Ulmus changii* W. C. Cheng**
落叶乔木；偶见。
生于低山、丘陵、岗地或平原等地区林中、溪边、村旁风水林。
分布于安义县（石鼻镇、新民乡）；新建区（罗亭镇、招贤镇）。

※ **榔榆 *Ulmus parvifolia* Jacq.**
落叶乔木；常见。
生于低山、丘陵、岗地或平原等地区林中、溪边、村边风水林、河流及湖泊堤坝、城乡绿地。
全市广布。

※ **榆树 *Ulmus pumila* L.**
落叶乔木；偶见。
生于低山、丘陵或岗地等地区山坡、村旁、苗圃地、城市绿地。
分布于新建区（招贤镇）；南昌县（泾口乡）；进贤县（三里乡）。

榉属 *Zelkova* Spach

※ * **大叶榉树 *Zelkova schneideriana* Hand.–Mazz.**
落叶乔木；偶见。
生于低山、丘陵、岗地等地区苗圃地、路边、人工林，平原地区城乡绿地亦见。
南昌各区县可见栽培。

※ **榉树 *Zelkova serrata* (Thunb.) Makino**
落叶乔木；罕见。
生于低山或丘陵地区河谷、溪边疏林中。
分布于安义县（新民乡）。

149 大麻科 Cannabaceae

糙叶树属 *Aphananthe* Planch.

※ **糙叶树 *Aphananthe aspera* (Thunb.) Planch.**
落叶乔木；偶见。
生于低山或岗地地区溪边多石森林、村边风水林。
分布于新建区（西山镇）；进贤县（池溪乡、前坊镇、钟陵乡）。

朴属 *Celtis* L.

※ **紫弹树 *Celtis biondii* Pamp.**
落叶乔木；偶见。
生于低山、丘陵、岗地或平原等地区灌丛、杂木林。
分布于安义县（万埠镇、新民乡）；新建区（樵舍镇、石埠镇、西山镇）；红谷滩区（厚田乡、生米镇）；南昌县（八一乡、冈上镇）；进贤县（架桥镇、三里乡、温圳镇）。

※ **黑弹树 *Celtis bungeana* Bl.**
落叶乔木；罕见。
生于低山或丘陵地区路旁、石质山坡。
分布于安义县（乔乐乡、石鼻镇）；新建区（招贤镇）。

※ **珊瑚朴 *Celtis julianae* C. K. Schneid. in Sarg.**
落叶乔木；罕见。
生于丘陵地区村边风水林林缘。

分布于红谷滩区（流湖镇）。

※ **朴树 *Celtis sinensis* Pers.**
落叶乔木；极常见。
生于低山、丘陵、岗或平原等地区路旁、山坡、林缘、村边、城乡绿地。
全市广布。

※ **西川朴 *Celtis vandervoetiana* C. K. Schneid. in Sarg.**
落叶乔木；罕见。
生于低山、丘陵山地林中。
分布于新建区（梅岭镇）。文献记载，未见标本或照片。

葎草属 *Humulus* L.

※ **葎草 *Humulus scandens* (Lour.) Merr.**
一年生草本；极常见。
生于低山、丘陵、岗地或平原等地区沟边、荒地、废墟、林缘，河流和湖泊堤坝、滩涂、园地、苗圃地、城乡绿地。
全市广布。

山黄麻属 *Trema* Lour.

※ **山油麻 *Trema cannabina* var. *dielsiana* (Hand.–Mazz.) C. J. Chen**
常绿灌木；常见。
生于低山、丘陵、岗地等地区向阳山坡、灌丛、河流岸边。
分布于安义县（东阳镇、龙津镇、石鼻镇、新民乡）；新建区（环球公园、罗亭镇、梅岭镇、南矶乡、溪霞镇、招贤镇）；南昌县（八一乡、广福镇、黄马乡、塔城乡、向塘镇）；进贤县（池溪乡、架桥镇、罗溪镇、南台乡、泉岭乡、文港镇、下埠集乡、衙前乡、长山晏乡、钟陵乡）。

150 桑科 Moraceae

构属 *Broussonetia* L'Hér. ex Vent.

※ **藤构 *Broussonetia kaempferi* Siebold**
落叶灌木；偶见。
生于低山或丘陵等地区林中、溪边、路边、村边、河流岸边灌草丛。
分布于安义县（乔乐乡）；新建区（梅岭镇、太平镇）。

※ **楮 *Broussonetia kazinoki* Siebold & Zucc.**
落叶灌木；常见。
生于低山或丘陵地区林中、溪边、路边、村边，以及河流和湖泊岸边、滩涂灌草丛。
全市广布。

※ **构 *Broussonetia papyrifera* (L.) L'Hér. ex Vent.**
落叶乔木；极常见。
生于低山、丘陵、岗地或平原等地区荒地、路边、房前屋后、园地、苗圃地、河流及湖泊滩涂、岸边、坑塘周围。
全市广布。

水蛇麻属 *Fatoua* Gaudich.

※ **水蛇麻 *Fatoua villosa* (Thunb.) Nakai**
一年生草本；罕见。

生于丘陵地区荒地、路边、灌丛中。

分布于新建区（溪霞镇）。

榕属 *Ficus* L.

※ **石榕树 *Ficus abelii*** Miq.

常绿灌木；罕见。

生于丘陵地区山坡、溪边灌丛。

安溪县（新民乡）。

※ * **无花果 *Ficus carica*** L.

落叶灌木；偶见。

生于丘陵、岗地或平原等地区房前屋后、园地。

分布于新建区（昌邑乡）；进贤县（民和镇、七里乡）。

※ **天仙果 *Ficus erecta*** Thunb.

落叶小乔木或灌木；罕见。

生于低山或丘陵地区山坡林下或溪边。

分布于安义县（新民乡）。

※ **台湾榕 *Ficus formosana*** Maxim.

常绿灌木；罕见。

生于低山或丘陵地区山地疏林、旷野、路旁、溪边。

分布于安义县（新民乡）；新建区（蛟桥镇）。

※ **细叶台湾榕 *Ficus formosana* f. *shimadai*** Hayata

常绿灌木；罕见。

生于低山或丘陵地区山地沟谷林下多石地带。

分布于安义县（新民乡）。

※ **异叶榕 *Ficus heteromorpha*** Hemsl.

落叶灌木；偶见。

生于低山、丘陵或岗地等地区林中，平原地区风水林中。

分布于安义县（新民乡、长均乡）；新建区（梅岭镇、溪霞镇）。

※ **粗叶榕 *Ficus hirta*** Vahl

落叶小乔木或灌木；罕见。

生于丘陵或岗地地区林下、林缘。

分布于进贤县（钟陵乡）。

※ **琴叶榕 *Ficus pandurata*** Hance

灌木；频见。

生于低山、丘陵或岗地等地区疏林、灌木丛、路边。

分布于安义县（东阳镇、黄洲镇、乔乐乡、石鼻镇、万埠镇、新民乡）；新建区（梅岭镇、樵舍镇、石岗镇、西山镇、溪霞镇）；进贤县（白圩乡、民和镇、南台乡、前坊镇、石牛窝、张公镇、钟陵乡）。

※ **薜荔 *Ficus pumila*** L.

攀缘灌木；常见。

生于低山、丘陵、岗地或平原等地区林中、路边或村边树干、石上、城乡绿草地。

分布于安义县（鼎湖镇、新民乡）；新建区（金桥乡、罗亭镇、梅岭镇、南矶乡、樵舍镇、石岗镇、松湖镇、太平镇、铁河乡、西山镇、溪霞镇、洗药湖管理处、招贤镇）；青云谱区（青云谱镇）；南昌县（八一乡、冈上镇、黄马乡、泾口乡、麻丘镇、南新乡、三江镇、塔城乡、塘南镇、五星垦殖场、向塘镇、幽兰镇）；进贤县（白圩乡、池溪乡、二塘乡、架桥镇、李渡镇、罗溪镇、梅庄镇、民和镇、南台乡、七里乡、前坊镇、文港镇、下埠集乡、长山晏乡、钟陵乡）。

※ **珍珠莲 *Ficus sarmentosa* var. *henryi*** (King ex Oliv.) Corner

木质攀缘匍匐藤状灌木；偶见。

生于低山或丘陵地区阔叶林下、灌丛、岩石裸露地带。

分布于安义县（万埠镇、长均乡）、新建区（罗亭镇、太平镇）。

※ **竹叶榕** *Ficus stenophylla* Hemsl.

常绿灌木；罕见。

生于低山或丘陵地区溪边林缘。

分布于新建区（招贤镇）。

※ **变叶榕** *Ficus variolosa* Lindl. ex Benth.

常绿小乔木或灌木；偶见。

生于低山、丘陵或岗地等地区溪边林下湿润地带，平原地区村旁风水林中。

分布于安义县（鼎湖镇、东阳镇、新民乡）；新建区（樵舍镇、溪霞镇）；红谷滩区（生米镇）；南昌县（幽兰镇）；进贤县（白圩乡、架桥镇、民和镇、前坊镇）。

橙桑属 *Maclura* Nutt.

※ **构棘** *Maclura cochinchinensis* (Lour.) Corner

直立或攀缘状灌木；频见。

生于低山、丘陵、岗地或平原等地区林下、溪沟、村庄附近，河流或湖泊岸边、洲滩灌丛。

分布于安义县（鼎湖镇、东阳镇、新民乡）；新建区（梅岭镇、樵舍镇、望城镇、溪霞镇、招贤镇）；红谷滩区（生米镇）；南昌县（幽兰镇）；进贤县（白圩乡、架桥镇、民和镇、前坊镇）。

※ **毛柘藤** *Maclura pubescens* (Trécul) Z. K. Zhou & M. G. Gilbert

木质藤状灌木；偶见。

生于低山、丘陵或岗地等地区林缘、路边。

分布于安义县（鼎湖镇）；新建区（溪霞镇、象山镇）；南昌县（塘南镇）。

※ **柘** *Maclura tricuspidata* Carrière

落叶灌木或小乔木；偶见。

生于低山、丘陵、岗地或平原等地区阳光充足的山地、林缘。

分布于安义县（东阳镇、万埠镇、新民乡）；新建区（昌邑乡、罗亭镇、樵舍镇）；红谷滩区（厚田乡、生米镇）；南昌县（冈上镇、塘南镇）；进贤县（三里乡）。

桑属 *Morus* L.

※ **桑** *Morus alba* L.

落叶乔木；极常见。

生于丘陵、岗地或平原等地区路边、河流沿岸和湖泊堤坝、房前屋后、城乡绿地。

全市广布。

※ * **龙爪桑** *Morus alba* 'Tortuosa'

落叶灌木；罕见。

生于城乡绿化带。

分布于青山湖区（罗家镇）；南昌县（武阳镇、麻丘镇）。

※ **鸡桑** *Morus australis* Poir.

落叶灌木；偶见。

生于低山、丘陵或岗地等地区山坡、荒地、林缘，平原地区河流或湖泊岸边。

分布于南昌县（向塘镇、泾口乡、南新乡、幽兰镇）；进贤县（七里乡）。

※ **华桑** *Morus cathayana* Hemsl.

落叶乔木；罕见。

生于低山或丘陵地区沟谷阔叶林中。

分布于安义县（新民乡）。

151 荨麻科 Urticaceae

苎麻属 *Boehmeria* Jacq.

※ **序叶苎麻** *Boehmeria clidemioides* var. *diffusa* (Wedd.)Hand.–Mazz.
多年生草本；罕见。
生于低山、丘陵或岗地等地区林下、溪边湿润地带。
分布于进贤县（三里乡）。

※ **苎麻** *Boehmeria nivea* (L.) Gaudich.
多年生草本；极常见。
生于低山、丘陵、岗地或平原等地区林缘、路边、溪边、村边、河流、湖泊、堤坝、滩涂。
全市广布。

※ **青叶苎麻** *Boehmeria nivea* var. *tenacissima* (Gaudich.)Miq.
多年生草本；罕见。
生于平原地区湖泊岸边灌草丛。
分布于新建区（昌邑乡、恒湖垦殖场）。

※ **八角麻** *Boehmeria platanifolia* (Maxim.) C. H. Wright
多年生草本；频见。
生于低山、丘陵、岗地或平原等地区林缘、路边、沟边或田边，河流或湖泊岸边、园地、苗圃地。
分布于安义县（龙津镇、石鼻镇、万埠镇、新民乡、长埠镇）；新建区（罗亭镇、梅岭镇、太平镇、溪霞镇、洗药湖管理处、招贤镇）；南昌县（蒋巷镇、塘南镇）；进贤县（三里乡）。

※ **小赤麻** *Boehmeria spicata* (Thunb.) Thunb.
多年生草本；偶见。
生于低山或丘陵地区沟谷林下、小溪边。
分布于安义县（新民乡）；新建区（梅岭镇）。

微柱麻属 *Chamabainia* Wight

※ **微柱麻** *Chamabainia cuspidata* Wight
多年生草本；罕见。
生于低山或丘陵地区山地林缘、路边。
分布于安义县（新民乡）。

水麻属 *Debregeasia* Gaudich.

※ **水麻** *Debregeasia orientalis* C. J. Chen
常绿灌木；罕见。
生于低山或丘陵地区河流两岸湿润地带。
分布于安义县（黄洲镇、鼎湖镇、龙津镇）。

楼梯草属 *Elatostema* J. R. Forst. & G. Forst.

※ **楼梯草** *Elatostema involucratum* Franch. & Sav.
多年生草本；偶见。
生于低山或丘陵地区沟边石上、阔叶林下，平原地区风水林中。
分布于安义县（新民乡、长埠镇）；新建区（太平镇、梅岭镇）。

※ **庐山楼梯草** *Elatostema stewardii* Merr.
多年生草本；罕见。
生于低山或丘陵地区沟谷林下、溪边。

分布于安义县（新民乡）。

蝎子草属 *Girardinia* Gaudich.

※ **大蝎子草** *Girardinia diversifolia* (Link) Friis
多年生草本；罕见。
生于低山或丘陵地区沟谷阔叶林下、溪边疏林下。
分布于安义县（东阳镇）。

糯米团属 *Gonostegia* Turcz.

※ **糯米团** *Gonostegia hirta* (Blume) Miq.
多年生草本；极常见。
生于低山、丘陵、岗地或平原等地区路边、溪边、田野、房前屋后、园地、苗圃地。
全市广布。

花点草属 *Nanocnide* Blume

※ **花点草** *Nanocnide japonica* Blume
多年生草本；罕见。
生于低山、丘陵或岗地等地区沟谷林下、路边石缝阴湿处。
分布于新建区（梅岭镇）。
※ **毛花点草** *Nanocnide lobata* Wedd.
一年生或多年生草本；偶见。
生于低山、丘陵或岗地等地区山谷溪旁石缝、路旁阴湿地带。
分布于安义县（新民乡石埠镇）；新建区（梅岭镇、招贤镇）。

紫麻属 *Oreocnide* Miq.

※ **紫麻** *Oreocnide frutescens* (Thunb.) Miq.
落叶灌木；偶见。
生于低山、丘陵或岗地等地区沟谷林缘、半阴湿石缝。
分布于安义县（新民乡）；新建区（罗亭镇、招贤镇）；南昌县（蒋巷镇、泾口乡）。

赤车属 *Pellionia* Gaudich.

※ **短叶赤车** *Pellionia brevifolia* Benth.
多年生小草本；罕见。
生于低山或丘陵地区沟谷阔叶林中、湿润石壁上。
分布于安义县（新民乡）。
※ **赤车** *Pellionia radicans* (Siebold & Zucc.) Wedd.
多年生草本；罕见。
生于低山或丘陵地区林中阴处石上、溪边。
分布于新建区（太平镇、梅岭镇）。
※ **蔓赤车** *Pellionia scabra* Benth.
常绿亚灌木；罕见。
生于低山或丘陵地区阔叶林下湿润地带，村边风水林中亦可见。
分布于新建区（梅岭镇）。

冷水花属 *Pilea* Lindl.

※ **长柄冷水花 *Pilea angulata* subsp. *petiolaris*** (Siebold & Zucc.) C. J. Chen
多年生草本；罕见。
生于低山或丘陵地区阔叶林沟谷林下阴湿处。
分布于安义县（梧桐岗）。

※ **波缘冷水花 *Pilea cavaleriei*** H. Lév.
多年生草本；频见。
生于低山或丘陵地区林下石上阴湿处。
分布于安义县（新民乡、新民乡）；新建区（梅岭镇、招贤镇）。

※ # **小叶冷水花 *Pilea microphylla*** (L.) Liebm.
一年生草本；频见。
生于低山、丘陵、岗地或平原等地区路边石缝、墙上阴湿处。
全市广布。

※ **冷水花 *Pilea notata*** C. H. Wright
多年生草本；偶见。
生于低山、丘陵或平原等地区山谷、溪旁、林下阴湿处、风水林中。
分布于安义县（万埠镇、新民乡）；新建区（梅岭镇、太平镇、）。

※ * **镜面草 *Pilea peperomioides*** Diels
多年生草本；偶见。
生于城乡绿地。
分布于新建区（招贤镇、长埈镇）；西湖区（桃花镇、朝阳洲街道）；红谷滩区（红角洲管理处）。

※ **矮冷水花 *Pilea peploides*** (Gaudich.) Hook. & Arn.
一年生草本；偶见。
生于低山或丘陵地区山坡石缝阴湿处。
分布于安义县（新民乡、长埠镇、石鼻镇）；新建区（罗亭镇、梅岭镇、太平镇、溪霞镇、洗药湖管理处）。

雾水葛属 *Pouzolzia* Gaudich.

※ **雾水葛 *Pouzolzia zeylanica*** (L.) Benn.
多年生草本；频见。
生于低山、丘陵、岗地或平原等地区灌丛、田边、溪边、河湖堤坝、滩涂、村边、园地、圃地。
全市广布。

荨麻属 *Urtica* L.

※ **荨麻 *Urtica fissa*** E. Pritz.
多年生草本；罕见。
生于低山或丘陵地区住宅旁半阴湿处。
分布于新建区（招贤镇、石埠镇）。

153 壳斗科 Fagaceae

栗属 *Castanea* Mill.

※ **锥栗 *Castanea henryi*** (Skan) Rehd. et Wils.
落叶乔木；罕见。
生于低山或丘陵地区山坡上部阔叶林中。

分布于安义县（新民乡）。

※ **栗** *Castanea mollissima* Blume

落叶乔木；常见。

生于低山、丘陵、岗地或平原等地区林中、村宅旁。

分布于安义县（龙津镇、新民乡、长埠镇）；新建区（梅岭镇、石埠镇、石岗镇、太平镇、溪霞镇、洗药湖管理处、象山镇、招贤镇）；南昌县（冈上镇）；青山湖区（梅岭镇）；进贤县（白圩乡、二塘乡、梅庄镇、南台乡、泉岭乡、三里乡、二塘乡）。

※ **茅栗** *Castanea seguinii* Dode

落叶乔木；频见。

生于低山、丘陵或岗地等地区山坡灌丛中。

分布于安义县（东阳镇、龙津镇、新民乡、长均乡、石鼻镇、长埠镇）；新建区（樵舍镇、石埠镇、西山镇、溪霞镇、招贤镇）；青山湖区（梅岭镇）；进贤县（三阳集乡）。

栲属 *Castanopsis* Spach

※ **小红栲**（米槠）*Castanopsis carlesii* (Hemsl.) Hayata

常绿乔木；偶见。

生于低山或丘陵地区阔叶林中。

分布于新建区（石岗镇、西山镇、招贤镇）。

※ **甜槠** *Castanopsis eyrei* (Champ. ex Benth.) Tutcher

常绿乔木；罕见。

生于低山或丘陵地区上部阔叶林中。

分布于新建区（招贤镇）；进贤县（白圩乡）。

※ **栲** *Castanopsis fargesii* Franch.

常绿乔木；罕见。

生于低山、丘陵或岗地等地区山脊杂木林中。

分布于新建区（招贤镇）；进贤县（民和镇、池溪乡）。

※ **东南栲**（秀丽锥）*Castanopsis jucunda* Hance

常绿乔木；频见。

生于低山、丘陵、岗地或平原等地区林中。

分布于安义县（石鼻镇、新民乡）；新建区（西山镇、招贤镇）；青山湖区（梅岭镇）；南昌县（黄马乡、向塘镇、幽兰镇）；进贤县（白圩乡、民和镇、南台乡、前坊镇、文港镇、钟陵乡）。

※ **苦槠** *Castanopsis sclerophylla* (Lindl.) Schottky

常绿乔木；常见。

生于低山、丘陵、岗地或平原等地区林中、村宅旁。

分布于安义县（东阳镇、黄洲镇、龙津镇、乔乐乡、石鼻镇、万埠镇、新民乡、长均乡）；新建区（范家山、金桥乡、乐化镇、罗亭镇、梅岭镇、樵舍镇、石埠镇、石岗镇、松湖镇、铁河乡、西山镇、溪霞镇、洗药湖管理处、象山镇）；红谷滩区（厚田乡、生米镇）；南昌县（八一乡、黄马乡、塔城乡、向塘镇、幽兰镇）；进贤县（白圩乡、池溪乡、二塘乡、架桥镇、李渡镇、罗溪镇、民和镇、南台乡、七里乡、前坊镇、泉岭乡、三阳集乡、石牛窝、文港镇、下埠集乡、衙前乡、长山晏乡、钟陵乡）。

石栎属 *Lithocarpus* Blume

※ **短尾柯** *Lithocarpus brevicaudatus* (Skan) Hayata

常绿乔木；罕见。

生于低山或丘陵地区阔叶林中。

分布于安义县（新民乡）。

※ **石栎** *Lithocarpus glaber* (Thunb.) Nakai

常绿乔木；常见。

生于低山、丘陵、岗地或平原等地区阔叶林中。

全市广布。

※ **港柯** *Lithocarpus harlandii* (Hance ex Walp.) Rehder

常绿乔木；罕见。

生于低山或丘陵地区山地常绿阔叶林中。

分布于新建区（石埠镇、招贤镇、梅岭镇）。

栎属 *Quercus* L.

※ **麻栎** *Quercus acutissima* Carruth.

落叶乔木；频见。

生于低山、丘陵或岗地等地区阔叶林中、村边风水林中。

分布于安义县（万埠镇、新民乡）；新建区（溪霞镇）；进贤县（白圩乡、二塘乡、梅庄镇、民和镇、南台乡、石牛窝、文港镇、下埠集乡、衙前乡、长山晏乡、钟陵乡）。

※ **槲栎** *Quercus aliena* Blume

落叶乔木；罕见。

生于岗地地区向阳山坡。

分布于南昌县（冈山镇禅师岭）。

※ **小叶栎** *Quercus chenii* Nakai

落叶乔木；常见。

生于低山、丘陵或岗地等地区次生阔叶林中、村旁、风水林中。

分布于安义县（鼎湖镇、东阳镇、龙津镇、石鼻镇、万埠镇、新民乡、长均乡）；新建区（、石岗镇、松湖镇、西山镇、溪霞镇、洗药湖管理处）；南昌县（黄马乡、向塘镇）；进贤县（白圩乡、池溪乡、架桥镇、李渡镇、民和镇、南台乡、七里乡、前坊镇、泉岭乡、三里乡、三阳集乡、文港镇、下埠集乡、衙前乡、长山晏乡、钟陵乡）。

※ **白栎** *Quercus fabri* Hance

落叶乔木；极常见。

生于低山、丘陵、岗地或平原等地区阔叶林中、灌丛中、路边、村边。

全市广布。

※ **青冈** *Quercus glauca* Thunb.

常绿乔木；常见。

生于低山、丘陵、岗地或平原等地区林中。

分布于安义县（东阳镇、石鼻镇、新民乡）；新建区（罗亭镇、樵舍镇、西山镇、溪霞镇、象山镇、招贤镇）；进贤县（池溪乡、二塘乡、民和镇、南台乡、文港镇、钟陵乡）。

※ **大叶青冈** *Quercus jenseniana* Hand.–Mazz.

常绿乔木；罕见。

生于低山地区的沟谷阔叶林中。

分布于新建区（太平镇团山小学附近）。

※ **小叶青冈** *Quercus myrsinifolia* Blume

常绿乔木；偶见。

生于低山、丘陵或岗地等地区山谷、阴坡阔叶林中。

分布于安义县（龙津镇）；新建区（太平镇）；进贤县（民和镇、南台乡）。

※ * **沼生栎** *Quercus palustris* Münchh.

落叶乔木；罕见。

生于城市行道树。

分布于新建区（招贤镇）。

※ **枹栎 *Quercus serrata* Thunb.**
落叶乔木；偶见。
生于低山或丘陵地区山地林中、灌丛中。
分布于新建区（罗亭镇、梅岭镇、樵舍镇、溪霞镇、招贤镇）。

※ **栓皮栎 *Quercus variabilis* Blume**
落叶乔木；罕见。
生于低山、丘陵或岗地等地区林中，村边风水林亦可见。
分布于安义县（新民乡）；新建区（招贤镇、太平镇）；南昌县（黄马乡）；进贤县（南台乡）。

154 杨梅科 Myricaceae

杨梅属 *Morella* Lour.

※ **杨梅 *Morella rubra* Lour.**
常绿乔木；常见。
生于低山、丘陵或岗地等地区山坡林中，平原地区的风水林中。
分布于安义县（东阳镇、新民乡、长均乡）；新建区（范家山、太平镇、西山镇、溪霞镇、招贤镇）；南昌县（澄碧湖公园、五星垦殖场）；进贤县（白圩乡、池溪乡、南台乡、张公镇）。

155 胡桃科 Juglandaceae

青钱柳属 *Cyclocarya* Iljinsk.

※ **青钱柳 *Cyclocarya paliurus* (Batalin) Iljinsk.**
落叶乔木；罕见。
生于低山或丘陵地区山地阔叶林中。
分布于新建区（石埠镇、招贤镇、洗药湖管理处）。

胡桃属 *Juglans* L.

※ **胡桃楸 *Juglans mandshurica* Maxim.**
落叶乔木；罕见。
生于岗地村边风水林中。
分布于南昌（黄马乡）。

化香树属 *Platycarya* Siebold & Zucc.

※ **化香树 *Platycarya strobilacea* Siebold & Zucc.**
落叶乔木；偶见。
生于低山、丘陵或岗地等地区阔叶林、灌丛中。
分布于安义县（石鼻镇、新民乡、长埠镇）；新建区（梅岭镇、西山镇、溪霞镇、招贤镇）；青山湖区（梅岭镇）。

枫杨属 *Pterocarya* Kunth

※ **枫杨 *Pterocarya stenoptera* C. DC.**
落叶乔木；极常见。
生于低山、丘陵、岗地或平原等地区沟谷林中、河湖岸边、宅旁、滩涂。
全市广布。

158 桦木科 Betulaceae

桤木属 *Alnus* Mill.

※ **桤木 *Alnus cremastogyne* Burkill**
落叶乔木；偶见。
生于岗地地区河岸边。
分布于红谷滩区（南昌大学）；新建区（梅岭镇、太平镇）；进贤县（白圩乡）。

※ **江南桤木 *Alnus trabeculosa* Hand.–Mazz.**
落叶乔木；罕见。
生于低山或丘陵地区山谷或河谷林中、岸边、村落附近。
分布于新建区（招贤镇）。

163 葫芦科 Cucurbitaceae

盒子草属 *Actinostemma* Griff.

※ **盒子草 *Actinostemma tenerum* Griff.**
一年生草本；常见。
生于低山、丘陵、岗地或平原等地区林缘、路边、田野、坑塘洼地、河湖堤坝、洲滩灌丛、草丛中。
分布于安义县（鼎湖镇、万埠镇）；新建区（樵舍镇、西山镇）；红谷滩区（生米镇）；南昌县（富山乡、冈上镇、蒋巷镇、麻丘镇、南新乡）；青山湖区（罗家镇）；进贤县（钟陵乡）。

西瓜属 *Citrullus* Schrad.

※ * **西瓜 *Citrullus lanatus* (Thunb.) Matsum. et Nakai**
一年生草质藤本；常见。
生于农田。
南昌市各地有栽培。

南瓜属 *Cucurbita* L.

※ * **南瓜 *Cucurbita moschata* (Duch. ex Lam.) Duch. ex Poiret**
一年生草本；极常见。
生于农田。
南昌市各地有栽培。

绞股蓝属 *Gynostemma* Blume

※ **绞股蓝 *Gynostemma pentaphyllum* (Thunb.) Makino**
多年生草质攀缘藤本；频见。
生于低山或丘陵等地区山坡湿润林下、灌草丛中。
分布于安义县（东阳镇、石鼻镇、新民乡、长埠镇）；新建区（梅岭镇、太平镇、溪霞镇、洗药湖管理处）；南昌县（八一乡、黄马乡、蒋巷镇、泾口乡、麻丘镇、塘南镇）；进贤县（白圩乡、三里乡、二塘乡、温圳镇）。

苦瓜属 *Momordica* L.

※ * **苦瓜 *Momordica charantia* L.**
一年生攀缘状柔弱草本；常见。

生于农田、园地。

南昌市各地有栽培。

※ **木鳖子** *Momordica cochinchinensis* (Lour.) Spreng.

多年生草质攀缘藤本；偶见。

生于低山或丘陵地区山沟、林缘、路旁。

分布于新建区（梅岭镇）。

赤瓟属 *Thladiantha* Bunge

※ **南赤瓟** *Thladiantha nudiflora* Hemsl. ex Forbes et Hemsl.

一年生草质藤本；罕见。

生于低山或丘陵地区山地林缘。

分布于新建区（太平镇）。

栝楼属 *Trichosanthes* L.

※ **栝楼** *Trichosanthes kirilowii* Maxim.

多年生攀缘草本；常见。

生于低山、丘陵、岗地或平原等地区林下、灌丛、草地、河湖堤坝、村旁、田边。

分布于安义县（石鼻镇、新民乡、长埠镇）；新建区（昌邑乡、乐化镇、联圩镇、罗亭镇、梅岭镇、鄱阳湖国家级自然保护区、樵舍镇、石岗镇、太平镇、铁河乡、西山镇、溪霞镇、洗药湖管理处、招贤镇）；红谷滩区（生米镇、红角洲管理处、流湖镇）；南昌县（东新乡、富山乡、冈上镇、蒋巷镇、泾口乡、麻丘镇、南新乡、塘南镇、五星垦殖场）；进贤县（池溪乡、梅庄镇、南台乡、三里乡、二塘乡、文港镇）。

※ **长萼栝楼** *Trichosanthes laceribractea* Hayata

多年生攀缘草本；罕见。

生于丘陵或岗地地区山坡路旁、小溪边。

分布于新建区（溪霞镇）。

※ **中华栝楼** *Trichosanthes rosthornii* Harms

多年生攀缘草本；罕见。

生于丘陵或岗地地区山坡灌丛、草丛中。

分布于新建区（溪霞镇、石埠镇）。

马㼎儿属 *Zehneria* Endl.

※ **纽子瓜** *Zehneria bodinieri* (H. Lév.) W. J. de Wilde & Duyfjes

多年生草质藤本；偶见。

生于平原地区风水林林缘、山坡路旁潮湿处。

分布于南昌县（昌东镇、南新乡）。

※ **马㼎儿** *Zehneria japonica* (Thunb.) H. Y. Liu

一年生蔓草；偶见。

生于低山、丘陵或平原等地区路旁、田边、灌丛中。

分布于新建区（昌邑乡、梅岭镇、樵舍镇、铁河乡、象山镇）。

166 秋海棠科 Begoniaceae

秋海棠属 *Begonia* L.

※ **秋海棠** *Begonia grandis* Dry.

多年生草本；罕见。

生于低山或丘陵地区沟谷阔叶林下。

分布于新建区（太平镇、招贤镇）。

※ **裂叶秋海棠** *Begonia palmata* D. Don

多年生肉质草本；罕见。

生于低山或丘陵地区常绿阔叶林中湿润石上。

分布于新建区（梅岭镇）。

168 卫矛科 Celastraceae

南蛇藤属 *Celastrus* L.

※ **过山枫** *Celastrus aculeatus* Merr.

常绿藤状灌木；常见。

生于低山、丘陵、岗地或平原等地区林中、灌丛、路边疏林下。

分布于安义县（东阳镇、黄洲镇、龙津镇、乔乐乡、石鼻镇、万埠镇、新民乡、长埠镇、长均乡）；红谷滩区（生米镇）；新建区（范家山、罗亭镇、梅岭镇、樵舍镇、石埠镇、太平镇、西山镇、溪霞镇、洗药湖管理处、招贤镇）南昌县（向塘镇、广福镇）；进贤县（民和镇、七里乡、长山晏乡、钟陵乡）。

※ **大芽南蛇藤** *Celastrus gemmatus* Loes.

落叶藤状灌木；偶见。

生于低山或丘陵地区密林中、灌丛中。

分布于安义县（新民乡）。

※ **青江藤** *Celastrus hindsii* Benth.

常绿藤状灌木；罕见。

生于低山地区灌丛、山地林中。

分布于安义县（新民乡）。

※ **短梗南蛇藤** *Celastrus rosthornianus* Loes.

落叶藤状灌木；罕见。

生于低山或丘陵地区山坡林缘。

分布于新建区（西山镇）。

※ **毛脉显柱南蛇藤** *Celastrus stylosus* var. *puberulus* (P. S. Hsu.) C. Y. Cheng & T. C. Kao

落叶藤状灌木；偶见。

生于低山或丘陵地区密林中、灌丛中。

分布于新建区（蛟桥镇、太平镇、招贤镇）。

卫矛属 *Euonymus* L.

※ **卫矛** *Euonymus alatus* (Thunb.) Siebold

落叶灌木；频见。

生于低山、丘陵、岗地或平原等地区林下、路边、溪沟边。

分布于安义县（鼎湖镇）；新建区（罗亭镇）；南昌县（八一乡、塔城乡、向塘镇、幽兰镇）；进贤县（白圩乡、架桥镇、民和镇、南台乡、七里乡、张公镇、钟陵乡）。

※ **百齿卫矛** *Euonymus centidens* Lévl.

常绿灌木；偶见。

生于低山或丘陵地区阔叶林下。

分布于安义县（新民乡）。

※ **裂果卫矛** *Euonymus dielsianus* Loes. & Diels

常绿灌木；罕见。

生于低山或丘陵地区山坡或山谷阔叶林下。

分布于安义县（新民乡）。

※ **双歧卫矛** *Euonymus distichus* H. Lév.

常绿灌木；罕见。

生于低山或丘陵地区山谷阔叶林下。

分布于新建区（梅岭镇）。文献记载，未见标本或照片。

※ **扶芳藤** *Euonymus fortunei* (Turcz.) Hand.–Mazz.

常绿藤本灌木；频见。

生于低山、丘陵或岗地等地区林中、村旁风水林、古树上。

分布于安义县（新民乡、新民乡）；新建区（招贤镇、梅岭镇、太平镇）；南昌县（黄马乡）；进贤县（南台乡、三里乡）。

※ * **冬青卫矛** *Euonymus japonicus* Thunb.

常绿灌木；常见。

生于园林绿地。

南昌各地有栽培。

※ **疏花卫矛** *Euonymus laxiflorus* Champ. & Benth.

常绿灌木；罕见。

生于低山或丘陵地区阔叶林中、村边风水林中。

分布于安义县（新民乡）。

※ **白杜** *Euonymus maackii* Rupr.

落叶小乔木；频见。

生于低山、丘陵或岗地等地区山坡林中、风水林中。

分布于安义县（鼎湖镇）；新建区（招贤镇、太平镇）；红谷滩区（厚田乡）；南昌县（八一乡、黄马乡、三江镇、塔城乡、武阳镇、向塘镇、幽兰镇）；进贤县（池溪乡、架桥镇、李渡镇、南台乡、七里乡、前坊镇、文港镇、长山晏乡、钟陵乡）。

※ **中华卫矛** *Euonymus nitidus* Benth.

常绿灌木；罕见。

生于低山或丘陵地区山谷、近水阴湿处。

分布于安义县（新民乡）；新建区（梅岭镇）。

永瓣藤属 *Monimopetalum* Rehder

※ **永瓣藤** *Monimopetalum chinense* Rehder

落叶藤状灌木；罕见。

生于低山或丘陵地区山坡阔叶林中、路边、人工林中。

分布于安义县（新民乡、新民乡）。

雷公藤属 *Tripterygium* Hook.f.

※ **雷公藤** *Tripterygium wilfordii* Hook. f.

落叶藤状灌木；频见。

生于低山、丘陵、岗地或平原等地区路边、田野、溪沟边灌丛中。

分布于安义县（东阳镇、龙津镇、石鼻镇、长埠镇）；新建区（罗亭镇、梅岭镇、招贤镇）；进贤县（前坊镇、长山晏乡、钟陵乡）。

171 酢浆草科 Oxalidaceae

酢浆草属 *Oxalis* L.

※ * **关节酢浆草** *Oxalis articulata* Savigny

多年生草本；常见。

生于城乡绿地。

全市广泛栽培。

※ **酢浆草 *Oxalis corniculata* L.**

多年生草本；极常见。

生于低山、丘陵、岗地或平原等地区路边、河湖堤坝、房前屋后荒地。

全市广布。

※ # **红花酢浆草 *Oxalis corymbosa* DC.**

多年生草本；常见。

生于低山、丘陵、岗地或平原等地区路边、园地、苗圃地、河湖堤坝、沟边、杂草丛。

全市广布。

※ **直酢浆草 *Oxalis stricta* L.**

多年生草本；偶见。

生于低山、丘陵山区沟谷潮湿处。

分布于新建区（梅岭镇）。

173 杜英科 Elaeocarpaceae

杜英属 *Elaeocarpus* L.

※ **中华杜英 *Elaeocarpus chinensis* (Gardner & Champ.) Hook. f. ex Benth.**

常绿小乔木；偶见。

生于低山、丘陵、岗地或平原等地区阔叶林中、村旁风水林。

分布于安义县（新民乡、太平镇）；新建区（梅岭镇、西山镇、招贤镇、石埠镇）；进贤县（梅庄镇、三里乡）。

※ **杜英 *Elaeocarpus decipiens* Hemsl.**

常绿乔木；偶见。

生于低山、丘陵或岗地等地区阔叶林中。

分布于新建区（罗亭镇）；南昌县（五星垦殖场）；进贤县（白圩乡、民和镇、南台乡、七里乡、泉岭乡、温圳镇、文港镇、下埠集乡、张公镇、钟陵乡）。

※ **秃瓣杜英 *Elaeocarpus glabripetalus* Merr.**

常绿乔木；常见。

生于低山、丘陵、岗地或平原等地区阔叶林中、村边风水林中。

分布于安义县（鼎湖镇、万埠镇、长埠镇）；新建区（范家山、金桥乡、联圩镇、樵舍镇、石埠镇、石岗镇、松湖镇、西山镇、溪霞镇、洗药湖管理处、招贤镇）；红谷滩区（生米镇、流湖镇）；青山湖区（艾溪湖管理处）；南昌县（昌东镇、蒋巷镇、泾口乡、南新乡、塘南镇、武阳镇、向塘镇、幽兰镇）；进贤县（白圩乡、池溪乡、民和镇、南台乡、前坊镇、泉岭乡、石牛窝、下埠集乡、长山晏乡、钟陵乡）。

※ **日本杜英 *Elaeocarpus japonicus* Siebold & Zucc.**

常绿乔木；偶见。

生于低山、丘陵、岗地或平原等地区阔叶林中、村边风水林中。

分布于安义县（新民乡、新民乡、万埠镇）；南昌县（幽兰镇、黄马乡）；新建区（石埠镇、西山镇）；进贤县（白圩乡、南台乡、前坊镇）。

※ **山杜英 *Elaeocarpus sylvestris* (Lour.) Poir.**

常绿乔木；罕见。

生于岗地地区次生阔叶林中。

分布于进贤县（白圩乡、前坊镇、长山晏乡）。

186 金丝桃科 Hypericaceae

金丝桃属 *Hypericum* L.

※ **黄海棠** *Hypericum ascyron* L.
多年生草本；罕见。
生于低山或丘陵地区山坡林下、溪旁湿润地带。
分布于新建区（梅岭镇）。

※ **挺茎遍地金** *Hypericum elodeoides* Choisy
多年生草本；罕见。
生于低山、丘陵等地区的山地草丛、灌丛、林下、田埂上。
分布于安义县（新民乡）；新建区（梅岭镇）。

※ **地耳草** *Hypericum japonicum* Thunb. in Murr.
一年生或多年生草本；极常见。
生于低山、丘陵、岗地或平原等地区田边、沟边、河湖堤坝、草地、撩荒地上。
全市广布。

※ **金丝桃** *Hypericum monogynum* L.
半常绿灌木；偶见。
生于低山、丘陵、岗地或平原地区路旁、灌丛中。
分布于安义县（龙津镇、石鼻镇、新民乡、长均乡）；新建区（太平镇、招贤镇）；青云谱区（青云谱镇）；青山湖区（京东镇）；进贤县（池溪乡、前坊镇、钟陵乡）。

※ **金丝梅** *Hypericum patulum* Thunb.
半常绿灌木；罕见。
生于低山或丘陵地区石山路旁、灌丛中。
分布于新建区（梅岭镇）。

※ **元宝草** *Hypericum sampsonii* Hance
多年生草本；常见。
生于低山、丘陵、岗地或平原等地区路旁、河湖堤坝、田边、沟边草地、灌丛中，村边、苗圃地以及撩荒地亦可见。
全市广布。

※ **密腺小连翘** *Hypericum seniawinii* Maxim.
多年生草本；罕见。
生于低山或丘陵地区山坡、草地、田埂上。
分布于安义县（新民乡）；新建区（太平镇、招贤镇）。

200 堇菜科 Violaceae

堇菜属 *Viola* L.

※ **如意草** *Viola arcuata* Blume
多年生草本；频见。
生于低山、丘陵、岗地或平原等地区溪谷潮湿地、坑塘洼地、沼泽地。
全市广布。

※ **戟叶堇菜** *Viola betonicifolia* Sm. in Rees
多年生草本；常见。
生于低山、丘陵、岗地或平原等地区田野、路边、山坡草地、河湖堤坝、苗圃地。
全市广布。

※ **七星莲** *Viola diffusa* Ging. in DC.
一年生草本；常见。

生于低山、丘陵、岗地或平原等地区山地林下、林缘、草坡、溪谷旁、岩石缝隙中。

全市广布。

※ **紫花堇菜** *Viola grypoceras* A. Gray

多年生草本；频见。

生于低山、丘陵、岗地或平原等地区路边、灌丛、石缝中。

分布于安义县（新民乡）；新建区（太平镇、招贤镇、梅岭镇）；进贤县（长山晏乡、钟陵乡）。

※ **长萼堇菜** *Viola inconspicua* Blume

多年生草本；频见。

生于低山、丘陵、岗地或平原等地区路边、田埂、草地、河湖堤坝、房前屋后、苗圃地。

全市广布。

※ **犁头草** *Viola japonica* Langsd. ex DC.

多年生草本；频见。

生于低山、丘陵、岗地或平原等地区林缘、路边、田埂、草地、河湖堤坝、房前屋后、苗圃地。

全市广布。

※ **福建堇菜** *Viola kosanensis* Hayata

多年生草本；罕见。

生于丘陵或岗地地区林缘、草地、灌丛。

分布于南昌县（泾口乡）；进贤县（池溪乡）。

※ **犁头叶堇菜** *Viola magnifica* C. J. Wang ex X. D. Wang

多年生草本；罕见。

生于低山、丘陵、岗地或平原等地区林下、林缘、园地、苗圃地、房前屋后、撂荒地。

分布于新建区（梅岭镇）。

※ **萱** *Viola moupinensis* Franch.

多年生草本；罕见。

生于低山、丘陵区沟谷林下。

分布于新建区（梅岭镇）。文献记载，未见标本或照片。

※ **白花地丁** *Viola patrinii* DC. ex Ging. in DC.

多年生草本；罕见。

生于平原地区沼泽化草甸、草甸、河岸湿地。

分布于南昌县（泾口乡、麻丘镇）；进贤县（梅庄镇、三里乡）。

※ **紫花地丁** *Viola philippica* Cav.

多年生草本；极常见。

生于低山、丘陵、岗地或平原等地区路边、林缘、河湖堤坝、滩涂、房前屋后、园地、苗圃地。

全市广布。

※ **深山堇菜** *Viola selkirkii* Pursh ex Goldie

多年生草本；罕见。

生于低山或丘陵地区山地腐殖质较厚的阔叶林下。

分布于安义县（新民乡）。

※ **庐山堇菜** *Viola stewardiana* W. Becker

多年生草本；罕见。

生于丘陵地区林下。

分布于新建区（溪霞镇）。

※ **三角叶堇菜** *Viola triangulifolia* W. Beck.

多年生草本；罕见。

生于低山或丘陵地区山谷溪旁、林缘。

分布于安义县（新民乡）。

※ * **三色堇** *Viola tricolor* L.

多年生草本；常见。

生于城乡绿地。

全市广泛栽培。

※ **斑叶堇菜** *Viola variegata* Fischer ex Link

多年生草本；罕见。

生于低山、丘陵地区阴湿处岩石缝中。

分布于新建区（梅岭镇）。文献记载，未见标本或照片。

204 杨柳科 Salicaceae

杨属 *Populus* L.

※ **响叶杨** *Populus adenopoda* Maxim.

落叶乔木；偶见。

生于低山或丘陵地区山地林中。

分布于新建区（湾里管理局翠岩寺）。

※ * **加杨** *Populus × canadensis* Moench

落叶乔木；频见。

生于低山、丘陵、岗地或平原等地区河湖堤坝、岸边、房前屋后。

全市广为栽培。

柳属 *Salix* L.

※ * **垂柳** *Salix babylonica* L.

落叶乔木；频见。

生于低山、丘陵、岗地或平原等地区河湖堤坝、岸边、池塘边、城市绿地。

全市广为栽培。

※ **腺柳** *Salix chaenomeloides* Kimura

落叶乔木；偶见。

生于低山、丘陵、岗地或平原等地区河岸、溪流岸边。

分布于安义县（万埠镇）；新建区（招贤镇）；红谷滩区（生米镇）；南昌县（冈上镇、蒋巷镇、泾口乡、武阳镇）；进贤县（三里乡）。

※ * **旱柳** *Salix matsudana* Koidz.

落叶乔木；偶见。

生于城乡园林绿地。

全市广为栽培。

※ **南川柳** *Salix rosthornii* Seemen

落叶乔木；偶见。

生于低山、丘陵或平原等地区河流沿岸、村边风水林中。

分布于安义县（新民乡）；新建区（蒋巷镇、南矶乡）；进贤县（白圩乡）。

※ **紫柳** *Salix wilsonii* Seemen ex Diels

落叶乔木；偶见。

生于平原地区溪流、池塘边。

分布于新建区（溪霞镇、南矶乡）；南昌县（冈上镇、蒋巷镇）。

柞木属 *Xylosma* G. Forst.

※ **柞木** *Xylosma congesta* (Lour.) Merr.

常绿灌木；频见。

生于丘陵或平原地区路边、村宅旁。

分布于新建区（招贤镇、溪霞镇）；红谷滩区（生米镇）；南昌县（八一乡、蒋巷镇、泾口乡、塔城乡、向塘镇、幽兰镇）；进贤县（白圩乡、池溪乡、架桥镇、李渡镇、罗溪镇、南台乡、文港镇、下埠集乡、钟陵乡）。

※ **南岭柞木** *Xylosma controversa* Clos

常绿乔木；偶见。

生于丘陵或平原地区村旁风水林中。

分布于安义县（鼎湖镇）；进贤县（白圩乡、前坊镇、钟陵乡）。

207 大戟科 Euphorbiaceae

铁苋菜属 *Acalypha* L.

※ **铁苋菜** *Acalypha australis* L.

一年生草本；极常见。

生于低山、丘陵、岗地或平原等地区田边、路边、河湖堤坝、洲滩、房前屋后、园地、苗圃地。

全市广布。

※ **裂苞铁苋菜** *Acalypha supera* Forssk.

一年生草本；罕见。

生于低山或丘陵地区小溪边。

分布于新建区（梅岭镇）。文献记载，未见标本或照片。

大戟属 *Euphorbia* L.

※ **细齿大戟** *Euphorbia bifida* Hook. & Arn.

一年生草本；偶见。

生于岗地或平原地区路旁、田野、河湖堤坝、房前屋后。

分布于南昌县（蒋巷镇、泾口乡、塘南镇）。

※ # **齿裂大戟** *Euphorbia dentata* Michx.

一年生草本；罕见。

生于丘陵地区杂草丛、路旁、沟边。

分布于安义县（新民乡）。

※ **乳浆大戟** *Euphorbia esula* L.

多年生草本；偶见。

生于丘陵、岗地或平原等地区路旁、杂草丛、河湖堤坝、草地。

分布于南昌县（蒋巷镇、泾口乡）；进贤县（三里乡）。

※ **泽漆** *Euphorbia helioscopia* L.

一年生草本；频见。

生于低山、丘陵、岗地或平原等地区河湖堤坝、房前屋后、田野、园地、苗圃地。

全市广布。

※ # **飞扬草** *Euphorbia hirta* L.

一年生草本；频见。

生于低山、丘陵、岗地或平原等地区河湖堤坝、房前屋后、田野、园地、苗圃地。

全市广布。

※ **地锦草** *Euphorbia humifusa* Willd. ex Schltdl.

一年生草本；常见。

生于低山、丘陵、岗地或平原等地区原野荒地、河湖堤坝、房前屋后、田野、园地、苗圃地。

全市广布。

※ **湖北大戟** *Euphorbia hylonoma* Hand.–Mazz.

多年生草本；罕见。

生于岗地或平原地区路边灌草丛中。

分布于南昌县（黄马乡）。

　　※ # **通奶草** *Euphorbia hypericifolia* L.

　　　　一年生草本；偶见。

　　　　生于低山、丘陵、岗地或平原等地区路边、河湖堤坝、田野、园地。

　　　　全市广布。

　　※ **斑地锦草** *Euphorbia maculata* L.

　　　　一年生草本；极常见。

　　　　生于低山、丘陵、岗地和或平原等地区路边、河湖堤坝、田野、房前屋后、园地。

　　　　全市广布。

　　※ **大戟** *Euphorbia pekinensis* Rupr.

　　　　多年生草本；偶见。

　　　　生于低山、丘陵、岗地或平原等地区山坡、灌丛、路旁、荒地、草丛。

　　　　分布于安义县（长埠镇、石鼻镇）；新建区（石埠镇）；南昌县（蒋巷镇、泾口乡、幽兰镇）；进贤县（梅庄镇、三里乡、文港镇）。

　　※ # **匍匐大戟** *Euphorbia prostrata* Aiton

　　　　一年生草本；偶见。

　　　　生于低山、丘陵、岗地或平原等地区路旁、房前屋后、河湖堤坝、园地。

　　　　全市广布。

　　※ **千根草** *Euphorbia thymifolia* L.

　　　　一年生草本；常见。

　　　　生于低山、丘陵、岗地或平原等地区路边、河湖堤坝、田埂、房前屋后、荒地、园地、苗圃地。

　　　　全市广布。

野桐属 *Mallotus* Lour.

　　※ **白背叶** *Mallotus apelta* (Lour.) Müll. Arg.

　　　　落叶灌木；极常见。

　　　　生于低山、丘陵、岗地或平原等地区林缘、路边灌丛中。

　　　　全市广布。

　　※ **山地野桐** *Mallotus oreophilus* Müll. Arg.

　　　　落叶灌木；罕见。

　　　　生于低山或丘陵地区山地阔叶林中。

　　　　分布于安义县（新民乡）。

　　※ **粗糠柴** *Mallotus philippensis* (Lamarck) Müll. Arg.

　　　　常绿灌木；罕见。

　　　　生于低山或丘陵地区山地林中或林缘。

　　　　分布于安义县（新民乡）。

　　※ **石岩枫** *Mallotus repandus* (Willd.) Müll. Arg.

　　　　攀缘灌木；偶见。

　　　　生于低山、丘陵或岗地等地区路边、林缘。

　　　　分布于安义县（龙津镇、万埠镇、新民乡、石鼻镇）；新建区（铁河乡、洗药湖管理处）。

　　※ **杠香藤** *Mallotus repandus* var. *chrysocarpus* (Pamp.) S. M. Hwang

　　　　常绿攀缘状灌木；频见。

　　　　生于低山、丘陵、岗地或平原等地区林缘、路边灌丛中。

　　　　分布于安义县（龙津镇、万埠镇、新民乡）；新建区（罗亭镇、石埠镇、石岗镇、铁河乡）；红谷滩区（生米镇）；进贤县（长山晏乡）。

　　※ **野桐** *Mallotus tenuifolius* Pax

　　　　落叶灌木；频见。

　　　　生于低山、丘陵、岗地或平原等地区林中。

分布于安义县（东阳镇、黄洲镇、龙津镇、乔乐乡、石鼻镇、万埠镇、新民乡、长均乡）；新建区（罗亭镇、石埠镇、溪霞镇、招贤镇）；南昌县（向塘镇、幽兰镇）；进贤县（池溪乡、民和镇、南台乡、三里乡、文港镇、长山晏乡）。

白木乌桕属 *Neoshirakia* Esser

※ **白木乌桕 *Neoshirakia japonica*** (Siebold & Zucc.) Esser
落叶乔木；偶见。
生于低山、丘陵、岗地或平原等地区阔叶林下、村边风水林中。
分布于安义县（东阳镇、龙津镇、乔乐乡、万埠镇、石鼻镇、长埠镇）；新建区（梅岭镇、洗药湖管理处、招贤镇）。

蓖麻属 *Ricinus* L.

※ # **蓖麻 *Ricinus communis*** L.
一年生草本；频见。
生于丘陵、岗地或平原等地区路边、河湖堤坝、房前屋后。
分布于新建区（昌邑乡）；南昌县（八一乡、广福镇、黄马乡、蒋巷镇、泾口乡、麻丘镇、三江镇、塔城乡、向塘镇、幽兰镇）；进贤县（池溪乡、架桥镇、民和镇、南台乡、前坊镇、三里乡、石牛窝、长山晏乡、钟陵乡）。

地构叶属 *Speranskia* Baill.

※ **广东地构叶 *Speranskia cantonensis*** (Hance) Pax & K. Hoffm.
多年生草本；罕见。
生于丘陵、岗地地区路边、房前屋后。
分布于新建区（招贤镇）。

乌桕属 *Triadica* Lour.

※ **山乌桕 *Triadica cochinchinensis*** Lour.
落叶灌木；频见。
生于低山或丘陵地区山坡次生林中。
分布于安义县（新民乡、长埠镇）；新建区（西山镇、溪霞镇、招贤镇）。
※ **乌桕 *Triadica sebifera*** (L.) Small
落叶灌木；极常见。
生于低山、丘陵、岗地或平原等地区山坡、河湖岸边、洲滩、房前屋后。
全市广布。

油桐属 *Vernicia* Lour.

※ **油桐 *Vernicia fordii*** (Hemsl.) Airy Shaw
落叶乔木；常见。
生于低山、丘陵、岗地或平原等地区林中。
全市广布。
※ **木油桐 *Vernicia montana*** Lour.
落叶乔木；频见。
生于低山或丘陵地区山地林中。
分布于安义县（石鼻镇、新民乡、长埠镇）；新建区（梅岭镇、溪霞镇）。

211 叶下珠科 Phyllanthaceae

五月茶属 *Antidesma* L.

※ **日本五月茶** *Antidesma japonicum* Siebold & Zucc.
常绿灌木；偶见。
生于低山或丘陵地区阔叶林中、沟谷湿润地带。
分布于安义县（新民乡）；新建区（罗亭镇、招贤镇）。

秋枫属 *Bischofia* Blume

※ **重阳木** *Bischofia polycarpa* (H. Lév.) Airy Shaw
落叶乔木；罕见。
生于低山或丘陵地区阔叶林、村边风水林中。
分布于新建区（太平镇）。

白饭树属 *Flueggea* Willd.

※ **一叶萩** *Flueggea suffruticosa* (Pall.) Baill.
落叶灌木；偶见。
生于丘陵或平原地区山坡灌丛中、河漫滩灌丛中。
分布于南昌县（向塘镇、幽兰镇）；进贤县（民和镇、钟陵乡）。

算盘子属 *Glochidion* J. R. Forst. & G. Forst.

※ **算盘子** *Glochidion puberum* (L.) Hutch.
落叶灌木；极常见。
生于低山、丘陵、岗地或平原等地区山坡、溪旁灌丛、河湖岸边、村边风水林、路边灌草丛中。
全市广布。

※ **湖北算盘子** *Glochidion wilsonii* Hutch.
落叶灌木；偶见。
生于低山地区沟谷林中。
分布于新建区（梅岭镇、太平镇、罗亭镇）。

红叶下珠属 *Nymphanthus* Lour.

※ **浙江叶下珠** *Nymphanthus chekiangensis* (Croizat & F.P.Metcalf) R.W.Bouman
落叶灌木；罕见。
生于平原地区阔叶林下。
分布于红谷滩区（生米镇）。

叶下珠属 *Phyllanthus* L.

※ **落萼叶下珠** *Phyllanthus flexuosus* (Siebold & Zucc.) Müll. Arg.
落叶灌木；极常见。
生于低山、丘陵、岗地或平原等地区林下、沟边、路旁、灌丛中。
分布于安义县（鼎湖镇、东阳镇、黄洲镇、龙津镇、乔乐乡、石鼻镇、万埠镇、新民乡、长均乡、石鼻镇、长埠镇）；新建区（昌邑乡、金桥乡、联圩镇、罗亭镇、梅岭镇、鄱阳湖国家级自然保护区、樵舍镇、石埠镇、石岗镇、太平镇、西山镇、溪霞镇、洗药湖管理处、象山镇、招贤镇）；红谷滩区（厚田乡、生米镇、流湖镇）；青云谱区（青云谱镇）；青山湖区（艾溪湖管理处、罗家镇）；南昌县（八一乡、冈上镇、黄马乡、蒋巷镇、泾口乡、塘南镇、武阳镇、向塘镇、幽兰镇）；进贤县（白圩乡、池溪乡、梅庄镇、南台乡、前坊镇、三里乡、二塘乡、文港镇、下埠集乡、衙前乡、长山晏乡、钟陵乡）。

※ **青灰叶下珠** *Phyllanthus glaucus* Wall. ex Müll. Arg.

落叶灌木；常见。

生于低山、丘陵、岗地或平原等地区灌丛中、林下疏林下。

分布于新建区（恒湖垦殖场、南矶乡、招贤镇）；南昌县（八一乡、蒋巷镇、泾口乡、塔城乡、塘南镇、向塘镇）；进贤县（白圩乡、池溪乡、二塘乡、罗溪镇、梅庄镇、民和镇、南台乡、七里乡、前坊镇、泉岭乡、三里乡、石牛窝、文港镇、下埠集乡、张公镇、长山晏乡、钟陵乡）。

※ **小果叶下珠** *Phyllanthus reticulatus* Poir. in Lamark

落叶灌木；罕见。

生于平原地区风水林中。

分布于南昌县（武阳镇）。

※ **叶下珠** *Phyllanthus urinaria* L.

一年生草本；常见。

生于低山、丘陵、岗地或平原等地区路边、草地、房前屋后、溪沟岸边、河湖堤坝、田埂、苗圃地。

全市广布。

※ **蜜甘草** *Phyllanthus ussuriensis* Rupr. & Maxim.

一年生草本；偶见。

生于低山、丘陵、岗地或平原等地区路边、河湖堤坝、房前屋后。

分布于安义县（鼎湖镇、乔乐乡、新民乡）；进贤县（张公镇）。

※ **黄珠子草** *Phyllanthus virgatus* Forst. F.

多年生草本；常见。

生于低山、丘陵、岗地或平原等地区路边、园地、溪沟岸边、河湖堤坝、沟边草丛。

全市广布。

212 牻牛儿苗科 Geraniaceae

老鹳草属 *Geranium* L.

※ # **野老鹳草** *Geranium carolinianum* L.

一年生草本；频见。

生于低山、丘陵、岗地和平原地区荒坡杂草丛中。

全市广布。

※ **鼠掌老鹳草** *Geranium sibiricum* L.

多年生草本；罕见。

生于平原地区路边。

分布于南昌县。

※ **老鹳草** *Geranium wilfordii* Maxim.

多年生草本；罕见。

生于低山或丘陵地区人工林下、沟谷林缘。

分布于进贤县（长山宴乡、白圩乡）。

215 千屈菜科 Lythraceae

水苋菜属 *Ammannia* L.

※ **水苋菜** *Ammannia baccifera* L.

一年生草本；罕见。

生于平原地区水田、溪沟边潮湿处。

分布于南昌县（麻丘镇）。

萼距花属 *Cuphea* P. Browne

※ * **香膏萼距花** *Cuphea carthagenensis* (Jacq.) J. F. Macbr.

一年生草本；常见。

生于园林绿地。

市内有栽培。

紫薇属 *Lagerstroemia* L.

※ **尾叶紫薇** *Lagerstroemia caudata* Chun & F. C. How ex S. K. Lee & L. F. Lau

落叶乔木；罕见。

生于低山或丘陵地区林缘、村宅旁。

分布于新建区（梅岭镇）。

※ **紫薇** *Lagerstroemia indica* L.

落叶灌木；极常见。

生于低山、丘陵、岗地或平原等地区溪沟沿岸、河湖岸边、石山灌丛中。

分布于安义县（鼎湖镇、东阳镇、黄洲镇、龙津镇、乔乐乡、石鼻镇、万埠镇、新民乡、长埠镇）；新建区（金桥乡、梅岭镇、樵舍镇、石埠镇、石岗镇、松湖镇、铁河乡、西山镇、溪霞镇、象山镇、招贤镇）；红谷滩区（流湖镇）；青山湖区（艾溪湖管理处）；南昌县（八一乡、昌东镇、东新乡、黄马乡、蒋巷镇、泾口乡、麻丘镇、塔城乡、五星垦殖场、武阳镇、向塘镇、幽兰镇）；进贤县（白圩乡、池溪乡、二塘乡、架桥镇、李渡镇、罗溪镇、梅庄镇、民和镇、南台乡、七里乡、前坊镇、泉岭乡、三里乡、三阳集乡、石牛窝、温圳镇、文港镇、下埠集乡、衙前乡、张公镇、长山晏乡、钟陵乡）。

※ **南紫薇** *Lagerstroemia subcostata* Koehne

落叶灌木；偶见。

生于丘陵、岗地或平原等地区林缘、溪边、

分布于新建区（罗亭镇、太平镇）；南昌县（八一乡、蒋巷镇、向塘镇）；进贤县（民和镇、前坊镇、钟陵乡）。

千屈菜属 *Lythrum* L.

※ **千屈菜** *Lythrum salicaria* L.

多年生草本；偶见。

生于岗地或平原地区河湖岸边、溪沟边、坑塘洼地。

全市广布。

石榴属 *Punica* L.

※ * **石榴** *Punica granatum* L.

落叶乔木；偶见。

生于园林绿地、村宅附近。

全市广为栽培。

节节菜属 *Rotala* L.

※ **节节菜** *Rotala indica* (Willd.) Koehne

一年生草本；偶见。

生于丘陵、岗地或平原等地区稻田中、溪沟、河流、湖泊等湿地生境。

分布于新建区（金桥乡）；东湖区（扬子洲镇）；南昌县（南新乡）；进贤县（架桥镇、七里乡、下埠集乡）。

※ **圆叶节节菜 *Rotala rotundifolia*** (Buch.–Ham. ex Roxb.) Koehne

一年生草本；罕见。

生于丘陵、岗地或平原等地区稻田中、溪沟、河流、湖泊等湿地生境。

分布于安义县（石埠镇、新民乡、石鼻镇）；新建区（招贤镇）；南昌县（黄马乡）；进贤县（衙前乡）。

菱属 *Trapa* L.

※ **细果野菱 *Trapa incisa*** Siebold & Zucc.

一年生浮水水生草本；罕见。

生于低山、丘陵或平原等地区坑塘洼地、深水沼泽。

分布于安义县（新民乡、新民乡）。

※ # **欧菱 *Trapa natans*** L.

多年生浮水水生草本；频见。

生于低山、丘陵或平原等地区坑塘洼地、河流、深水沼泽。

分布于新建区（昌邑乡、恒湖垦殖场、联圩镇、南矶乡、鄱阳湖国家级自然保护区、樵舍镇、西山镇、溪霞镇）；红谷滩区（流湖镇）；南昌县（昌东镇、富山乡、蒋巷镇、泾口乡、南新乡、塘南镇、五星垦殖场、幽兰镇）；进贤县（池溪乡、南台乡、三里乡、文港镇）。

216 柳叶菜科 Onagraceae

柳兰属 *Chamerion* (Raf.) Raf. ex Holub

※ **毛脉柳兰 *Chamerion angustifolium* subsp. *circumvagum*** (Mosquin) Hoch

多年生草本；罕见。

生于平原地区湖泊岸边砾石地带。

分布于新建区（南矶乡）。

露珠草属 *Circaea* L.

※ **南方露珠草 *Circaea mollis*** Sieb. & Zucc.

多年生草本；偶见。

生于低山或平原地区林下湿润地带。

分布于新建区（望城镇）。

山桃草属 *Gaura* L.

※ * **山桃草 *Gaura lindheimeri*** Engelm. & A. Gray

多年生草本；频见。

生于园林绿地。

市内有栽培。

柳叶菜属 *Epilobium* L.

※ **光滑柳叶菜 *Epilobium amurense* subsp. *cephalostigma*** (Hausskn.) C. J. Chen, Hoch & P. H. Raven

二年生草本；罕见。

生于丘陵地区的山地荒坡路旁。

分布于新建区（梅岭镇）。

※ **腺茎柳叶菜** *Epilobium brevifolium* subsp. *trichoneurum* (Hausskn.) P. H. Raven

多年生草本；罕见。

生于丘陵地区的山地路边荒地或林缘。

分布于安义县（长埠镇）。

※ **长籽柳叶菜** *Epilobium pyrricholophum* Franch. & Sav.

多年生草本；偶见。

生于丘陵、岗地和平原地区的河湖堤坝、荒坡路旁。

分布于新建区（梅岭镇）。

丁香蓼属 *Ludwigia* L.

※ **翼茎水龙** *Ludwigia decurrens* Walter

多年生草本；偶见。

生于平原地区溪沟、坑塘洼地、稻田等湿地生境。

分布于南昌县（黄马乡）；进贤县（罗溪镇）。

※ **假柳叶菜** *Ludwigia epilobioides* Maxim.

一年生草本；常见。

生于低山、丘陵、岗地或平原等地区坑塘洼地、湖泊、沼泽、稻田、溪边等湿润处。

全市广布。

※ # **草龙** *Ludwigia hyssopifolia* (G. Don) Exell

一年生草本；罕见。

生于平原地区田边、水沟、坑塘洼地。

分布于进贤县（罗溪镇）。

※ **毛草龙** *Ludwigia octovalvis* (Jacq.) P. H. Raven

多年生草本；常见。

生于丘陵、岗地或平原等地区坑塘洼地、田边、沟谷旁、开旷湿润处。

分布于新建区（昌邑乡、南矶乡、恒湖垦殖场、联圩镇）；南昌县（南新乡、向塘镇、黄马乡）；
进贤县（罗溪镇、衙前乡、下埠集乡）。

※ **卵叶丁香蓼** *Ludwigia ovalis* Miq.

一年生草本；罕见。

生于平原地区坑塘洼地。

分布于新建区（蛟桥镇、厚田乡）；红谷滩区（流湖镇）；南昌县（蒋巷镇）。

※ **黄花水龙** *Ludwigia peploides* subsp. *stipulacea* (Ohwi) Raven

多年生草本；偶见。

生于平原地区河滩、湖泊、坑塘洼地、水田等湿地。

分布于新建区（昌邑乡）；青山湖区（艾溪湖管理处）。

※ **丁香蓼** *Ludwigia prostrata* Roxb.

一年生草本；频见。

生于丘陵、岗地或平原等地区溪边、稻田、河滩、坑塘洼地。

分布于新建区（昌邑乡、恒湖垦殖场、金桥乡、南矶乡、樵舍镇、铁河乡、西山镇、象山镇）；
红谷滩区（生米镇）；青山湖区（罗家镇）；南昌县（广福镇、黄马乡、五星垦殖场、向塘镇）；
进贤县（架桥镇、罗溪镇、梅庄镇、前坊镇、三里乡、下埠集乡、长山晏乡、钟陵乡）。

※ # **台湾水龙** *Ludwigia* × *taiwanensis* C. I. Peng

多年生浮水草本；偶见。

生于平原地区河流、坑塘洼地、水田、水沟。

分布于青山湖区（艾溪湖）；进贤县（三里乡）。

月见草属 Oenothera L.

※ # **月见草 Oenothera biennis** L.
二年生草本；频见。
生于丘陵、岗地和平原地区的河湖堤坝、荒坡路旁。
分布于安义县（东阳镇、黄洲镇、龙津镇、石鼻镇、长埠镇）；新建区（溪霞镇）；红谷滩区（红角洲管理处）；东湖区（扬子洲镇）；南昌县（八一乡、广福镇、黄马乡、南新乡、塔城乡、向塘镇、幽兰镇）；进贤县（白圩乡、池溪乡、架桥镇、罗溪镇、民和镇、南台乡、前坊镇、泉岭乡、温圳镇、下埠集乡、张公镇、长山晏乡、钟陵乡）。

※ * **海边月见草 Oenothera drummondii** Hook.
一年生草本；罕见。
生于平原地区河边荒地。
分布于进贤县（温圳镇）。

※ # **裂叶月见草 Oenothera laciniata** Hill
一年生或多年生草本；常见。
生于岗地或平原地区河湖堤坝、洲滩、田边、开旷荒地。
分布于新建区（昌邑乡、恒湖垦殖场、环球公园、罗亭镇、石岗镇、松湖镇、溪霞镇、象山镇、招贤镇）；红谷滩区（北龙幡街、厚田乡、生米镇）；东湖区（扬子洲镇）；青云谱区（青云谱镇）；南昌县（向塘镇、昌东镇、东新乡、富山乡、冈上镇、黄马乡、蒋巷镇、麻丘镇、南新乡、三江镇、塘南镇、幽兰镇）；进贤县（南台乡、三里乡、石牛窝、下埠集乡）。

※ # **粉花月见草 Oenothera rosea** L'Hér. ex Aiton.
多年生草本；偶见。
生于丘陵、岗地或平原等地区河湖堤坝、荒地、草地；城乡绿地亦栽培。
分布于新建区（梅岭镇、溪霞镇）；南昌县（东新乡、泾口乡）。

※ # **美丽月见草 Oenothera speciosa** Nutt.
多年生草本；偶见。
生于岗地或平原地区路边、河湖堤坝、草地；城乡绿地亦栽培。
分布于安义县（东阳镇）；南昌县（蒋巷镇、南新乡）；进贤县（梅庄镇）。

218 桃金娘科 Myrtaceae

桉属 Eucalyptus L'Hér.

※ * **赤桉 Eucalyptus camaldulensis** Dehnh.
常绿乔木；偶见。
生于岗地地区村宅旁。
新建区（石岗镇、松湖镇、石埠镇）；进贤县（池溪乡、七里乡、钟陵乡）有栽培。

白千层属 Melaleuca L.

※ * **溪畔白千层 Melaleuca bracteata** F.Muell.
常绿乔木；罕见。
生于城市公园绿地。
分布于青山湖区（艾溪湖管理处）；南昌县（澄碧湖公园）。

蒲桃属 Syzygium Gaertn.

※ **华南蒲桃 Syzygium austrosinense** (Merr. et Perry) Chang et Miau
常绿乔木；罕见。

生于岗地地区常绿阔叶林下。

分布于进贤县（长山宴乡）。

※ **赤楠 *Syzygium buxifolium* Hook. & Arn.**

常绿灌木；常见。

生于低山、丘陵、岗地或平原等地区林下、灌丛中。

全市广布。

※ **轮叶赤楠 *Syzygium buxifolium* var. *verticillatum* C. Chen**

常绿灌木；罕见。

生于低山或丘陵地区沟谷常绿阔叶林、村边风水林下。

分布于新建区（溪霞镇、蛟桥镇、乐化镇）。

※ **轮叶蒲桃 *Syzygium grijsii* (Hance) Merr. & L. M. Perry**

常绿灌木；常见。

生于低山或丘陵地区阔叶林、村边风水林下。

分布于安义县（新民乡）；新建区（溪霞镇、蛟桥镇、梅岭镇、太平镇）；南昌县（黄马乡）；进贤县（池溪乡）。

219 野牡丹科 Melastomataceae

野牡丹属 *Melastoma* L.

※ **地菍 *Melastoma dodecandrum* Lour.**

多年生草本；极常见。

生于低山、丘陵、岗地或平原等地区路边、林缘、田野、河湖堤坝、岸边草地。

全市广布。

金锦香属 *Osbeckia* L.

※ **金锦香 *Osbeckia chinensis* L.**

多年生草本；罕见。

生于岗地地区田边荒地。

分布于进贤县（白圩乡）。

226 省沽油科 Staphyleaceae

野鸦椿属 *Euscaphis* Sieb.et Zucc.

※ **野鸦椿 *Euscaphis japonica* (Thunb. ex Roem. & Schult.) Kanitz**

落叶灌木；常见。

生于低山、丘陵、岗地或平原等地区林下、村边风水林、灌丛中。

分布于安义县（东阳镇、龙津镇、乔乐乡、石鼻镇、万埠镇、新民乡、长埠镇）；红谷滩区（生米镇）；新建区（金桥乡、罗亭镇、梅岭镇、太平镇、铁河乡、西山镇、溪霞镇、洗药湖管理处、象山镇、招贤镇、白水湖管理处）；南昌县（黄马乡、向塘镇）；青山湖区（艾溪湖管理处）；进贤县（白圩乡、池溪乡、罗溪镇、梅庄镇、民和镇、前坊镇、二塘乡、石牛窝、文港镇、下埠集乡、长山晏乡、钟陵乡）。

山香圆属 *Turpinia* Vent.

※ **锐尖山香圆 *Turpinia arguta* (Lindl.) Seem.**

落叶灌木；罕见。

生于低山或丘陵地区山地沟谷林缘。

分布于新建区（梅岭镇）。

239 漆树科 Anacardiaceae

南酸枣属 *Choerospondias* B. L. Burtt & A. W. Hill

※ **南酸枣** *Choerospondias axillaris* (Roxb.) B. L. Burtt & A. W. Hill
落叶乔木；频见。
生于低山、丘陵、岗地或平原等地区向阳山坡、风水林中、房前屋后。
分布于安义县（新民乡、新民乡、万埠镇）；新建区（罗亭镇、樵舍镇、石埠镇、白水管理处）；进贤县（李渡镇、民和镇、南台乡、七里乡、前坊镇、下埠集乡、衙前乡、长山晏乡、钟陵乡）。

黄连木属 *Pistacia* L.

※ **黄连木** *Pistacia chinensis* Bunge
落叶乔木；偶见。
生于岗地或平原地区村边风水林中。
分布于安义县（万埠镇、新民乡）；新建区（罗亭镇、石岗镇、溪霞镇）；红谷滩区（生米镇）；进贤县（罗溪镇、钟陵乡）。

盐麸木属 *Rhus* Tourn. ex L.

※ **盐麸木** *Rhus chinensis* Mill.
落叶乔木；极常见。
生于低山、丘陵、岗地或平原等地区向阳山坡、溪边疏林、灌丛中。
全市广布。

漆树属 *Toxicodendron* (Tourn.) Mill.

※ **野漆** *Toxicodendron succedaneum* (L.) Kuntze
落叶乔木；常见。
生于低山、丘陵、岗地或平原等地区林中、村边风水林中。
分布于安义县（鼎湖镇、东阳镇、龙津镇、乔乐乡、石鼻镇、万埠镇、新民乡、长均乡、长埠镇）；新建区（环球公园、罗亭镇、梅岭镇、石埠镇、石岗镇、铁河乡、西山镇、溪霞镇、洗药湖管理处、象山镇、招贤镇）；南昌县（向塘镇）；进贤县（白圩乡、民和镇、七里乡、三阳集乡、下埠集乡、钟陵乡）。

※ **木蜡树** *Toxicodendron sylvestre* (Siebold & Zucc.) Kuntze
落叶乔木；频见。
生于低山、丘陵、岗地或平原等地区林中、房前屋后、村边风水林中。
分布于安义县（东阳镇、龙津镇、乔乐乡、石鼻镇、新民乡、长均乡、长埠镇）；新建区（金桥乡、罗亭镇、梅岭镇、樵舍镇、太平镇、西山镇、溪霞镇、招贤镇）；进贤县（民和镇、前坊镇）。

240 无患子科 Sapindaceae

槭属 *Acer* L.

※ **三角槭** *Acer buergerianum* Miq.
落叶乔木；偶见。

生于低山、丘陵、岗地等地区阔叶林中、寺庙、房前屋后、村边风水林中。

分布于安义县（鼎湖镇、东阳镇、万埠镇、新民乡）；新建区（梅岭镇、石岗镇、松湖镇、白水管理处）；红谷滩区（生米镇）；南昌县（冈上镇）；进贤县（下埠集乡）。

※ **樟叶槭** *Acer coriaceifolium* Lévl.

常绿乔木；罕见。

生于低山或丘陵地区阔叶林中。

分布于安义县（新民乡）。

※ **青榨槭** *Acer davidii* Franch.

落叶乔木；罕见。

生于低山地区次生林中。

分布于新建区（招贤镇、太平镇）。

※ **鸡爪槭** *Acer palmatum* Thunb. in Murray

落叶乔木；罕见。

生于低山或丘陵地区阔叶林中。

分布于新建区（招贤镇、梅岭镇）。

※ * **三峡槭** *Acer wilsonii* Rehder

落叶乔木；罕见。

生于南昌植物园。

市内有栽培。

栾属 *Koelreuteria* Laxm.

※ **复羽叶栾** *Koelreuteria bipinnata* Franch.

常绿乔木；频见。

生于低山、丘陵、岗地或平原等地区阔叶林、村边风水林中；城市绿地亦有栽培。

分布于新建区（昌邑乡、范家山、环球公园、梅岭镇、石埠镇、溪霞镇）；红谷滩区（厚田乡、生米镇）；东湖区（扬子洲镇）；青山湖区（京东镇）；南昌县（昌东镇、东新乡、泾口乡）；进贤县（下埠集乡、衙前乡、长山晏乡）。

※ * **栾** *Koelreuteria paniculata* Laxm.

落叶乔木；罕见。

生于城乡绿地。

分布于南昌县（幽兰镇）。

无患子属 *Sapindus* L.

※ **无患子** *Sapindus saponaria* L.

落叶乔木；频见。

生于低山或丘陵地区山地阔叶林中；城乡绿地亦有栽培。

分布于安义县（东阳镇、新民乡、新民乡）；新建区（西山镇、溪霞镇、洗药湖管理处、招贤镇、白水管理处）；青山湖区（艾溪湖管理处）；南昌县（八一乡、昌东镇、黄马乡、蒋巷镇、麻丘镇、向塘镇）；进贤县（池溪乡、李渡镇、南台乡、前坊镇、长山晏乡、钟陵乡）。

241 芸香科 Rutaceae

石椒草属 *Boenninghausenia* Reichb. ex Meisn.

※ **臭节草** *Boenninghausenia albiflora* (Hook.) Rchb. ex Meisn.

多年生草本；罕见。

生于低山、丘陵或岗地等地区沟谷林下、村边风水林中。

分布于安义县（新民乡）；新建区（招贤镇）；南昌县（南新乡）。

柑橘属 *Citrus* L.

※ * **金柑** *Citrus japonica* Thunb.
常绿乔木；罕见。
生于平原地区农田、房前屋后。
分布于南昌县（广福镇、冈上镇、向塘镇）；进贤县（长山晏乡）。

※ * **香橙** *Citrus × junos* Siebold ex Tanaka
常绿乔木；罕见。
生于平原地区农田、房前屋后。
分布于新建区（南矶乡）。

※ * **柚** *Citrus maxima* (Burm.) Merr.
常绿乔木；常见。
生于低山、丘陵、岗地或平原等地区农田、房前屋后。
全市广布。

※ * **柑橘** *Citrus reticulata* Blanco
常绿乔木；常见。
生于低山、丘陵、岗地或平原等地区农田、房前屋后。
全市广布。

※ **枳** *Citrus trifoliata* L.
落叶灌木；偶见。
生于岗地或平原地区房前屋后、田野旷地、村宅旁。
分布于新建区（蛟桥镇、梅岭镇、太平镇）；南昌县（泾口乡）。

黄檗属 *Phellodendron* Rupr.

※ * **黄檗** *Phellodendron amurense* Rupr.
落叶乔木；罕见。
生于低山或丘陵地区人工林中。
分布于安义县（新民乡）；新建区（梅岭镇、招贤镇）。

吴茱萸属 *Tetradium* Sweet

※ **云南吴萸** *Tetradium ailanthifolia* (Champion ex Bentham) T. G. Hartley
常绿乔木；罕见。
生于岗地或平原地区阔叶林、村边风水林中。
分布于进贤县（三里乡）。江西省新记录。

※ **华南吴萸** *Tetradium austrosinense* (Hand–Mazz.) T. G. Hartley
常绿乔木；罕见。
生于低山或丘陵地区山地疏林、沟谷中。
分布于新建区（太平镇）。

※ **棟叶吴萸** *Tetradium glabrifolium* (Champ. ex Benth.) T. G. Hartley
常绿乔木；频见。
生于低山、丘陵、岗地或平原等地区次生林、风水林中。
分布于安义县（东阳镇、龙津镇）；新建区（金桥乡、梅岭镇、樵舍镇、石埠镇、西山镇、溪霞镇、洗药湖管理处、白水管理处）；南昌县（八一乡、广福镇、黄马乡、泾口乡、麻丘镇、塔城乡、塘南镇、五星垦殖场、向塘镇、幽兰镇）；进贤县（白圩乡、池溪乡、二塘乡、架桥镇、李渡镇、罗溪镇、民和镇、南台乡、七里乡、前坊镇、泉岭乡、三里乡、文港镇、下埠集乡、衙前乡、张公镇、长山晏乡、钟陵乡）。

※ **吴茱萸** *Tetradium ruticarpum* (A. Juss.) T. G. Hartley
常绿乔木；频见。
生于低山、丘陵地区山地次生林中。
分布于新建区（樵舍镇、梅岭镇、太平镇、罗亭镇、溪霞镇）。

飞龙掌血属 *Toddalia* A. Juss.

※ **飞龙掌血** *Toddalia asiatica* (L.) Lam.
常绿木质藤本；罕见。
生于低山或丘陵地区山地次生林中。
分布于新建区（梅岭镇）。

花椒属 *Zanthoxylum* L.

※ **椿叶花椒** *Zanthoxylum ailanthoides* Siebold & Zucc.
落叶乔木；罕见。
生于丘陵或岗地地区次生阔叶林、灌木丛中。
分布于进贤县（长山晏乡）。

※ **竹叶花椒** *Zanthoxylum armatum* DC.
落叶灌木；偶见。
生于低山、丘陵、岗地或平原等地区林缘、灌丛、村边风水林中。
分布于安义县（石鼻镇、万埠镇）；新建区（梅岭镇、西山镇、溪霞镇、招贤镇）；南昌县（富山乡）；进贤县（南台乡）。

※ **簕欓花椒** *Zanthoxylum avicennae* (Lam.) DC.
落叶乔木；罕见。
生于低山或丘陵地区山地阔叶林下。
分布于新建区（梅岭镇）。

※ * **花椒** *Zanthoxylum bungeanum* Maxim.
落叶乔木；偶见。
生于低山、丘陵、岗地或平原等地区房前屋后。
分布于进贤县、新建区。

※ **小花花椒** *Zanthoxylum micranthum* Hemsl.
落叶乔木；罕见。
生于低山或丘陵地区林下、林缘、灌丛中。
分布于新建区（招贤镇）；红谷滩区（厚田乡）。

※ **朵花椒** *Zanthoxylum molle* Rehder
落叶乔木；罕见。
生于低山或丘陵地区山地阔叶林中。
分布于安义县（新民乡）。

※ **大叶臭花椒** *Zanthoxylum myriacanthum* Wall. ex Hook. f.
落叶乔木；罕见。
生于低山或丘陵地区山地林中。
分布于安义县（新民乡）。

※ **花椒簕** *Zanthoxylum scandens* Blume
常绿木质藤本；罕见。
生于低山或丘陵地区山地阔叶林下。
分布于新建区（梅岭镇、蛟桥镇）。

※ **青花椒 *Zanthoxylum schinifolium*** Siebold & Zucc.

落叶乔木；偶见。

生于低山或丘陵地区灌丛、阔叶林中。

分布于安义县（龙津镇、新民乡）；新建区（金桥乡、罗亭镇、梅岭镇、溪霞镇、招贤镇）。

※ **野花椒 *Zanthoxylum simulans*** Hance

落叶灌木；偶见。

生于丘陵、岗地或平原等地区林缘、溪边灌丛、村边风水林林缘。

分布于安义县（乔乐乡、万埠镇）；红谷滩区（生米镇）；南昌县（武阳镇）；新建区（罗亭镇、樵舍镇、西山镇、象山镇）；进贤县（南台乡、三里乡、二塘乡）。

※ **梗花椒 *Zanthoxylum stipitatum*** Huang

落叶乔木；罕见。

生于低山或丘陵地区林缘、灌丛中。

分布于安义县（龙津镇、新民乡）；新建区（梅岭镇、溪霞镇、招贤镇）。

242 苦木科 Simaroubaceae

臭椿属 *Ailanthus* Desf.

※ **臭椿 *Ailanthus altissima*** (Mill.) Swingle

常绿乔木；偶见。

生于低山、丘陵或平原等地区向阳山坡、房前屋后、村边风水林中。

分布于安义县（石鼻镇、新民乡）；进贤县（白圩乡、前坊镇、钟陵乡）。

243 楝科 Meliaceae

楝属 *Melia* L.

※ **楝 *Melia azedarach*** L.

落叶乔木；极常见。

生于丘陵、岗地或平原等地区路旁、洲滩、河湖岸边、房前屋后。

全市广布。

香椿属 *Toona* (Endl.) M. Roem.

※ **香椿 *Toona sinensis*** (Juss.) Roem.

落叶乔木；偶见。

生于丘陵、岗地或平原等地区山坡林中、溪边、房前屋后、村边风水林中。

分布于安义县（万埠镇）；新建区（梅岭镇、南矶乡、樵舍镇、石岗镇、太平镇、溪霞镇）；东湖区（扬子洲镇）；南昌县（富山乡、蒋巷镇）；进贤县（南台乡）。

247 锦葵科 Malvaceae

秋葵属 *Abelmoschus* Medik.

※ * **黄蜀葵 *Abelmoschus manihot*** (L.) Medik.

一年生或多年生草本；罕见。

生于丘陵、岗地或平原等地区园地。

市内有栽培。

苘麻属 *Abutilon* Mill.

　　※ # **红萼苘麻 *Abutilon megapotamicum*** St. Hil. et Naudi
　　　常绿灌木。
　　　生于低山或丘陵地区路边、溪沟沿岸。
　　　分布于新建区（招贤镇）。

　　※ # **苘麻 *Abutilon theophrasti*** Medikus
　　　一年生草本；偶见。
　　　生于低山或丘陵地区路旁、荒地、田野间。
　　　分布于新建区（昌邑乡、联圩镇、樵舍镇、恒湖垦殖场）；南昌县（黄马乡）；进贤县（前坊镇、钟陵乡）。

蜀葵属 *Alcea* L.

　　※ * **蜀葵 *Alcea rosea*** L.
　　　二年生草本；偶见。
　　　生于园林绿地、村宅旁。
　　　市内有栽培。

田麻属 *Corchoropsis* Siebold & Zucc.

　　※ **田麻 *Corchoropsis crenata*** Siebold & Zucc.
　　　一年生草本；偶见。
　　　生于低山或丘陵地区干旱山坡、溪沟边多石处。
　　　分布于安义县（新民乡）。

黄麻属 *Corchorus* L.

　　※ **甜麻 *Corchorus aestuans*** L.
　　　一年生草本；罕见。
　　　生于低山、丘陵或平原等地区路旁、草地、旷地、山坡、林边、田埂。
　　　全市广布。

梧桐属 *Firmiana* Marsili

　　※ **梧桐 *Firmiana simplex*** (L.) W. Wight
　　　落叶乔木；频见。
　　　生于低山、丘陵、岗地或平原等地区山地林中、房前屋后、村边风水林中。
　　　分布于新建区（罗亭镇、石岗镇、松湖镇、溪霞镇、洗药湖管理处、招贤镇）；红谷滩区（生米镇）；东湖区（扬子洲镇）；进贤县（李渡镇、南台乡、下埠集乡、长山晏乡）。

扁担杆属 *Grewia* L.

　　※ **扁担杆 *Grewia biloba*** G. Don
　　　落叶灌木；常见。
　　　生于低山、丘陵、岗地或平原等地区路旁、河湖堤坝、岸边灌丛、疏林中。
　　　全市广布。

　　※ **小花扁担杆 *Grewia biloba* var. *parviflora*** (Bunge) Hand.-Mazz.
　　　落叶灌木；偶见。

生于低山或丘陵地区山坡灌丛、林下。

分布于安义县（鼎湖镇、东阳镇、黄洲镇、龙津镇、万埠镇、新民乡、长埠镇）；新建区（西山镇、洗药湖管理处）。

木槿属 *Hibiscus* L.

※ * **红秋葵** *Hibiscus coccineus* Walter

多年生草本；罕见。

生于城乡绿地。

市内有栽培。

※ * **海滨木槿** *Hibiscus hamabo* Sieb. & Zucc.

落叶乔木；罕见。

生于城市公园。

京东镇、南昌国家高新技术产业开发区、艾溪湖湿地公园有栽培。

※ **木芙蓉** *Hibiscus mutabilis* L.

落叶灌木；频见。

生于丘陵、岗地或平原等地区林缘、小溪、河流沿岸灌丛中。

分布于青云谱区（青云谱镇）；青山湖区（艾溪湖管理处、京东镇）；南昌县（澄碧湖公园、麻丘镇、向塘镇）；进贤县（白圩乡、前坊镇）。

※ * **木槿** *Hibiscus syriacus* L.

落叶灌木；频见。

生于城乡绿地。

市内广泛栽培。

※ # **野西瓜苗** *Hibiscus trionum* L.

一年生草本；罕见。

生于岗地或平原地区荒地、路边。

分布于南昌县（幽兰镇）。

锦葵属 *Malva* L.

※ # **锦葵** *Malva cathayensis* M. G. Gilbert, Y. Tang & Dorr

二年生或多年生草本；频见。

生于岗地或平原地区田野。

分布于南昌县（向塘镇）。

※ **野葵** *Malva verticillata* L.

二年生草本；罕见。

生于岗地或平原地区田野、房前屋后。

分布于南昌县（八一乡）。

马松子属 *Melochia* L.

※ **马松子** *Melochia corchorifolia* L.

一年生草本；常见。

生于低山、丘陵、岗地或平原等地区林缘、田野、河湖堤坝、房前屋后。

分布于安义县（黄洲镇、新民乡、石鼻镇）；新建区（恒湖垦殖场、金桥乡、南矶乡、樵舍镇、西山镇）；红谷滩区（厚田乡）；南昌县（冈上镇、广福镇、黄马乡、蒋巷镇、泾口乡、南新乡、塘南镇、武阳镇）；进贤县（白圩乡、二塘乡、民和镇、南台乡、七里乡、前坊镇、三里乡、石牛窝、长山晏乡、钟陵乡）。

黄花稔属 *Sida* L.

※ **湖南黄花稔** *Sida cordifolioides* K. M. Feng
一年生草本；罕见。
生于低山或丘陵地区路边、田野、房前屋后。
分布于安义县（新民乡）。

※ **白背黄花稔** *Sida rhombifolia* L.
一年生草本；极常见。
生于丘陵、岗地或平原等地区山坡灌丛、河湖堤坝、田野、房前屋后。
分布于安义县（鼎湖镇、东阳镇、黄洲镇、龙津镇、乔乐乡、石鼻镇、万埠镇、新民乡、长埠镇、长均乡）；新建区（联圩镇、南矶乡、西山镇）；南昌县（八一乡、昌东镇、广福镇、黄马乡、蒋巷镇、泾口乡、南新乡、塔城乡、塘南镇、五星垦殖场、向塘镇、幽兰镇）；进贤县（白圩乡、池溪乡、二塘乡、架桥镇、李渡镇、罗溪镇、梅庄镇、民和镇、南台乡、七里乡、前坊镇、泉岭乡、三里乡、石牛窝、温圳镇、文港镇、下埠集乡、张公镇、长山晏乡、钟陵乡）。

※ # **刺黄花稔** *Sida spinosa* L.
多年生亚灌木；罕见。
生于平原地区路边、房前屋后。
分布于南昌县（八一乡）。

※ **拔毒散** *Sida szechuensis* Matsuda
多年生亚灌木；极常见。
生于低山、丘陵、岗地或平原等地区林缘、路旁、小溪边、河湖堤坝、房前屋后。
分布于安义县（东阳镇、黄洲镇、龙津镇、乔乐乡、石鼻镇、万埠镇、新民乡、长埠镇）；新建区（昌邑乡、范家山、金桥乡、乐化镇、联圩镇、南矶乡、樵舍镇、石埠镇、石岗镇、铁河乡、西山镇、溪霞镇、洗药湖管理处、象山镇、恒湖垦殖场、招贤镇、白水管理处）；红谷滩区（北龙幡街、厚田乡、生米镇、流湖镇）；东湖区（扬子洲镇）；青山湖区（艾溪湖管理处、罗家镇）；南昌县（八一乡、东新乡、富山乡、冈上镇、黄马乡、蒋巷镇、泾口乡、南新乡、武阳镇）；进贤县（白圩乡、民和镇、南台乡、前坊镇、三里乡、三阳集乡、温圳镇、文港镇、下埠集乡、衙前乡、长山晏乡）。

黄槿属 *Talipariti* Fryxell

※ * **黄槿** *Talipariti tiliaceum* (L.) Fryxell
常绿灌木；偶见。
生于城乡绿地。
分布于新建区（昌邑乡、罗亭镇、梅岭镇、西山镇、溪霞镇、洗药湖管理处、招贤镇）；东湖区（扬子洲镇）。

椴属 *Tilia* L.

※ **椴树** *Tilia tuan* Szyszyl.
落叶乔木；罕见。
生于低山或丘陵地区阔叶林中。
分布于新建区（梅岭镇）。

※ **毛芽椴** *Tilia tuan* var. *chinensis* Rehd.et Wils.
落叶乔木；罕见。
生于低山或丘陵地区阔叶林中。
分布于新建区（梅岭镇）。

梵天花属 *Urena* L.

※ **地桃花** *Urena lobata* L.
多年生草本；常见。
生于低山、丘陵、岗地或平原等地区路边、旷地、荒坡、河湖堤坝、草地、房前屋后。
分布于安义县（黄洲镇、龙津镇、乔乐乡、万埠镇、新民乡、石鼻镇）；新建区（昌邑乡、乐化镇、罗亭镇、南矶乡、鄱阳湖国家级自然保护区、樵舍镇、石埠镇、石岗镇、太平镇、铁河乡、西山镇、溪霞镇、招贤镇）；红谷滩区（厚田乡、生米镇、流湖镇）；南昌县（冈上镇、南新乡、幽兰镇）；进贤县（白圩乡、民和镇、南台乡、前坊镇、温圳镇、钟陵乡）。

※ **中华地桃花** *Urena lobata* var. *chinensis* (Osbeck) S. Y. Hu
多年生草本；偶见。
生于低山、丘陵、岗地或平原等地区山坡、荒地、溪沟边。
分布于安义县（龙津镇、招贤镇）；新建区（昌邑乡、南矶乡）；进贤县（民和镇）。

※ **梵天花** *Urena procumbens* L.
落叶灌木；罕见。
生于丘陵、岗地或平原等地区路边、河湖堤坝、房前屋后小灌丛中。
分布于安义县（新民乡、东阳镇）；新建区（招贤镇、石埠镇）。

249 瑞香科 Thymelaeaceae

瑞香属 *Daphne* L.

※ **芫花** *Daphne genkwa* Siebold & Zucc.
落叶灌木；偶见。
生于丘陵、岗地或平原等地区灌草丛中。
分布于新建区（石岗镇、西山镇）；南昌县（武阳镇、向塘镇）；进贤县（池溪乡、民和镇、三里乡）。

※ **毛瑞香** *Daphne kiusiana* var. *atrocaulis* (Rehder) F. Maek.
常绿灌木；罕见。
生于丘陵地区林缘、疏林中。
分布于新建区（招贤镇、梅岭镇、溪霞镇）。

荛花属 *Wikstroemia* Endl.

※ **荛花** *Wikstroemia canescens* (Wall.) Meisn.
常绿灌木；罕见。
生于岗地地区灌丛中。
分布于南昌县（向塘镇）。

※ **了哥王** *Wikstroemia indica* (L.) C. A. Mey.
常绿灌木；罕见。
生于丘陵或岗地地区干旱山坡、灌丛中。
分布于新建区（罗亭镇）；红谷滩区（流湖镇）；青山湖区（艾溪湖管理处）；进贤县（泉岭乡）。

※ **小黄构** *Wikstroemia micrantha* Hemsl.
常绿灌木；偶见。
生于平原地区干旱山坡、灌丛中。
分布于红谷滩区（厚田乡、生米镇、流湖镇）。

※ **北江荛花** *Wikstroemia monnula* Hance
常绿灌木；罕见。
生于低山或丘陵山地林缘或溪边灌草丛。

分布于新建区（梅岭镇）。文献记载，未见标本或照片。

※ **多毛荛花** *Wikstroemia pilosa* Cheng
落叶灌木；罕见。
生于低山或丘陵地区山地灌丛中。
分布于新建区（西山镇、招贤镇）。

269 白花菜科 Cleomaceae

黄花草属 *Arivela* Raf.

※ # **黄花草** *Arivela viscosa* (L.) Raf.
一年生草本；频见。
生于低山、丘陵、岗地或平原等地区路边、河湖堤坝、河漫滩、撂荒地、房前屋后。
分布于新建区（昌邑乡、恒湖垦殖场、梅岭镇、南矶乡）；南昌县（八一乡、冈上镇、黄马乡、三江镇、塔城乡、向塘镇）；进贤县（架桥镇、罗溪镇、南台乡、三里乡、长山晏乡、钟陵乡）。

醉蝶花属 *Tarenaya* Raf.

※ * **醉蝶花** *Tarenaya hassleriana* (Chodat) Iltis
一年生草本；常见。
生于城乡绿地。
市内广泛栽培或逸生。

270 十字花科 Brassicaceae

拟南芥属 *Arabidopsis* (DC.) Heynh.

※ **拟南芥** *Arabidopsis thaliana* (L.) Heynh.
一年生草本；罕见。
生于平原地区路边、荒地、房前屋后。
分布于新建区（蛟桥镇、望城镇、乐化镇）；南昌县（蒋巷镇）。

南芥属 *Arabis* L.

※ **硬毛南芥** *Arabis hirsuta* (L.) Scop.
二年生草本；罕见。
生于山坡阴湿灌丛中。
分布于进贤县（梅庄镇）。

芸薹属 *Brassica* L.

※ * **芥菜** *Brassica juncea* (L.) Czern.
一年生草本；常见。
生于低山、丘陵、岗地或平原等地区园地。
市内广泛栽培。

※ * **欧洲油菜** *Brassica napus* L.
一年生草本；常见。
生于低山、丘陵、岗地或平原等地区田野、园地。
市内广泛栽培。

※ * 芸薹 *Brassica rapa* var. *oleifera* DC.

二年生草本；常见。

生于低山、丘陵、岗地或平原等地区田野、园地。

市内广泛栽培。

荠属 *Capsella* Medik.

※ # 荠 *Capsella bursa-pastoris* (L.) Medik.

一年生或二年生草本；偶见。

生于低山、丘陵、岗地或平原等地区路边、河湖堤坝、田野、耕地、房前屋后。

全市广布。

碎米荠属 *Cardamine* L.

※ 露珠碎米荠 *Cardamine circaeoides* Hook. f. et Thoms.

多年生草本；罕见。

生于低山或丘陵地区山谷林下、溪边。

分布于新建区（招贤镇）。

※ 弯曲碎米荠 *Cardamine flexuosa* With.

一年或二年生草本；频见。

生于低山、丘陵、岗地或平原等地区坑塘洼地、路边、溪边、耕地、河湖岸边。

全市广布。

※ 粗毛碎米荠 *Cardamine hirsuta* L.

一年生小草本；偶见。

生于低山、丘陵、岗地或平原等地区路边、耕地、河湖堤坝、房前屋后。

全市广布。

※ 水田碎米荠 *Cardamine lyrata* Bunge

多年生草本；常见。

生于低山、丘陵、岗地或平原等地区水田边、溪边、浅水处。

全市广布。

※ 碎米荠 *Cardamine occulta* Hornem.

一年生草本；常见。

生于低山、丘陵、岗地或平原等地区山坡、路旁、坑塘洼地、河湖堤坝、荒地或耕地草丛中。

全市广布。

播娘蒿属 *Descurainia* Webb & Berthel.

※ 播娘蒿 *Descurainia sophia* (L.) Webb ex Prantl

一年生草本；偶见。

生于丘陵、岗地或平原等地区沟谷、田野、房前屋后、河湖堤坝。

分布于新建区（昌邑乡、联圩镇）；南昌县（蒋巷镇）。

独行菜属 *Lepidium* L.

※ 独行菜 *Lepidium apetalum* Willd.

一年生或二年生草本；频见。

生于低山、丘陵、岗地或平原等地区河湖堤坝、房前屋后、路边荒地草丛。

分布于红谷滩区（厚田乡）；南昌县（八一乡、广福镇、塔城乡、向塘镇）；进贤县（白圩乡、池溪乡、二塘乡、罗溪镇、民和镇、南台乡、前坊镇、泉岭乡、文港镇、钟陵乡）。

※ # **臭荠** *Lepidium didymum* L.
　　　　一年生或二年生草本；频见。
　　　　生于平原地区路旁、荒地。
　　　　分布于新建区（蒋巷镇、招贤镇、溪霞镇）；东湖区（扬子洲镇）。
　　※ # **北美独行菜** *Lepidium virginicum* L.
　　　　一年生或二年生草本植物；常见。
　　　　生于低山、丘陵、岗地或平原等地区田边、房前屋后、坑塘洼地、河湖堤坝。
　　　　全市广布。

萝卜属 *Raphanus* L.

　　※ # **野萝卜** *Raphanus raphanistrum* L.
　　　　一年生草本；常见。
　　　　生于低山、丘陵、岗地或平原等地区路边、荒地、河湖堤坝。
　　　　全市广布。
　　※ * **萝卜** *Raphanus sativus* L.
　　　　二年生或一年生草本；常见。
　　　　生于园地。
　　　　市内广泛栽培。

蔊菜属 *Rorippa* Scop.

　　※ **广州蔊菜** *Rorippa cantoniensis* (Lour.) Ohwi
　　　　一年或二年生草本；频见。
　　　　生于平原地区田边、路旁、河湖岸边潮湿地带。
　　　　分布于新建区（恒湖垦殖场、南矶乡）；进贤县（罗溪镇）。
　　※ **无瓣蔊菜** *Rorippa dubia* (Pers.) Hara
　　　　一年生草本；罕见。
　　　　生于平原地区山坡路旁、河湖岸边、园地、田野潮湿处。
　　　　分布于新建区（蛟桥镇、白水湖管理处、冠山管理处）。
　　※ **风花菜** *Rorippa globosa* (Turcz. ex Fisch. & C. A. Mey.) Hayek
　　　　一年生或二年生草本；常见。
　　　　生于低山、丘陵、岗地或平原等地区河湖岸边、路旁、溪沟、园地、房前屋后。
　　　　分布于安义县（万埠镇、新民乡）；新建区（昌邑乡、恒湖垦殖场、蒋巷镇、金桥乡、联圩镇、罗亭镇、梅岭镇、南矶乡、石埠镇、石岗镇、铁河乡、西山镇、溪霞镇、象山镇、招贤镇、白水管理处）；红谷滩区（流湖镇、红角洲管理处）；东湖区（扬子洲镇）；青山湖区（京东镇）；南昌县（昌东镇、东新乡、蒋巷镇、泾口乡、南新乡、塘南镇、幽兰镇）；进贤县（三里乡、文港镇、下埠集乡、长山晏乡）。
　　※ **蔊菜** *Rorippa indica* (L.) Hiern
　　　　一年生或二年生直立草本；常见。
　　　　生于低山、丘陵、岗地或平原等地区河湖岸边、路旁、溪沟、园地、房前屋后。
　　　　全市广布。

276 檀香科 Santalaceae

百蕊草属 *Thesium* L.

　　※ **百蕊草** *Thesium chinense* Turcz.
　　　　多年生草本；罕见。

生于低山或丘陵地区小溪边。

分布于新建区（梅岭镇）。文献记载，未见标本或照片。

278 青皮木科 Schoepfiaceae

青皮木属 *Schoepfia* Schreb.

※ **华南青皮木** *Schoepfia chinensis* Gardn. et Champ.

落叶小乔木；罕见。

生于低山或丘陵地区阔叶林中。

分布于新建区（梅岭镇）。

※ **青皮木** *Schoepfia jasminodora* Siebold & Zucc.

落叶灌木；罕见。

生于低山或丘陵地区林中。

分布于安义县（新民乡）。

279 桑寄生科 Loranthaceae

钝果寄生属 *Taxillus* Tiegh.

※ **锈毛钝果寄生** *Taxillus levinei* (Merr.) H. S. Kiu

寄生性灌木；罕见。

生于岗地或平原地区村边风水林中。

分布于南昌县（泾口乡）。

※ **毛叶钝果寄生** *Taxillus nigrans* (Hance) Danser

寄生性灌木；罕见。

生于低山地区阔叶林中。

分布于新建区（招贤镇）。

※ **川桑寄生** *Taxillus sutchuenensis* (Lecomte) Danser

寄生性灌木；偶见。

生于低山或岗地地区阔叶林、村边风水林中。

分布于安义县（新民乡）；进贤县（罗溪镇）。

283 蓼科 Polygonaceae

荞麦属 *Fagopyrum* Mill.

※ **金荞麦** *Fagopyrum dibotrys* (D. Don) Hara

多年生草本；频见。

生于低山、丘陵、岗地等地区溪沟、房前屋后湿润地带。

分布于安义县（新民乡、长埠镇）；新建区（昌邑乡、罗亭镇、洗药湖管理处、梅岭镇、太平镇、招贤镇）；青山湖区（罗家镇）；南昌县（向塘镇、广福镇、黄马乡）；进贤县（白圩乡、民和镇、南台乡）。

蓼属 *Persicaria* (L.) Mill.

※ **毛蓼** *Persicaria barbata* (L.) H. Hara

多年生草本；罕见。

生于平原地区沟边湿地。

分布于南昌县（昌东镇）。

※ **头花蓼** *Persicaria capitata* (Buch.–Ham. ex D. Don) H. Gross

多年生草本；罕见。

生于低山或丘陵地区山坡、山谷湿地。

分布于新建区（西山镇）；红谷滩区（生米镇）。

※ **火炭母** *Persicaria chinensis* (L.) H. Gross

多年生草本；偶见。

生于低山、丘陵或岗地等地区山坡、路边、坑塘洼地。

分布于安义县（新民乡）；进贤县（南台乡）。

※ **蓼子草** *Persicaria criopolitana* (Hance) Migo

一年生草本；偶见。

生于平原地区河滩、湖泊沙地、沟边湿地。

分布于新建区（昌邑乡、恒湖垦殖场、南矶乡）；红谷滩区（生米镇）；进贤县（白圩乡、民和镇）。

※ **二歧蓼** *Persicaria dichotoma* (Blume) Masam.

一年生草本；罕见。

生于平原地区河湖湿地生境。

分布于南昌县（泾口乡）。

※ **稀花蓼** *Persicaria dissitiflora* (Hemsl.) H. Gross ex T. Mori

一年生草本；罕见。

生于平原地区风水林林缘。

分布于新建区（昌邑乡）。

※ **金线草** *Persicaria filiformis* (Thunb.) Nakai

多年生草本；罕见。

生于低山或丘陵地区山坡林缘、山谷路旁。

分布于安义县（新民乡）。

※ **长箭叶蓼** *Persicaria hastatosagittata* (Makino) Nakai ex T. Mori

一年生草本；常见。

生于平原地区田边、溪边、坑塘洼地。

分布于安义县（东阳镇、新民乡）；南昌县（广福镇）；进贤县（长山晏乡）。

※ **水蓼** *Persicaria hydropiper* (L.) Spach

一年生草本；常见。

生于低山、丘陵、岗地或平原等地区农田、房前屋后、坑塘洼地、河湖滩涂。

分布于安义县（东阳镇、乔乐乡、石鼻镇、长均乡）；新建区（昌邑乡、恒湖垦殖场、梅岭镇、南矶乡、石埠镇、溪霞镇、象山镇、招贤镇）；红谷滩区（生米镇）；南昌县（昌东镇、冈上镇、广福镇、蒋巷镇、泾口乡、南新乡、塘南镇、五星垦殖场）；进贤县（白圩乡、池溪乡、罗溪镇、民和镇、南台乡、七里乡、前坊镇、三里乡、石牛窝、温圳镇、下埠集乡、长山晏乡、钟陵乡）。

※ **蚕茧草** *Persicaria japonica* (Meisn.) H. Gross ex Nakai

多年生草本；频见。

生于低山、丘陵、岗地或平原等地区林下、沟边、坑塘洼地、园地。

分布于安义县（东阳镇、黄洲镇、乔乐乡、新民乡、长均乡）；新建区（昌邑乡、恒湖垦殖场、南矶乡）；青山湖区（艾溪湖管理处）。

※ **愉悦蓼** *Persicaria jucunda* (Meisn.) Migo

一年生草本；偶见。

生于平原地区路边、田边、沟边湿地。

分布于新建区（乐化镇、樵舍镇、石埠镇）；红谷滩区（厚田乡、流湖镇）；南昌县（八一乡、昌东镇、东新乡、富山乡、冈上镇、蒋巷镇、泾口乡、武阳镇）；进贤县（罗溪镇）。

※ **酸模叶蓼** *Persicaria lapathifolia* (L.) Delarbre

一年生草本；极常见。

生于低山、丘陵、岗地或平原等地区坑塘洼地、河湖消落带、沼泽湿地。

全市广布。

※ **密毛酸模叶蓼** *Persicaria lapathifolia* var. *lanata* (Roxb.) H. Hara

一年生草本；罕见。

生于平原地区田边湿地、湖泊湿地、沟边、水塘边。

分布于新建区（恒湖垦殖场）。

※ **绵毛酸模叶蓼** *Persicaria lapathifolia* var. *salicifolia* (Sibth.) Miyabe

一年生草本；频见。

生于平原地区农田、路旁、河湖岸边、滩涂、湖泊消落带等湿润地带。

分布于安义县（鼎湖镇、东阳镇、长埠镇）；新建区（昌邑乡、恒湖垦殖场、乐化镇、联圩镇、南矶乡、樵舍镇、石埠镇、西山镇）；红谷滩区（生米镇）；青山湖区（罗家镇）；南昌县（八一乡、昌东镇、富山乡、冈上镇、蒋巷镇、泾口乡、南新乡、塘南镇、五星垦殖场、武阳镇）；；进贤县（池溪乡、梅庄镇、三里乡、文港镇）。

※ **长鬃蓼** *Persicaria longiseta* (Bruijn) Moldenke

一年生草本；常见。

生于丘陵、岗地或平原等地区路边、耕地、溪边或河湖岸边草地。

分布于安义县（鼎湖镇、东阳镇、黄洲镇、龙津镇、乔乐乡、石鼻镇、万埠镇、新民乡、长埠镇、长均乡）；新建区（昌邑乡、罗亭镇、梅岭镇、太平镇、西山镇、象山镇、招贤镇）；南昌县（八一乡、澄碧湖公园、蒋巷镇、泾口乡、南新乡、塔城乡、武阳镇、向塘镇）；进贤县（池溪乡、架桥镇、罗溪镇、民和镇、南台乡、前坊镇、泉岭乡、三里乡、文港镇、下埠集乡、钟陵乡）。

※ **圆基长鬃蓼** *Persicaria longiseta* var. *rotundata* (A. J. Li) Bo Li

一年生草本；偶见。

生于岗地或平原地区坑塘洼地、湖泊沼泽。

分布于新建区（昌邑乡、联圩镇、南矶乡）；南昌县（昌东镇、蒋巷镇、泾口乡）；进贤县（梅庄镇）。

※ **长戟叶蓼** *Persicaria maackiana* (Regel) Nakai ex Mori

一年生草本；罕见。

生于平原地区湖泊、河流、水塘等湿地。

分布于新建区（昌邑乡、南矶乡）。

※ **春蓼** *Persicaria maculosa* Gray

一年生草本；频见。

生于低山、丘陵、岗地或平原等地区沟边、坑塘洼地、河湖岸边、园地。

全市广布。

※ **小蓼花** *Persicaria muricata* (Meisn.) Nemoto

一年生草本；罕见。

生于平原地区湖泊或河流湿地。

分布于南昌县（南新乡、蒋巷镇）。

※ **短毛金线草** *Persicaria neofiliformis* (Nakai) Ohki

多年生草本；罕见。

生于低山或丘陵地区林下、林缘、湿地生境。

分布于新建区（招贤镇）。

※ **尼泊尔蓼** *Persicaria nepalensis* (Meisn.) H. Gross

一年生草本；极常见。

生于低山、丘陵、岗地或平原等地区山坡草地、路旁、田野、河湖堤坝、坑塘洼地、房前屋后。

全市广布。

※ **红蓼** *Persicaria orientalis* (L.) Spach

一年生草本；频见。

生于平原地区沟边、田边草地、村边路旁。

分布于新建区（昌邑乡、联圩镇、象山镇）；南昌县（昌东镇、冈上镇、蒋巷镇、泾口乡、麻丘镇、南新乡、塘南镇、五星垦殖场、幽兰镇）；进贤县（梅庄镇、三里乡、二塘乡、文港镇）。

※ **扛板归** *Persicaria perfoliata* (L.) H. Gross
　　一年生草本；极常见。
　　生于低山、丘陵、岗地或平原等地区路边、田边、河湖堤坝、湖畔湿地。
　　全市广布。

※ **丛枝蓼** *Persicaria posumbu* (Buch.–Ham. ex D. Don) H. Gross
　　一年生草本；常见。
　　生于低山、丘陵、岗地或平原等地区山坡林下、山谷水边、路边、田边、河湖堤坝、湖畔湿地。
　　全市广布。

※ **伏毛蓼** *Persicaria pubescens* (Blume) H. Hara
　　一年生草本；罕见。
　　生于平原地区沟边、田边或湖畔湿地。
　　分布于新建区（蒋巷镇、南矶乡）。

※ **圆基愉悦蓼** *Persicaria rotunda* (Z.Z.Zhou & Q.Y.Sun) Bo Li
　　一年生草本；罕见。
　　生于平原地区沟边湿地、水塘边。
　　分布于新建区（南矶乡）。

※ **箭头蓼** *Persicaria sagittata* (L.) H. Gross
　　一年生草本；偶见。
　　生于低山、丘陵、岗地或平原等地区山谷、沟旁，坑塘洼地、河湖岸边等湿地生境。
　　分布于安义县（乔乐乡、万埠镇、新民乡）；新建区（铁河乡、象山镇）。

※ **刺蓼** *Persicaria senticosa* (Meisn.) H. Gross ex Nakai
　　一年生草本；常见。
　　生于丘陵、岗地或平原等地区山谷、沟旁，坑塘洼地、河湖岸边等湿地生境。
　　分布于安义县（万埠镇、新民乡、长埠镇）；新建区（昌邑乡、联圩镇、罗亭镇、梅岭镇、樵舍镇、太平镇、溪霞镇、招贤镇）；红谷滩区（厚田乡、生米镇）；南昌县（昌东镇、东新乡、冈上镇、广福镇、黄马乡、蒋巷镇、泾口乡、南新乡、三江镇、塘南镇、五星垦殖场、向塘镇、幽兰镇）；进贤县（白圩乡、池溪乡、李渡镇、罗溪镇、梅庄镇、南台乡、前坊镇、三里乡、二塘乡、石牛窝、温圳镇、文港镇、下埠集乡、钟陵乡）。

※ **大箭叶蓼** *Persicaria senticosa* var. *sagittifolia* (H. Lév. et Vaniot) Yonekura et H. Ohashi
　　一年生草本；偶见。
　　生于丘陵、岗地或平原等地区山谷、沟旁，坑塘洼地、河湖岸边等湿地生境。
　　分布于安义县（万埠镇、新民乡、长埠镇）；新建区（昌邑乡、溪霞镇、招贤镇梅岭镇）；南昌县（冈上镇、广福镇、泾口乡、幽兰镇）；进贤县（李渡镇、罗溪镇、南台乡、三里乡、下埠集乡）。

※ **细叶蓼** *Persicaria taquetii* (H. Lév.) Koidz.
　　一年生草本；偶见。
　　生于岗地或平原地区山谷、沟旁，河湖岸边等湿地生境。
　　分布于安义县（长埠镇）；新建区（昌邑乡、溪霞镇、招贤镇、梅岭镇）；南昌县（冈上镇、广福镇、泾口乡、幽兰镇）。

※ **戟叶蓼** *Persicaria thunbergii* (Siebold & Zucc.) H. Gross
　　一年生草本；频见。
　　生于丘陵、岗地或平原等地区山坡林下，坑塘洼地、河湖岸边等湿地生境。
　　分布于安义县（万埠镇、长埠镇）；新建区（昌邑乡、金桥乡、罗亭镇、梅岭镇、太平镇、铁河乡、洗药湖管理处、招贤镇）；南昌县（富山乡）。

※ **香蓼** *Persicaria viscosa* (Buch.–Ham. ex D. Don) H. Gross ex Nakai
　　一年生草本；偶见。
　　生于低山、丘陵、岗地或平原等地区路旁湿地、河湖岸边草丛。
　　分布于安义县（东阳镇、龙津镇）；新建区（南矶乡、西山镇、象山镇）；青山湖区（罗家镇）；

南昌县（冈上镇）。

何首乌属 *Pleuropterus* Turcz.

※ **何首乌** *Pleuropterus multiflorus* (Thunb.) Nakai
多年生草本；偶见。
生于低山、丘陵、岗地或平原等地区灌丛、路旁草丛。
分布于安义县（新民乡）；新建区（招贤镇）；南昌县（八一乡）；进贤县（钟陵乡）。

萹蓄属 *Polygonum* L.

※ **萹蓄** *Polygonum aviculare* L.
一年生草本；常见。
生于低山、丘陵、岗地或平原等地区路边、田野、河湖堤坝、沟边湿地。
分布于新建区（昌邑乡、联圩镇、南矶乡、樵舍镇、铁河乡、西山镇、象山镇、恒湖垦殖场）；红谷滩区（厚田乡、生米镇、流湖镇）；青山湖区（罗家镇）；南昌县（八一乡、东新乡、富山乡）；进贤县（三里乡）。

※ **习见萹蓄** *Polygonum plebeium* R. Br.
一年生草本；偶见。
生于低山、丘陵、岗地或平原等地区路边、田野，河湖堤坝等湿地生境。
分布于安义县（东阳镇）；新建区（昌邑乡、南矶乡、石埠镇、溪霞镇、招贤镇）；东湖区（扬子洲镇）；南昌县（东新乡、蒋巷镇、泾口乡）；进贤县（白圩乡、梅庄镇、三里乡）。

※ **疏蓼** *Polygonum praetermissum* Hook. f.
一年生草本；偶见。
生于平原地区路边、河湖岸边。
分布于新建区（南矶乡、石埠镇、溪霞镇、恒湖垦殖场）；南昌县（蒋巷镇）。

虎杖属 *Reynoutria* Houtt.

※ **虎杖** *Reynoutria japonica* Houtt.
多年生草本；常见。
生于低山、丘陵、岗地或平原等地区山坡灌丛、山谷、路旁、河湖堤坝。
分布于安义县（东阳镇、乔乐乡、新民乡、长埠镇）；新建区（金桥乡、罗亭镇、梅岭镇、石埠镇、石岗镇、太平镇、铁河乡、西山镇、溪霞镇、洗药湖管理处、招贤镇）；红谷滩区（生米镇）；南昌县（黄马乡、向塘镇）；进贤县（白圩乡、李渡镇、南台乡、七里乡、前坊镇、石牛窝、张公镇、钟陵乡）。

酸模属 *Rumex* L.

※ **酸模** *Rumex acetosa* L.
多年生草本；极常见。
生于低山、丘陵、岗地或平原等地区林缘、溪边、河湖岸边、堤坝、房前屋后、路边草地。
全市广布。

※ **皱叶酸模** *Rumex crispus* L.
多年生草本；常见。
生于平原地区河湖岸边、滩涂、沟边湿地。
分布于安义县（东阳镇、石鼻镇、新民乡）；新建区（昌邑乡、恒湖垦殖场、蒋巷镇、梅岭镇、南矶乡、石岗镇、太平镇、西山镇、溪霞镇）；南昌县（东新乡、蒋巷镇、泾口乡、塘南镇、五星垦殖场）；进贤县（梅庄镇、三里乡、文港镇）。

※ **齿果酸模** *Rumex dentatus* L.

　　一年生草本；频见。

　　生于低山、丘陵、岗地或平原等地区林缘、溪边、河湖岸边、堤坝、房前屋后、园地、路边草地。

　　分布于安义县（万埠镇）；新建区（恒湖垦殖场、联圩镇、樵舍镇、石埠镇、西山镇）；红谷滩区（生米镇、流湖镇）；青云谱区（青云谱镇）；青山湖区（罗家镇）；南昌县（八一乡、昌东镇、东新乡、富山乡、冈上镇、蒋巷镇、泾口乡、武阳镇）；进贤县（梅庄镇、三里乡、文港镇）。

※ **羊蹄** *Rumex japonicus* Houtt.

　　多年生草本；常见。

　　生于低山、丘陵、岗地或平原等地区田边、路旁、河湖岸边、滩涂、园地。

　　全市广布。

※ **刺酸模** *Rumex maritimus* L.

　　一年生草本；罕见。

　　生于平原地区河边湿地、田边路旁。

　　分布于红谷滩区（沙井街道）。

※ **长刺酸模** *Rumex trisetifer* Stokes

　　一年生草本；频见。

　　生于低山、丘陵、岗地或平原等地区田边、河湖岸边、滩涂、园地。

　　分布于安义县（新民乡）；新建区（昌邑乡、恒湖垦殖场、联圩镇、南矶乡、樵舍镇、铁河乡）；红谷滩区（厚田乡）；南昌县（八一乡、富山乡）；进贤县（民和镇）。

284 茅膏菜科 Droseraceae

茅膏菜属 *Drosera* L.

※ **茅膏菜** *Drosera peltata* Thunb.

　　多年生草本；偶见。

　　生于丘陵或岗地地区山坡草丛、田边草地。

　　分布于新建区（招贤镇、望城镇）；南昌县（黄马乡）；进贤县（温圳镇）。

295 石竹科 Caryophyllaceae

麦仙翁属 *Agrostemma* L.

※ * **麦仙翁** *Agrostemma githago* L.

　　一年生草本；罕见。

　　生于平原地区路边草地。

　　分布于新建区（红星乡）；南昌县（蒋巷镇）。

无心菜属 *Arenaria* L.

※ **无心菜** *Arenaria serpyllifolia* L.

　　一年生草本；常见。

　　生于低山、丘陵、岗地或平原等地区田野、园地、苗圃地、河湖堤坝、房前屋后。

　　全市广布。

卷耳属 *Cerastium* L.

※ **簇生泉卷耳** *Cerastium fontanum* subsp. *vulgare* (Hartm.) Greuter & Burdet

　　多年生或一、二年生草本；偶见。

生于丘陵或岗地地区林缘杂草间、疏松沙质土壤。

分布于新建区（望城镇）。

※ **球序卷耳** *Cerastium glomeratum* Thuill.

一年生草本；常见。

生于低山、丘陵、岗地或平原等地区路边、田野、河湖堤坝、岸边、旷地。

全市广布。

石竹属 *Dianthus* L.

※ * **石竹** *Dianthus chinensis* L.

多年生草本；常见。

生于城市绿地。

市内有栽培。

※ **瞿麦** *Dianthus superbus* L.

多年生草本；偶见。

生于低山或丘陵地区山地林缘、沙地、沟谷溪边。

分布于新建区（西山镇）。

石头花属 *Gypsophila* L.

※ # **麦蓝菜** *Gypsophila vaccaria* Sm.

一年生或二年生草本；罕见。

生于平原地区草坡或路边荒地。

分布于南昌县（蒋巷镇）。

白鼓钉属 *Polycarpaea* Lam.

※ **白鼓钉** *Polycarpaea corymbosa* (L.) Lam.

一年生或多年生草本；偶见。

生于低山、丘陵、岗地或平原等地区路边、山坡草丛、河湖岸边。

分布于南昌县（莲塘镇）。

孩儿参属 *Pseudostellaria* Pax

※ **孩儿参** *Pseudostellaria heterophylla* (Miq.) Pax

多年生草本；罕见。

生于低山或丘陵地区山谷阔叶林下阴湿处。

分布于新建区（西山镇）。

漆姑草属 *Sagina* L.

※ **漆姑草** *Sagina japonica* (Sw.) Ohwi

一至二年生小草本；频见。

生于低山、丘陵、岗地或平原等地区路边、撂荒地、墙缝、河湖堤坝、园地、苗圃地。

全市广布。

※ **无毛漆姑草** *Sagina saginoides* (L.) H. Karsten

多年草本；罕见。

生于丘陵、岗地或平原等地区村边荒地。

分布于新建区（望城镇）。

蝇子草属 _Silene_ L.

　　※ **剪春罗 _Silene banksia_** (Meerb.) Mabb.
　　　　多年生草本；罕见。
　　　　生于低山、丘陵地区疏林下或灌丛草地。
　　　　分布于新建区（梅岭镇、太平镇）。

　　※ * **麦瓶草 _Silene conoidea_** L.
　　　　一年生草本；常见。
　　　　生于城乡绿地。
　　　　市内有栽培。

　　※ **坚硬女娄菜 _Silene firma_** Siebold & Zucc.
　　　　一至二年生草本；罕见。
　　　　生于低山或丘陵地区山地灌丛、林缘草地。
　　　　分布于新建区（梅岭镇）。

　　※ **鹤草 _Silene fortunei_** Vis.
　　　　多年生草本；偶见。
　　　　生于低山或丘陵地区山地路边、河岸、草坡、灌丛。
　　　　分布于新建区（西山镇）。

繁缕属 _Stellaria_ L.

　　※ **雀舌草 _Stellaria alsine_** Grimm
　　　　二年生草本；常见。
　　　　生于低山、丘陵、岗地或平原等地区路边、河湖堤坝、田间、溪岸、潮湿地。
　　　　全市广布。

　　※ # **鹅肠菜 _Stellaria aquatica_** (L.) Scop.
　　　　二年生或多年生草本；常见。
　　　　生于低山、丘陵、岗地或平原等地区路边、田间、河湖堤坝、村宅附近、林缘。
　　　　全市广布。

　　※ **中国繁缕 _Stellaria chinensis_** Regel
　　　　多年生草本；偶见。
　　　　生于低山或丘陵地区山地阔叶林下、潮湿石缝。
　　　　分布于新建区（梅岭镇、蛟桥镇）。

　　※ **繁缕 _Stellaria media_** (L.) Vill.
　　　　一至二年生草本；极常见。
　　　　生于低山、丘陵、岗地或平原等地区路边、田野、河湖堤坝、坑塘洼地、园地、苗圃地。
　　　　全市广布。

　　※ **鸡肠繁缕 _Stellaria neglecta_** Weihe ex Bluff & Fingerh.
　　　　一至二年生草本；常见
　　　　生于低山、丘陵、岗地或平原等地区路边、田野、河湖堤坝、坑塘洼地、园地、苗圃地。
　　　　全市广布。

297 苋科 Amaranthaceae

牛膝属 _Achyranthes_ L.

　　※ **土牛膝 _Achyranthes aspera_** L.
　　　　多年生草本；频见。
　　　　生于低山、丘陵或岗地等地区林下、路边、村庄附近空旷地。

分布于安义县（鼎湖镇、新民乡）；新建区（西山镇）。

　※ **牛膝** *Achyranthes bidentata* Blume
　　　多年生草本；常见。
　　　生于低山、丘陵、岗地或平原等地区林缘、路旁、荒地、河湖堤坝。
　　　全市广泛分布。
　※ **少毛牛膝** *Achyranthes bidentata* var. *japonica* Miq.
　　　多年生草本；偶见。
　　　生于丘陵、岗地阔叶林下。
　　　市内有分布，具体地点不详。
　※ **柳叶牛膝** *Achyranthes longifolia* (Makino) Makino
　　　一年生草本；偶见。
　　　生于低山、丘陵、岗地或平原等地区阔叶林下、路边、风水林中。
　　　分布于安义县（新民乡）。
　※ **红柳叶牛膝** *Achyranthes longifolia* f. *rubra* Ho
　　　一年生草本；偶见。
　　　生于低山、丘陵、岗地或平原等地区阔叶林下、路边、溪边阔叶林中。
　　　分布于安义县（新民乡）。

莲子草属 *Alternanthera* Forssk.

　※ # **喜旱莲子草** *Alternanthera philoxeroides* (Mart.) Griseb.
　　　多年生草本；极常见。
　　　生于低山、丘陵、岗地或平原等地区村边、路边、田野、坑塘洼地、河湖堤坝、园地、苗圃地。
　　　全市广布。
　※ **莲子草** *Alternanthera sessilis* (L.) R. Br. ex DC.
　　　多年生草本；常见。
　　　生于低山、丘陵、岗地或平原等地区水沟、田边、坑塘洼地、河湖堤坝。
　　　全市广泛分布。

苋属 *Amaranthus* L.

　※ # **凹头苋** *Amaranthus blitum* L.
　　　一年生草本；频见。
　　　生于低山、丘陵、岗地或平原等地区村庄、田野、房前屋后、园地、苗圃地。
　　　全市广布。
　※ # **绿穗苋** *Amaranthus hybridus* L.
　　　一年生草本；频见。
　　　生于低山、丘陵、岗地或平原等地区田野、旷地、山坡。
　　　分布于新建区（联圩镇、罗亭镇、溪霞镇、洗药湖管理处）；南昌县（昌东镇、蒋巷镇、泾口乡、南新乡、塘南镇、五星垦殖场、幽兰镇）；进贤县（池溪乡、梅庄镇、南台乡、三里乡、二塘乡、文港镇）。
　※ # **反枝苋** *Amaranthus retroflexus* L.
　　　一年生草本；常见。
　　　生于低山、丘陵、岗地或平原等地区村庄、田野、房前屋后、园地、苗圃地。
　　　全市广布。
　※ # **刺苋** *Amaranthus spinosus* L.
　　　一年生草本；常见。
　　　生于低山、丘陵、岗地或平原等地区村庄、田野、房前屋后、园地、苗圃地。
　　　全市广布。

※ # 苋 *Amaranthus tricolor* L.

一年生草本；常见。

生于低山、丘陵、岗地或平原等地区村庄、田野、房前屋后、园地、苗圃地、撂荒地。

全市广布。

※ # 皱果苋 *Amaranthus viridis* L.

一年生草本；偶见。

生于丘陵、岗地或平原等地区村前屋后、路边荒地、菜园、农田边。

分布于安义县（东阳镇）；新建区（昌邑乡、联圩镇）。

沙冰藜属 *Bassia* All.

※ 地肤 *Bassia scoparia* (L.) A. J. Scott

一年生草本；常见。

生于丘陵、岗地或平原等地区村前屋后、田边、路旁、荒地。

分布于新建区（联圩镇）；南昌县（向塘镇、蒋巷镇、泾口乡、南新乡、塘南镇、幽兰镇）；进贤县（梅庄镇、三里乡、下埠集乡）。

青葙属 *Celosia* L.

※ # 青葙 *Celosia argentea* L.

一年生草本；常见。

生于低山、丘陵、岗地或平原等地区路边、河湖堤坝、撂荒地。

分布于安义县（鼎湖镇、黄洲镇）；新建区（樵舍镇）；红谷滩区（生米镇）；南昌县（东新乡、富山乡、冈上镇、蒋巷镇、泾口乡、麻丘镇、三江镇、塘南镇）；进贤县（池溪乡、南台乡、三里乡、文港镇、长山晏乡）。

※ * 鸡冠花 *Celosia cristata* L.

一年生草本；常见。

生于低山、丘陵、岗地或平原地区村前屋后、城市绿地、园地。

全市广泛栽培。

藜属 *Chenopodium* L.

※ 藜 *Chenopodium album* L.

一年生草本；常见。

生于低山、丘陵、岗地或平原地区村前屋后、路旁、荒地、田间。

全市广布。

腺毛藜属 *Dysphania* R. Br.

※ # 土荆芥 *Dysphania ambrosioides* (L.) Mosyakin & Clemants

一年生或多年生草本；常见。

生于低山、丘陵、岗地或平原地区村旁、路边、河岸、荒地、草丛。

全市广泛分布。

血苋属 *Iresine* P. Browne

※ * 血苋 *Iresine herbstii* Hook. f. ex Lindl.

一年生草本；偶见。

生于园林绿地。

分布于南昌县（冈上镇、向塘镇）。

红叶藜属 *Oxybasis* Kar. & Kir.

※ # **灰绿藜** *Oxybasis glauca* (L.) S. Fuentes, Uotila & Borsch
一年生草本；偶见。
生丘陵、岗地或平原地区农田、菜园、村房、水边。
分布于新建区（石埠镇）；红谷滩区（生米镇）。

菠菜属 *Spinacia* L.

※ * **菠菜** *Spinacia oleracea* L.
一或二年生草本；常见。
生于低山、丘陵、岗地或平原地区菜地、圃地。
全市广泛栽培。

304 番杏科 Aizoaceae

假海马齿属 *Trianthema* L.

※ **假海马齿** *Trianthema portulacastrum* L.
一年生草本；罕见。
生于平原地区河湖洲滩荒地上。
分布于东湖区（扬子洲镇）。

305 商陆科 Phytolaccaceae

商陆属 *Phytolacca* L.

※ **商陆** *Phytolacca acinosa* Roxb.
多年生草本；偶见。
生于低山或丘陵地区山地林缘、沟谷林下。
分布于安义县（黄洲镇、龙津镇）；新建区（昌邑乡、洗药湖管理处）；南昌县（蒋巷镇、泾口乡）；进贤县（池溪乡、梅庄镇、南台乡、三里乡、文港镇）。

※ # **垂序商陆** *Phytolacca americana* L.
多年生草本；极常见。
生于低山、丘陵、岗地或平原等地区路边、撂荒地、房前屋后、河湖堤坝、园地、苗圃地。
全市广布。

308 紫茉莉科 Nyctaginaceae

紫茉莉属 *Mirabilis* L.

※ # **紫茉莉** *Mirabilis jalapa* L.
一年生草本；常见。
生于低山、丘陵、岗地或平原等地区路边、河湖堤坝、房前屋后。
分布于新建区（昌邑乡）；红谷滩区（厚田乡）；南昌县（富山乡、广福镇）；进贤县（民和镇、长山晏乡、钟陵乡）。

309 粟米草科 Molluginaceae

毯粟草属 *Mollugo* L.

※ **毯粟草**（种棱粟米草）*Mollugo verticillata* L.
一年生草本；偶见。
生于平原地区河岸边、路旁湿处。
分布于新建区（南矶乡）；南昌县（蒋巷镇）。江西省新记录。

粟米草属 *Trigastrotheca* F. Muell.

※ **粟米草** *Trigastrotheca stricta* (L.) Thulin
一年生草本；常见。
生于低山、丘陵、岗地或平原等地区路边、撂荒地、房前屋后、河湖堤坝、园地、苗圃地。
全市广布。

314 土人参科 Talinaceae

土人参属 *Talinum* Adans.

※ # **土人参** *Talinum paniculatum* (Jacq.) Gaertn.
一年生或多年生草本；频见。
生于低山、丘陵、岗地或平原地区路边草丛、圃地、石灰岩。
全市广布。

315 马齿苋科 Portulacaceae

马齿苋属 *Portulaca* L.

※ * **大花马齿苋** *Portulaca grandiflora* Hook.
一年生草本；偶见。
生于公园绿地。
市内广泛栽培。

※ **马齿苋** *Portulaca oleracea* L.
一年生草本；常见。
生于低山、丘陵、岗地或平原地区菜园、农田、路旁。
全市广布。

317 仙人掌科 Cactaceae

仙人掌属 *Opuntia* Mill.

※ * **仙人掌** *Opuntia stricta* var. *dillenii* (Ker Gawl.) Haw.
多年生肉质灌木；偶见。
生于低山、丘陵、岗地或平原等地区房前屋后。
分布于新建区（联圩镇）；南昌县（南新乡）。

318 蓝果树科 Nyssaceae

喜树属 *Camptotheca* Decne.

※ * **喜树** *Camptotheca acuminata* Decne.
落叶乔木；偶见。
生于低山、丘陵、岗地或平原等地区房前屋后、山地人工林中。
分布于新建区（溪霞镇）；青山湖区（艾溪湖森林湿地公园）；南昌县（八一乡、塔城乡、五星垦殖场、向塘镇）；进贤县（池溪乡、罗溪镇、南台乡、前坊镇、下埠集乡、钟陵乡）。

蓝果树属 *Nyssa* Gronov. ex L.

※ **蓝果树** *Nyssa sinensis* Oliver
落叶乔木；偶见。
生于低山或丘陵地区山地阔叶林中。
分布于安义县（新民乡）；新建区（梅岭镇、招贤镇）。

320 绣球科 Hydrangeaceae

溲疏属 *Deutzia* Thunb.

※ **长江溲疏** *Deutzia schneideriana* Rehder
落叶灌木；偶见。
生于低山、丘陵或岗地等地区的林缘、溪边灌丛中。
分布于青云谱区（象湖风景区管理处）；青山湖区（艾溪湖管理处）；进贤县（池溪乡、前坊镇、钟陵乡）。

常山属 *Dichroa* Lour.

※ **常山** *Dichroa febrifuga* Lour.
落叶灌木；偶见。
生于低山或丘陵地区山地林下、林缘、沟谷路边、村边风水林中。
分布于安义县（万埠镇、石鼻镇、长埠镇）；新建区（梅岭镇、太平镇）。

绣球属 *Hydrangea* L.

※ **中国绣球** *Hydrangea chinensis* Maxim.
落叶灌木；频见。
生于低山或丘陵地区山地沟谷林下、林缘、灌丛中。
分布于安义县（龙津镇、新民乡、石鼻镇）；新建区（罗亭镇、梅岭镇、石岗镇、松湖镇、溪霞镇、洗药湖管理处、招贤镇）；南昌县（泾口乡、塘南镇）；进贤县（下埠集乡、长山晏乡、钟陵乡）。

※ **狭叶绣球** *Hydrangea lingii* G. Hoo
落叶灌木；罕见。
生于低山或丘陵地区沟谷阔叶林下。
分布于新建区（招贤镇、太平镇）。

※ * **绣球** *Hydrangea macrophylla* (Thunb.) Ser.
落叶灌木；偶见。
生于低山、丘陵、岗地或平原地区城市绿地、房前屋后。
全市广泛栽培。

※ **圆锥绣球** *Hydrangea paniculata* Siebold
落叶灌木；偶见。
生于低山或丘陵地区山地灌丛中。
分布于新建区（西山镇、招贤镇、梅岭镇、罗亭镇）。

※ **蜡莲绣球** *Hydrangea strigosa* Rehder
落叶灌木；偶见。
生于低山或丘陵地区溪边林缘、山沟密林下阴湿处。
分布于新建区（西山镇）。

山梅花属 *Philadelphus* L.

※ **牯岭山梅花** *Philadelphus sericanthus* var. *kulingensis* (Koehne) Hand.–Mazz.
落叶灌木；罕见。
生于低山或丘陵地区山地林缘灌丛、阔叶林中。
分布于新建区（西山镇）。

冠盖藤属 *Pileostegia* Hook. f. & Thomson

※ **冠盖藤** *Pileostegia viburnoides* Hook. f. et Thoms.
常绿木质藤本；罕见。
生于低山或丘陵地区山地林、风水林林中。
分布于新建区（太平镇）。

钻地风属 *Schizophragma* Siebold & Zucc.

※ **钻地风** *Schizophragma integrifolium* Oliv.
落叶木质藤本；罕见。
生于低山或丘陵地区山地林中树上。
分布于新建区（太平镇）。

324 山茱萸科 Cornaceae

八角枫属 *Alangium* Lam.

※ **八角枫** *Alangium chinense* (Lour.) Harms
落叶乔木；偶见。
生于低山、丘陵或岗地等地区次生灌丛、山地林中。
分布于安义县（万埠镇、新民乡）；新建区（乐化镇、罗亭镇、梅岭镇、西山镇、溪霞镇、招贤镇）。

※ **毛八角枫** *Alangium kurzii* Craib
落叶乔木；罕见。
生于低山或丘陵地区次生阔叶林中。
分布于新建区（招贤镇、太平镇、梅岭镇）。

※ **瓜木** *Alangium platanifolium* (Siebold & Zucc.) Harms
落叶灌木；罕见。
生于岗地或平原地区溪边灌丛。
分布于新建区（蛟桥镇）；南昌县（八一乡）；进贤县（池溪乡）。

山茱萸属 *Cornus* L.

※ **灯台树** *Cornus controversa* Hemsley
落叶乔木；偶见。

生于低山或丘陵地区山地次生林中。

分布于新建区（招贤镇、梅岭镇）。

※ **香港四照花** *Cornus hongkongensis* Hemsl.

常绿乔木；罕见。

生于低山或丘陵地区山地湿润山谷密林中。

分布于新建区（招贤镇）。

※ **四照花** *Cornus kousa* subsp. *chinensis* (Osborn) Q. Y. Xiang

常绿灌木；偶见。

生于低山或丘陵地区山地阔叶林中。

分布于新建区（长垴镇、梅岭镇、太平镇、罗亭镇）。

※ **毛梾** *Cornus walteri* Wangerin

落叶乔木；罕见。

生于低山或丘陵地区阔叶林中。

分布于新建区（梅岭镇、罗亭镇）。

※ **光皮梾木** *Cornus wilsoniana* Wangerin

落叶乔木；罕见。

生于低山或丘陵地区山地阔叶林下。

分布于新建区（梅岭镇、蛟桥镇）。

325 凤仙花科 Balsaminaceae

凤仙花属 *Impatiens* L.

※ * **凤仙花** *Impatiens balsamina* L.

一年生草本；偶见。

生于村旁屋后、城乡绿地。

市内广泛栽培。

※ **睫毛萼凤仙花** *Impatiens blepharosepala* Pritz. ex Diels

一年生草本；罕见。

生于低山或丘陵地区山谷水旁、沟边林缘、山坡阴湿处。

分布于安义县（新民乡）。

※ **浙江凤仙花** *Impatiens chekiangensis* Y. L. Chen

多年生草本；罕见。

生于低山或丘陵地区沟谷阔叶林下、村边风水林中。

分布于安义县（新民乡）；新建区（招贤镇、红星乡）。

※ **鸭跖草状凤仙花** *Impatiens commelinoides* Hand.–Mazz.

一年生草本；罕见。

生于低山或丘陵地区山谷沟边、溪旁。

分布于新建区（西山镇）。

※ **牯岭凤仙花** *Impatiens davidii* Franch.

一年生草本；罕见。

生于低山或丘陵地区山谷林下、草丛潮湿处。

分布于新建区（太平镇、西山镇）。

※ **封怀凤仙花** *Impatiens fenghwaiana* Y. L. Chen

一年生草本；罕见。

生于低山地区沟谷阔叶林下。

分布于新建区（太平镇、梅岭镇）。

※ **水金凤** *Impatiens noli-tangere* L.

一年生草本；罕见。

生于低山或丘陵地区沟谷阔叶林下。

分布于新建区（太平镇、梅岭镇）。

　※ **管茎凤仙花** *Impatiens tubulosa* Hemsley

一年生草本；罕见。

生于低山或丘陵地区林下、沟边阴湿处。

分布于安义县（新民乡）。

332 五列木科 Pentaphylacaceae

杨桐属 *Adinandra* Jack

　※ **尖叶川杨桐** *Adinandra bockiana* var. *acutifolia* (Hand.–Mazz.) Kobuski

常绿乔木；罕见。

生于低山或丘陵地区山地林缘、山坡路旁灌丛中。

分布于新建区（西山镇）。

　※ **杨桐** *Adinandra millettii* (Hook. & Arn.) Benth. & Hook. f. ex Hance

常绿乔木；极常见。

生于低山、丘陵、岗地或平原等地区路旁灌丛、山地林中、村边风水林中。

全市广布。

红淡比属 *Cleyera* Thunb.

　※ **红淡比** *Cleyera japonica* Thunb.

常绿灌木；罕见。

生于低山或丘陵地区山地林下、灌丛中。

分布于新建区（洗药湖管理处、石埠镇、招贤镇）；红谷滩区（生米镇）。

　※ **厚叶红淡比** *Cleyera pachyphylla* Chun ex Hung T. Chang

常绿灌木；罕见。

生于低山或丘陵地区山地林下。

分布于安义县（新民乡）。

柃属 *Eurya* Thunb.

　※ **尖萼毛柃** *Eurya acutisepala* Hu & L. K. Ling

常绿灌木；罕见。

生于低山或丘陵地区山地密林中。

分布于新建区（梅岭镇）。

　※ **米碎花** *Eurya chinensis* R. Brown in C. Abel

常绿灌木；罕见。

生于丘陵或岗地地区山坡林缘、路边灌丛中。

分布于进贤县（文港镇）。

　※ **微毛柃** *Eurya hebeclados* Ling

常绿灌木；偶见。

生于低山或丘陵地区山地林中、林缘、路旁灌丛中。

分布于新建区（梅岭镇、西山镇）。

　※ **柃木** *Eurya japonica* Thunberg

常绿灌木；常见。

生于低山或丘陵地区森林下。

分布于安义县（新民乡）。

※ **细枝柃** *Eurya loquaiana* Dunn

常绿灌木；常见。

生于山坡林中。

分布于安义县（东阳镇、龙津镇、石鼻镇、新民乡、长埠镇）；新建区（梅岭镇、太平镇、溪霞镇、洗药湖管理处、招贤镇）；南昌县（八一乡、黄马乡、泾口乡、塔城乡、向塘镇）；进贤县（白圩乡、池溪乡、二塘乡、罗溪镇、民和镇、南台乡、前坊镇、泉岭乡、文港镇、下埠集乡、长山晏乡、钟陵乡）。

※ **格药柃** *Eurya muricata* Dunn

常绿灌木；常见。

生于低山、丘陵、岗地或平原等地区路边灌丛、森林下、村边风水林中。

分布于安义县（东阳镇、黄洲镇、龙津镇、石鼻镇、万埠镇、新民乡、长埠镇、长均乡）；新建区（金桥乡、罗亭镇、梅岭镇、樵舍镇、石埠镇、太平镇、西山镇、溪霞镇、象山镇、招贤镇）；南昌县（向塘镇）；进贤县（池溪乡、李渡镇、民和镇、南台乡、前坊镇、钟陵乡）。

※ **毛枝格药柃** *Eurya muricata* var. *huana* (Kobuski) L. K. Ling

常绿灌木；罕见。

生于低山或丘陵地区山地林下、林缘灌丛中。

分布于新建（西山镇）。

※ **细齿叶柃** *Eurya nitida* Korth.

常绿灌木；偶见。

生于丘陵或岗地地区林中。

分布于安义县（新民乡）；进贤县（池溪乡、民和镇、前坊镇、钟陵乡）。

※ **四角柃** *Eurya tetragonoclada* Merr. & Chun

常绿乔木；罕见。

生于低山或丘陵地区山地灌丛、林缘。

分布于新建区（梅岭镇）。

五列木属 *Pentaphylax* Gardner & Champ.

※ * **五列木** *Pentaphylax euryoides* Gardner & Champ.

常绿乔木；罕见。

生于南昌植物园。

市内有栽培。

厚皮香属 *Ternstroemia* Mutis ex L. f.

※ **厚皮香** *Ternstroemia gymnanthera* (Wight & Arn.) Bedd.

常绿灌木；罕见。

生于低山或丘陵地区山地近山顶疏林中。

分布于新建区（招贤镇）。

334 柿科 Ebenaceae

柿属 *Diospyros* L.

※ **山柿** *Diospyros japonica* Siebold & Zucc.

常绿乔木；偶见。

生于低山、丘陵、岗地或平原等地区次生林中、村边风水林中。

分布于安义县（新民乡）；进贤县（池溪乡、南台乡）。

※ * **柿** *Diospyros kaki* Thunb.

落叶乔木；常见。

生于低山、丘陵、岗地或平原地区城市绿地、村前屋后。

分布于新建区（恒湖垦殖场、梅岭镇、招贤镇）；红谷滩区（生米镇）；南昌县（冈上镇）；进贤县（民和镇、南台乡、七里乡、下埠集乡、张公镇、长山晏乡、钟陵乡）。

※ **野柿** *Diospyros kaki* var. *silvestris* Makino

落叶乔木；常见。

生于低山、丘陵、岗地或平原等地区次生林中、屋旁、村边风水林中。

分布于安义县（东阳镇、龙津镇、乔乐乡、石鼻镇、万埠镇、新民乡、长均乡）；新建区（金桥乡、罗亭镇、梅岭镇、樵舍镇、石埠镇、石岗镇、松湖镇、西山镇、溪霞镇、洗药湖管理处、招贤镇）；红谷滩区（厚田乡、生米镇）；青山湖区（罗家镇）；南昌县（冈上镇、黄马乡、三江镇、五星垦殖场、向塘镇、幽兰镇）；进贤县（白圩乡、池溪乡、李渡镇、民和镇、南台乡、七里乡、前坊镇、三阳集乡、石牛窝、文港镇、下埠集乡、衙前乡、长山晏乡、钟陵乡）。

※ * **君迁子** *Diospyros lotus* L.

落叶乔木；罕见。

生于低山、丘陵等地区的村前屋后。

市内有栽培。

※ **油柿** *Diospyros oleifera* Cheng

落叶乔木；偶见。

生于低山、丘陵或平原等地区山坡林中、房前屋后。

分布于新建区（乐化镇、西山镇、梅岭镇）；南昌县（冈上镇）。

※ **老鸦柿** *Diospyros rhombifolia* Hemsl.

落叶乔木；罕见。

生于岗地地区山坡灌丛、山谷沟畔林中。

分布于进贤县（白圩乡、下埠集乡）。

335 报春花科 Primulaceae

琉璃繁缕属 *Anagallis* L.

※ **蓝花琉璃繁缕** *Anagallis arvensis* f. *coerulea* (Schreb.) Baumg

一年生或二年生草本；罕见。

生于丘陵、岗地或平原等地区路边草丛、田野、荒地中。

分布于南昌县（富山乡、东新乡、小蓝经济开发区）。

紫金牛属 *Ardisia* Sw.

※ **九管血** *Ardisia brevicaulis* Diels

常绿灌木；偶见。

生于低山或丘陵地区山地林下、林缘、灌丛中。

分布于安义县（新民乡）；新建区（招贤镇）。

※ **朱砂根** *Ardisia crenata* Sims

常绿灌木；频见。

生于低山、丘陵、岗地或平原等地区阔叶林下、茂密灌丛阴湿处。

分布于安义县（黄洲镇、乔乐乡、石鼻镇、万埠镇、新民乡、长埠镇、长均乡）；新建区（罗亭镇、梅岭镇、西山镇、洗药湖管理处、招贤镇）；进贤县（民和镇、南台乡、七里乡、下埠集乡、钟陵乡）。

※ **百两金** *Ardisia crispa* (Thunb.) A. DC.

常绿灌木；罕见。

生于低山或丘陵地区山地阔叶林下、茂密灌丛阴湿处。

分布于新建区（招贤镇）。

※ **紫金牛** *Ardisia japonica* (Thunb.) Blume

常绿灌木；常见。

生于低山、丘陵、岗地或平原等地区林下、村边风水林中、竹林下阴湿处。

分布于安义县（乔乐乡、万埠镇、新民乡、石鼻镇）；新建区（西山镇、招贤镇）。

※ **山血丹** *Ardisia lindleyana* D. Dietr.

常绿灌木；偶见。

生于低山或丘陵地区常绿阔叶林下。

分布于安义县（新民乡、长埠镇）；新建区（西山镇）。

※ **九节龙** *Ardisia pusilla* A. DC.

常绿半灌木；偶见。

生于低山或丘陵地区竹林中、常绿阔叶林下。

分布于安义县（新民乡）；新建区（金桥乡、洗药湖管理处、象山镇）。

酸藤子属 *Embelia* Burm. f.

※ **密齿酸藤子** *Embelia vestita* Roxb.

常绿藤状灌木；罕见。

生于丘陵或岗地地区林下。

分布于进贤县（池溪乡、钟陵乡）。

珍珠菜属 *Lysimachia* L.

※ **狼尾花** *Lysimachia barystachys* Bunge

多年生草本；频见。

生于低山或丘陵地区山地林下、林缘、路旁灌草丛中。

分布于安义县（东阳镇、龙津镇、石鼻镇）；新建区（太平镇）；南昌县（黄马乡、三江镇、向塘镇）；进贤县（白圩乡、池溪乡、罗溪镇、民和镇、南台乡、七里乡、前坊镇、三阳集乡、石牛窝、温圳镇、下埠集乡、张公镇）。

※ **泽珍珠菜** *Lysimachia candida* Lindl.

一年生或二年生草本；偶见。

生于低山、丘陵、岗地或平原等地区溪边、田埂、河湖堤坝、路旁潮湿处。

全市广布。

※ **细梗香草** *Lysimachia capillipes* Hemsl.

多年生草本；偶见。

生于低山或丘陵地区山谷林下、溪边。

分布于安义县（新民乡）；新建区（石埠镇）；南昌县（向塘镇、广福镇、黄马乡）；进贤县（架桥镇、李渡镇、下埠集乡、长山晏乡、钟陵乡）。

※ **过路黄** *Lysimachia christiniae* Hance

多年生草本；常见。

生于低山、丘陵、岗地或平原等地区溪边、田埂、河湖堤坝、路旁潮湿处。

全市广布。

※ **矮桃** *Lysimachia clethroides* Duby

多年生草本；频见。

生于低山、丘陵、岗地或平原等地区溪边、田埂、河湖堤坝、路旁潮湿处。

分布于安义县（万埠镇、长埠镇）；新建区（罗亭镇、梅岭镇、石埠镇、太平镇、溪霞镇、洗药湖管理处、象山镇、招贤镇）；南昌县（幽兰镇）；进贤县（三里乡）。

※ **临时救** *Lysimachia congestiflora* Hemsl.

多年生草本；频见。

生于低山、丘陵、岗地或平原等地区溪边、田埂、河湖堤坝、园地、苗圃地、路旁草地。

全市广布。

※ **星宿菜** *Lysimachia fortunei* Maxim.

多年生草本；极常见。

生于低山、丘陵、岗地或平原等地区溪边、田埂、河湖堤坝、园地、苗圃地、路旁草地。

全市广布。

※ **黑腺珍珠菜** *Lysimachia heterogenea* Klatt

多年生草本；偶见。

生于低山或丘陵地区山地溪边、沟谷水边湿地。

分布于新建区（梅岭镇、太平镇、西山镇、洗药湖管理处、招贤镇）。

※ **轮叶过路黄** *Lysimachia klattiana* Hance

多年生草本；罕见。

生于低山或丘陵地区林下或溪边草地。

分布于新建区（梅岭镇）。文献记载，未见标本或照片。

※ **小叶珍珠菜** *Lysimachia parvifolia* Franch.

多年生草本；偶见。

生于平原地区田边、溪边湿地。

分布于新建区（岭北镇、石埠镇）；红谷滩区（北龙幡街）。

※ **巴东过路黄** *Lysimachia patungensis* Hand.–Mazz.

多年生草本；偶见。

生于低山、丘陵或岗地等地区溪边、林下。

分布于安义县（黄洲镇、龙津镇、新民乡）；新建区（太平镇、西山镇、溪霞镇、招贤镇）；进贤县（民和镇、下埠集乡）。

※ **叶头过路黄** *Lysimachia phyllocephala* Hand.–Mazz.

多年生草本；偶见。

生于低山或丘陵地区阔叶林下、山谷溪边、路旁。

分布于安义县（乔乐乡、石鼻镇）；新建区（梅岭镇、石埠镇、太平镇、西山镇、招贤镇）。

※ **庐山疏节过路黄** *Lysimachia remota* var. *lushanensis* F. H. Chen & C. M. Hu

多年生草本；罕见。

生于低山、丘陵地区山谷溪边。

分布于新建区（梅岭镇）。文献记载，未见标本或照片。

※ **腺药珍珠菜** *Lysimachia stenosepala* Hemsl.

多年生草本；罕见。

生于低山或丘陵地区山谷林缘、溪边。

分布于新建区（招贤镇）。

杜茎山属 *Maesa* Forssk.

※ **杜茎山** *Maesa japonica* (Thunb.) Moritzi

常绿灌木；频见。

生于低山、丘陵、岗地或平原等地区林下、路边、溪沟边灌丛、村边风水林中。

分布于安义县（乔乐乡、新民乡）；新建区（罗亭镇、梅岭镇）。

※ **鲫鱼胆** *Maesa perlarius* (Lour.) Merr.

多年生草本；罕见。

生于低山或丘陵地区山地林下阴湿处。

分布于安义县（新民乡）。

假婆婆纳属 _Stimpsonia_ Wright ex A. Gray

※ **假婆婆纳 _Stimpsonia chamaedryoides_ Wright ex A. Gray**
一年生草本；频见。
生于低山、丘陵或岗地等地区林缘、路边草坡。
分布于安义县（乔乐乡、长埠镇）；新建区（罗亭镇、梅岭镇、石埠镇、太平镇、溪霞镇、象山镇、招贤镇）；进贤县（三里乡）。

336 山茶科 Theaceae

山茶属 _Camellia_ L.

※ * **杜鹃红山茶 _Camellia azalea_ C. F. Wei**
常绿灌木；偶见。
生于城乡绿地。
市内有栽培。

※ **短柱茶 _Camellia brevistyla_ (Hayata) Cohen-Stuart**
常绿乔木；罕见。
生于低山或丘陵地区山地林下、溪边灌丛中。
分布于新建（梅岭镇、招贤镇）。

※ **尖连蕊茶 _Camellia cuspidata_ (Kochs) H. J. Veitch Gard. Chron.**
常绿灌木；偶见。
生于低山或丘陵地区山地阔叶林下。
分布于安义县（东阳镇、新民乡、长埠镇）；新建区（罗亭镇、溪霞镇）。

※ **大花窄叶油茶 _Camellia fluviatilis_ var. _megalantha_ (Hung T. Chang) Ming**
常绿乔木；罕见。
生于江西省林业科学院苗圃。
分布于新建区（蛟桥镇）。

※ **毛柄连蕊茶 _Camellia fraterna_ Hance**
常绿灌木；偶见。
生于低山或丘陵地区山地林缘、疏林中。
分布于新建区（梅岭镇、西山镇）。

※ * **山茶 _Camellia japonica_ L.**
常绿灌木；频见。
生于城乡绿地。
全市广泛栽培。

※ **油茶 _Camellia oleifera_ Abel**
常绿灌木；极常见。
生于低山、丘陵、岗地或平原等地区林下、灌丛、村边风水林中。
全市均有分布或栽培。

※ **川鄂连蕊茶 _Camellia rosthorniana_ Handel-Mazz.**
常绿灌木；罕见。
生于低山或丘陵地区山地林缘、路边灌丛中。
分布于新建区（招贤镇、蛟桥镇）。

※ **茶 _Camellia sinensis_ (L.) Kuntze**
常绿灌木；常见。
生于低山、丘陵、岗地或平原等地区山地林下、林缘、路边灌丛、园地、房前屋后。
分布于安义县（鼎湖镇、龙津镇、石鼻镇、万埠镇、新民乡）；新建区（金桥乡、罗亭镇、梅岭镇、西山镇、溪霞镇、招贤镇）；红谷滩区（生米镇）；南昌县（黄马乡、泾口乡）；进贤县（二塘乡）。

木荷属 *Schima* Reinw. ex Blume

※ **木荷** *Schima superba* Gardner & Champ.
常绿乔木；极常见。
生于山地地区林中。
全市均有分布和栽培。

337 山矾科 Symplocaceae

山矾属 *Symplocos* Jacq.

※ **薄叶山矾** *Symplocos anomala* Brand
常绿乔木；偶见。
生于低山、丘陵、岗地或平原等地区阔叶林中、村边风水林中。
分布于安义县（东阳镇、黄洲镇、龙津镇、石鼻镇、新民乡、长埠镇、长均乡）；新建区（罗亭镇）；进贤县（罗溪镇）。

※ **中华山矾** *Symplocos chinensis* (Lour.) Druce
落叶灌木；常见。
生于低山、丘陵、岗地或平原等地区路边灌丛、林下或林缘。
全市广布。

※ **光叶山矾** *Symplocos lancifolia* Siebold & Zucc.
常绿乔木；偶见。
生于低山、丘陵或岗地等地区林中。
分布于安义县（龙津镇）；进贤县（白圩乡、池溪乡、民和镇、钟陵乡）。

※ **光亮山矾** *Symplocos lucida* (Thunb.) Siebold & Zucc.
常绿乔木；频见。
生于低山、丘陵、岗地或平原等地区阔叶林中、林缘灌丛。
分布于安义县（东阳镇）；新建区（罗亭镇、梅岭镇、石埠镇、石岗镇、溪霞镇）；红谷滩区（生米镇）；南昌县（黄马乡、塔城乡、向塘镇）；进贤县（白圩乡、池溪乡、二塘乡、李渡镇、罗溪镇、民和镇、南台乡、泉岭乡、石牛窝、文港镇、下埠集乡、钟陵乡）。

※ **日本白檀** *Symplocos paniculata* (Thunb.) Miq.
落叶灌木；偶见。
生于丘陵、岗地或平原等地区林缘、林中。
分布于新建区（梅岭镇）；红谷滩区（红角洲管理处）；东湖区（扬子洲镇）。

※ **叶萼山矾** *Symplocos phyllocalyx* Clarke
常绿乔木；罕见。
生于低山或丘陵地区山地林中、林缘。
分布于新建区（招贤镇）。

※ **琉璃山矾** *Symplocos sawafutagi* Nagam.
落叶灌木；罕见。
生于低山、丘陵或岗地等地区林中、路边灌丛中
分布于南昌县（扬子洲镇）。

※ **四川山矾** *Symplocos setchuensis* (Thunberg) Siebold & Zucc.
常绿乔木；偶见。
生于低山、丘陵、岗地或平原等地区林中、林缘灌丛。
分布于安义县（东阳镇、长均乡、长埠镇）；新建区（金桥乡、西山镇）；进贤县（梅庄镇、民和镇、南台乡、三里乡、三阳集乡、长山晏乡）。

※ **老鼠屎** *Symplocos stellaris* Brand
常绿乔木；频见。

生于低山、丘陵、岗地或平原等地区林中、林缘灌丛、村边风水林中。

分布于安义县（新民乡、长埠镇）；新建区（罗亭镇、梅岭镇）；南昌县（黄马乡、蒋巷镇、向塘镇）；进贤县（白圩乡、池溪乡、二塘乡、李渡镇、罗溪镇、民和镇、南台乡、前坊镇、三阳集乡、石牛窝、文港镇、下埠集乡、钟陵乡）。

※ **山矾** *Symplocos sumuntia* Buch.–Ham. ex D. Don

常绿乔木；常见。

生于低山、丘陵、岗地或平原等地区林中、灌丛、村边风水林中。

分布于安义县（万埠镇、新民乡、长均乡）；新建区（罗亭镇、樵舍镇、石岗镇、西山镇、溪霞镇、洗药湖管理处、招贤镇）；进贤县（池溪乡、李渡镇、罗溪镇、民和镇、南台乡、石牛窝、下埠集乡、钟陵乡）。

※ **白檀** *Symplocos tanakana* Nakai

落叶灌木；常见。

生于低山、丘陵、岗地或平原等地区路边、荒地、林缘灌丛、林下。

全市均有分布。

※ **棱角山矾** *Symplocos tetragona* (Thunberg) Siebold & Zucc.

常绿乔木；罕见。

生于平原地区村边风水林中。

分布于新建区（石岗镇）。

339 安息香科 Styracaceae

赤杨叶属 *Alniphyllum* Matsum.

※ **赤杨叶** *Alniphyllum fortunei* (Hemsl.) Makino

常绿乔木；频见。

生于低山或丘陵地区阔叶林中。

分布于安义县（东阳镇、黄洲镇、龙津镇、石鼻镇、新民乡、长埠镇、长均乡）；新建区（罗亭镇、梅岭镇、西山镇、溪霞镇、招贤镇）；进贤县（南台乡）。

陀螺果属 *Melliodendron* Hand. – Mazz.

※ **陀螺果** *Melliodendron xylocarpum* Hand.-Mazz.

落叶乔木；罕见。

生于低山或丘陵地区沟谷林中。

分布于新建区（太平镇）。

白辛树属 *Pterostyrax* Siebold & Zucc.

※ **小叶白辛树** *Pterostyrax corymbosus* Siebold & Zucc.

落叶乔木；罕见。

生于低山或丘陵地区山地林中。

分布于新建区（望城镇、西山镇、梅岭镇）。

秤锤树属 *Sinojackia* Hu

※ **狭果秤锤树** *Sinojackia rehderiana* Hu

落叶小乔木；罕见。

生于平原地区河岸边常绿阔叶林下。

分布于安义县（长埠镇）。

安息香属 *Styrax* L.

※ **灰叶安息香 *Styrax calvescens* Perkins**
  落叶乔木；罕见。
  生于低山或丘陵地区河谷林中、林缘灌丛中。
  分布于新建区（梅岭镇）。

※ **赛山梅 *Styrax confusus* Hemsl.**
  落叶乔木；频见。
  生于低山、丘陵或岗地等地区山坡林中、林缘、灌丛中。
  分布于安义县（东阳镇、石鼻镇、新民乡、长埠镇）；新建区（乐化镇、石岗镇、松湖镇、西山镇、招贤镇）；南昌县（黄马乡、向塘镇）；进贤县（白圩乡、池溪乡、二塘乡、李渡镇、民和镇、南台乡、泉岭乡、下埠集乡、长山晏乡、钟陵乡）。

※ **垂珠花 *Styrax dasyanthus* Perkins**
  落叶乔木；偶见。
  生于低山或丘陵地区山地溪边次生林中。
  分布于安义县（新民乡、东阳镇）；新建区（梅岭镇）。

※ **白花龙 *Styrax faberi* Perkins**
  落叶灌木；极常见。
  生于低山、丘陵、岗地或平原等地区路边灌丛、山地林下、村边风水林中。
  全市广布。

※ **野茉莉 *Styrax japonicus* Siebold & Zucc.**
  落叶灌木；偶见。
  生于低山或丘陵地区林缘、灌丛中。
  分布于新建区（石岗镇）；南昌县（向塘镇）；进贤县（白圩乡、民和镇、七里乡、石牛窝、钟陵乡）。

※ **栓叶安息香 *Styrax suberifolius* Hook. & Arn.**
  落叶乔木；罕见。
  生于低山、丘陵或岗地等地区阔叶林中。
  分布于新建区（梅岭镇）；南昌县（塔城乡）；进贤县（罗溪镇、前坊镇）。

342 猕猴桃科 Actinidiaceae

猕猴桃属 *Actinidia* Lindl.

※ **京梨猕猴桃 *Actinidia callosa* var. *henryi* Maxim.**
  落叶藤本；罕见。
  生于低山或丘陵地区沟谷林缘。
  分布于安义县（新民乡）。

※ **中华猕猴桃 *Actinidia chinensis* Planch.**
  落叶藤本；频见。
  生于低山、丘陵或岗地等地区路边、林缘灌丛中、山地林中。
  分布于安义县（石鼻镇、万埠镇、新民乡、长埠镇）；新建区（罗亭镇、梅岭镇、太平镇、溪霞镇、洗药湖管理处、招贤镇）；南昌县（蒋巷镇）。

※ **毛花猕猴桃 *Actinidia eriantha* Bentham**
  落叶藤本；罕见。
  生于低山或丘陵地区山顶路边灌丛、山地林中。
  分布于新建区（招贤镇）。

※ **小叶猕猴桃 *Actinidia lanceolata* Dunn**
  落叶藤本；罕见。

生于低山或丘陵地区山地灌丛、山地林中。

分布于安义县（新民乡）。

※ **对萼猕猴桃** *Actinidia valvata* Dunn

落叶藤本；罕见。

生于低山或丘陵地区山地疏林中。

分布于新建区（太平镇）。

345 杜鹃花科 Ericaceae

吊钟花属 *Enkianthus* Lour.

※ **灯笼树** *Enkianthus chinensis* Franch.

落叶灌木；罕见。

生于低山或丘陵地区山地林中、灌丛中。

分布于安义县（新民乡）。

珍珠花属 *Lyonia* Nutt.

※ **小果珍珠花** *Lyonia ovalifolia* var. *elliptica* (Siebold & Zucc.) Hand.–Mazz.

落叶灌木；罕见。

生于低山、丘陵或岗地等地区林下、路边灌丛中。

分布于安义县（新民乡）。

杜鹃花属 *Rhododendron* L.

※ **刺毛杜鹃** *Rhododendron championiae* Hook.

常绿灌木；罕见。

生于低山或丘陵地区常绿阔叶林下。

分布于新建区（西山镇）。

※ **丁香杜鹃**（满山红）*Rhododendron farrerae* Sweet

落叶灌木；偶见。

生于低山、丘陵或岗地等地区林下、灌丛中。

分布于安义县（石鼻镇、新民乡）；新建区（梅岭镇、招贤镇、溪霞镇）。

※ **鹿角杜鹃** *Rhododendron latoucheae* Franch.

常绿灌木；偶见。

生于低山、丘陵或岗地等地区阔叶林下、灌丛中。

分布于安义县（东阳镇、新民乡、石鼻镇）；新建区（罗亭镇、梅岭镇、洗药湖管理处）。

※ **羊踯躅** *Rhododendron molle* (Blume) G. Don

落叶灌木；罕见。

生于低山、丘陵或岗地等地区干旱山坡、松林下。

分布于安义县（新民乡）；新建区（梅岭镇、西山镇）。

※ **马银花** *Rhododendron ovatum* (Lindl.) Planch. ex Maxim.

常绿灌木；罕见。

生于低山或丘陵地区山地林中。

分布于安义县（新民乡）。

※ * **锦绣杜鹃** *Rhododendron × pulchrum* Sweet

半常绿灌木；偶见。

生于城乡绿地。

全市各地均有栽培。

※ **杜鹃** *Rhododendron simsii* Planch.
　　　落叶灌木；极常见。
　　　生于低山、丘陵、岗地或平原等地区路边灌丛、松林下。
　　　全市广布。

越橘属 *Vaccinium* L.

　　※ **南烛** *Vaccinium bracteatum* Thunb.
　　　常绿灌木；常见。
　　　生于低山、丘陵或岗地等地区林下、山地灌丛、村边风水林中。
　　　全市广布。
　　※ **淡红南烛** *Vaccinium bracteatum* var. *rubellum* Hsu, J. X. Qiu, S. F. Huang & Y. Zhang
　　　常绿灌木；罕见。
　　　生于低山、丘陵山地林中。
　　　分布于新建区（梅岭镇）。文献记载，未见标本或照片。
　　※ **短尾越橘** *Vaccinium carlesii* Dunn
　　　常绿灌木；罕见。
　　　生于低山或丘陵地区山地灌丛中、林下。
　　　分布安义县（新民乡）；新建区（梅岭镇）；进贤县（长山晏乡）。
　　※ **黄背越橘** *Vaccinium iteophyllum* Hance
　　　常绿灌木；罕见。
　　　生于低山或丘陵地区灌丛中、林下。
　　　分布于新建区（西山镇）。
　　※ **江南越橘** *Vaccinium mandarinorum* Diels
　　　常绿灌木；偶见。
　　　生于低山、丘陵、岗地或平原等地区林下、路边灌丛中、村边风水林。
　　　分布于安义县（东阳镇）；新建区（梅岭镇、溪霞镇）；南昌县（白塘镇）；进贤县（白圩乡、二塘乡、罗溪镇、南台乡、七里乡、文港镇、钟陵乡）。

350 杜仲科 Eucommiaceae

杜仲属 *Eucommia* Oliv.

　　※ * **杜仲** *Eucommia ulmoides* Oliv.
　　　落叶乔木；偶见。
　　　生于低山、丘陵或岗地等地区人工林中、房前屋后。
　　　市内有栽培。

351 丝缨花科 Garryaceae

桃叶珊瑚属 *Aucuba* Thunb.

　　※ * **花叶青木** *Aucuba japonica* var. *variegata* Dombrain
　　　常绿灌木；偶见。
　　　生于城乡绿地。
　　　市内有栽培。

茜树属 *Aidia* Salisb.

※ **香楠 *Aidia canthioides*** (Champ. ex Benth.) Masam.
常绿灌木；罕见。
生于低山或丘陵地区山谷林中。
分布于安义县（新民乡）。

※ **茜树 *Aidia cochinchinensis*** Lour.
常绿灌木或小乔木；罕见。
生于低山或丘陵地区山谷林中。
分布于安义县（新民乡）。

※ **亨氏香楠 *Aidia henryi*** (E. Pritz.) T. Yamaz.
常绿灌木；罕见。
生于低山或丘陵地区山谷溪边林中。
分布于安义县（新民乡）。

水团花属 *Adina* Salisb.

※ **水团花 *Adina pilulifera*** (Lam.) Franch. ex Drake
常绿灌木；偶见。
生于丘陵、岗地或平原等地区溪边、坑塘洼地、河湖岸边、滩涂。
分布于红谷滩区（生米镇）；新建区（石岗镇）；南昌县（黄马乡、向塘镇）；进贤县（李渡镇、温圳镇、文港镇、钟陵乡）。

※ **细叶水团花 *Adina rubella*** Hance
落叶灌木；频见。
生于丘陵、岗地或平原等地区溪边、坑塘洼地、河湖岸边、滩涂。
分布于安义县（鼎湖镇、新民乡）；新建区（樵舍镇）；红谷滩区（生米镇）；青山湖区（艾溪湖管理处）；南昌县（向塘镇）；进贤县（白圩乡、池溪乡、架桥镇、罗溪镇、南台乡、前坊镇、三里乡、三阳集乡、文港镇、下埠集乡、钟陵乡）。

风箱树属 *Cephalanthus* L.

※ **风箱树 *Cephalanthus tetrandrus*** (Roxb.) Ridsdale & Bakh. f.
落叶灌木；偶见。
生于平原地区溪边、池塘边。
分布于新建区（石岗镇、洗药湖管理处）；南昌县（黄马乡）；进贤县（二塘乡、罗溪镇、民和镇、南台乡、前坊镇、石牛窝、文港镇、钟陵乡）。

流苏子属 *Coptosapelta* Korth.

※ **流苏子 *Coptosapelta diffusa*** (Champ. ex Benth.) Steenis
落叶攀缘灌木；频见。
生于低山、丘陵、岗地或平原等地区林中、灌丛、村边风水林中。
分布于安义县（新民乡）；新建区（梅岭镇、西山镇）。

虎刺属 *Damnacanthus* C. F. Gaertn.

※ **短刺虎刺 *Damnacanthus giganteus*** (Makino) Nakai
常绿灌木；罕见。

生于低山或丘陵地区山地疏、密林下、灌丛中。

分布于新建区（梅岭镇）。

※ **虎刺** *Damnacanthus indicus* C. F. Gaertn.

常绿灌木；偶见。

生于低山、丘陵或岗地等地区灌丛、密林、竹林下。

分布于安义县（新民乡）；新建区（西山镇、招贤镇）；进贤县（二塘乡、民和镇、南台乡、七里乡、文港镇、下埠集乡、钟陵乡）。

※ **大卵叶虎刺** *Damnacanthus major* Sieb. et Zucc.

常绿灌木；罕见。

生于低山或丘陵地区山地常绿阔叶林、风水林下。

分布于安义县（新民乡）；新建区（招贤镇）。江西省新记录。

香果树属 *Emmenopterys* Oliv.

※ **香果树** *Emmenopterys henryi* Oliv.

落叶乔木；罕见。

生于低山山顶次生林中。

分布于新建区（洗药湖管理处）。

拉拉藤属 *Galium* L.

※ **四叶葎** *Galium bungei* Steud.

多年生草本；常见。

生于低山、丘陵、岗地或平原等地区路边、田野、沟边、河湖堤坝、岸边、房前屋后、园地、苗圃地。

全市广布。

※ **车轴草** *Galium odoratum* (L.) Scop.

多年生草本；罕见。

生于岗地或平原地区路边灌草丛中。

分布于南昌县（昌东镇、麻丘镇）。

※ **拉拉藤** *Galium spurium* L.

一年生草本；频见。

生于低山、丘陵、岗地或平原等地区路边、田野、沟边、河湖堤坝、岸边、房前屋后、园地、苗圃地。

分布于红谷滩区（生米镇）；新建区（昌邑乡、蒋巷镇、联圩镇、梅岭镇、南矶乡、招贤镇、溪霞镇）；南昌县（富山乡、冈上镇、蒋巷镇）；进贤县（白圩乡、架桥镇、前坊镇、三里乡、温圳镇、长山晏乡）。

※ **小叶猪殃殃** *Galium trifidum* L.

多年生草本；偶见。

生于平原地区沼泽、滩涂、水陆交错带。

分布于新建区（南矶乡）。

栀子属 *Gardenia* J. Ellis

※ **栀子** *Gardenia jasminoides* J. Ellis

常绿灌木；极常见。

生于低山、丘陵、岗地或平原等地区林下、路边灌丛、村边风水林中。

全市广布。

※ **狭叶栀子** *Gardenia stenophylla* Merr.

常绿灌木；偶见。

生于丘陵、岗地或平原等地区林下、村边风水林中。

分布于安义县（鼎湖镇、龙津镇）；新建区（樵舍镇）；红谷滩区（生米镇）；进贤县（白圩乡、民和镇、南台乡）。江西省新记录。

耳草属 *Hedyotis* L.

※ **耳草** *Hedyotis auricularia* L.

多年生草本；频见。

生于低山、丘陵、岗地或平原等地区林下、林缘、路边灌草丛、村边风水林中。

分布于安义县（东阳镇、石鼻镇、长埠镇）；新建区（联圩镇、罗亭镇、梅岭镇、樵舍镇、招贤镇）；红谷滩区（生米镇、流湖镇）；南昌县（白塘镇、昌东镇、冈上镇、泾口乡、南新乡）；进贤县（温圳镇、长山晏乡）。

※ **剑叶耳草** *Hedyotis caudatifolia* Merr. & F. P. Metcalf

多年生草本；偶见。

生于低山、丘陵或岗地等地区林缘、路边、山谷溪旁。

分布于安义县（长埠镇）；新建区（溪霞镇）；南昌县（黄马乡）；进贤县（白圩乡、池溪乡、民和镇、文港镇、钟陵乡）。

※ **金毛耳草** *Hedyotis chrysotricha* (Palib.) Merr.

多年生草本；极常见。

生于低山、丘陵、岗地或平原等地区林下、林缘、路边灌草丛、河湖堤坝、房前屋后、苗圃地。

全市广布。

※ **伞房花耳草** *Hedyotis corymbosa* (L.) Lam.

一年生草本；偶见。

生于平原地区田野、田埂、湿润草地上。

分布于南昌县（麻丘镇）。

※ **粗毛耳草** *Hedyotis mellii* Tutcher

一年生草本；常见。

生于低山、丘陵、岗地或平原等地区林下、路边、山坡上。

分布于安义县（东阳镇、龙津镇、乔乐乡、新民乡、长埠镇）；新建区（石埠镇、石岗镇、西山镇、溪霞镇、洗药湖管理处、招贤镇）；南昌县（八一乡、广福镇、黄马乡、三江镇、塔城乡、向塘镇）；进贤县（白圩乡、池溪乡、二塘乡、架桥镇、李渡镇、罗溪镇、民和镇、南台乡、前坊镇、泉岭乡、三阳集乡、文港镇、下埠集乡、衙前乡、张公镇、长山晏乡、钟陵乡）。

※ **纤花耳草** *Hedyotis tenelliflora* Blume

一年生草本；偶见。

生于低山、丘陵、岗地或平原等地区林缘、田埂、村边风水林中。

分布于进贤县（白圩乡、民和镇）。

※ **长节耳草** *Hedyotis uncinella* Hook. et Arn.

多年生草本；罕见。

生于低山、丘陵或岗地等地区林缘、路边灌草丛。

分布于新建区（太平镇）。

粗叶木属 *Lasianthus* Jack

※ **日本粗叶木** *Lasianthus japonicus* Miq.

落叶灌木；偶见。

生于低山或丘陵地区山地阔叶林下。

分布于安义县（新民乡）；新建区（招贤镇、梅岭镇）。

黄棉木属 *Metadina* Bakh. f.

※ **黄棉木** *Metadina trichotoma* (Zoll. & Moritzi) Bakh. f.
常绿乔木；偶见。
生于低山或丘陵地区沟谷林缘。
分布于安义县（鼎湖镇、黄洲镇、乔乐乡、石鼻镇、新民乡、长埠镇）。

巴戟天属 *Morinda* L.

※ **鸡眼藤** *Morinda parvifolia* Bartl. ex DC.
常绿缠绕藤本；偶见。
生于低山或丘陵地区林缘、路旁、沟边灌丛、村边风水林中。
分布于安义县（新民乡、长埠镇）。

※ **羊角藤** *Morinda umbellata* subsp. *obovata* Y. Z. Ruan
常绿缠绕藤本；偶见。
生于低山、丘陵或岗地等地区林缘、林下、路边灌草丛中。
分布于安义县（新民乡、长埠镇）；进贤县（白圩乡）。

玉叶金花属 *Mussaenda* L.

※ **玉叶金花** *Mussaenda pubescens* W. T. Aiton
常绿攀缘灌木；罕见。
生于低山或丘陵地区林缘、路边灌丛中。
分布于安义县（新民乡）。

※ **大叶白纸扇** *Mussaenda shikokiana* Makino
落叶攀援灌木；常见。
生于低山、丘陵、岗地或平原等地区沟谷、溪边灌丛、林缘。
分布于安义县（龙津镇、乔乐乡、石鼻镇、万埠镇、新民乡、长埠镇）；新建区（金桥乡、罗亭镇、梅岭镇、太平镇、西山镇、溪霞镇、洗药湖管理处、招贤镇）；南昌县（白塘镇、黄马乡、泾口乡、向塘镇）；进贤县（李渡镇、七里乡、前坊镇、张公镇、钟陵乡）。

新耳草属 *Neanotis* W. H. Lewis

※ **薄叶新耳草** *Neanotis hirsuta* (L. f.) Lewis
一年生草本；偶见。
生于低山、丘陵、岗地或平原等地区河边、田野、河湖堤坝、岸边草地、园地、苗圃地。
全市广布。

蛇根草属 *Ophiorrhiza* L.

※ **日本蛇根草** *Ophiorrhiza japonica* Blume
多年生草本；频见。
生于低山或丘陵地区山谷、溪边两侧常绿阔叶林内。
分布于新建区（梅岭镇、太平镇、招贤镇）。

鸡屎藤属 *Paederia* L.

※ **耳叶鸡屎藤** *Paederia cavaleriei* H. Lév.
常绿藤状灌木；偶见。

生于低山或丘陵地区山地灌丛、路边灌草丛。

分布于安义县（新民乡）；新建区（招贤镇）。

　　※ **臭鸡屎藤** *Paederia cruddasiana* Prain

常绿藤状灌木；常见。

生于低山、丘陵、岗地或平原等地区路边、河湖堤坝、溪边灌草丛中。

分布于安义县（鼎湖镇、东阳镇、龙津镇、石鼻镇、新民乡、长埠镇、长均乡）；新建区（西山镇、溪霞镇）；南昌县（昌东镇、蒋巷镇、泾口乡、麻丘镇、南新乡、塘南镇、五星垦殖场、幽兰镇）；进贤县（白圩乡、池溪乡、架桥镇、罗溪镇、梅庄镇、民和镇、南台乡、前坊镇、三里乡、文港镇、下埠集乡、长山晏乡、钟陵乡）。

　　※ **鸡屎藤** *Paederia foetida* L.

常绿藤状灌木；极常见。

生于低山、丘陵、岗地或平原等地区路边、河湖堤坝、溪边灌草丛中。

全市广布。

　　※ **白毛鸡屎藤** *Paederia pertomentosa* Merr. ex Li

常绿藤状灌木；偶见。

生于低山、丘陵或岗地等地区路边、灌草丛中。

分布于安义县（新民乡）；新建区（罗亭镇、梅岭镇、西山镇、溪霞镇、洗药湖管理处、招贤镇）。

　　※ **狭序鸡屎藤** *Paederia stenobotrya* Merr.

落叶木质藤本；偶见。

生于低山或丘陵地区山地灌丛、路边。

分布于安义县（新民乡）；新建区（梅岭镇）。

墨苜蓿属 *Richardia* L.

　　※ # **墨苜蓿** *Richardia scabra* L.

一年生草本；罕见。

生于岗地或平原地区田野。

分布于进贤县（罗溪镇、长山晏乡）。江西省新记录。

茜草属 *Rubia* L.

　　※ **金剑草** *Rubia alata* Wall. in Roxb.

多年生草本；罕见。

生于低山或丘陵地区山地林缘、村边、路边。

分布于安义县（新民乡）。

　　※ **东南茜草** *Rubia argyi* (Lévl. et Vant) Hara ex L. Lauener et D. K. Fergu

多年生草质藤本；罕见。

生于低山或丘陵地区山地林缘。

分布于安义县（石埠镇）。

　　※ **茜草** *Rubia cordifolia* L.

常绿灌木；偶见。

生于低山、丘陵或岗地等地区林缘、灌丛、草地上。

分布于安义县（新民乡）；新建区（罗亭镇、梅岭镇、溪霞镇、洗药湖管理处）；进贤县（三里乡）。

蛇舌草属 *Scleromitrion* (Wight & Arn.) Meisn.

　　※ **白花蛇舌草** *Scleromitrion diffusum* (Willd.) R. J. Wang

一年生草本；频见。

生于低山、丘陵、岗地或平原等地区路边、田野、河湖堤坝、山坡林缘。

分布于安义县（鼎湖镇、东阳镇、黄洲镇、龙津镇、石鼻镇、万埠镇、新民乡、长埠镇）；新建区（昌邑乡、乐化镇、南矶乡、樵舍镇、石埠镇、西山镇、象山镇、招贤镇）；青山湖区（京东镇）；南昌县（冈上镇）。

白马骨属 *Serissa* Comm. ex Juss.

※ **六月雪 *Serissa japonica*** (Thunb.) Thunb.
一年生草本；常见。
生于低山、丘陵、岗地或平原等地区荒地、路边、灌丛、林下。
分布于安义县（鼎湖镇、龙津镇、石鼻镇、新民乡、长埠镇）；新建区（梅岭镇、石岗镇、太平镇、西山镇、溪霞镇、洗药湖管理处、招贤镇）；南昌县（黄马乡、幽兰镇）；进贤县（白圩乡、池溪乡、二塘乡、架桥镇、梅庄镇、民和镇、南台乡、七里乡、前坊镇、泉岭乡、石牛窝、文港镇、下埠集乡、衙前乡、长山晏乡、钟陵乡）。

※ **白马骨 *Serissa serissoides*** (DC.) Druce
一年生草本；常见。
生于低山、丘陵、岗地或平原等地区路边、干旱地带。
全市广布。

鸡仔木属 *Sinoadina* Ridsdale

※ **鸡仔木 *Sinoadina racemosa*** (Siebold & Zucc.) Ridsdale
落叶乔木；罕见。
生于低山或丘陵地区山地林中。
分布于新建区（招贤镇）。

纽扣草属 *Spermacoce* L.

※ # **阔叶丰花草 *Spermacoce alata*** Aubl.
一年生草本；频见。
生于低山、丘陵、岗地或平原等地区田边荒地、坑塘洼地、河湖堤坝、沟渠边、园地、苗圃地。
分布于安义县（东阳镇、黄洲镇、乔乐乡、新民乡、长埠镇）；新建区（西山镇）；南昌县（广福镇、黄马乡、向塘镇）；进贤县（白圩乡、池溪乡、二塘乡、架桥镇、李渡镇、民和镇、南台乡、七里乡、前坊镇、石牛窝、温圳镇、长山晏乡、钟陵乡）。

※ # **丰花草 *Spermacoce pusilla*** Wall. in Roxb.
一年生草本；偶见。
生于低山、丘陵、岗地或平原等地区空旷草地、山坡、路边。
分布于安义县（鼎湖镇）；新建区（石岗镇、松湖镇）；进贤县（下埠集乡）。

乌口树属 *Tarenna* Gaertn.

※ **白花苦灯笼 *Tarenna mollissima*** (Hook. & Arn.) B. L. Rob.
落叶灌木；偶见。
生于低山、丘陵或岗地等地区森林下。
分布于安义县（新民乡）。

钩藤属 *Uncaria* Schreb.

※ **钩藤 *Uncaria rhynchophylla*** (Miq.) Miq. ex Havil.
常绿藤本；常见。

生于低山、丘陵、岗地或平原等地区林缘、山谷溪边林中、村边风水林中。

分布于安义县（东阳镇、黄洲镇、龙津镇、乔乐乡、石鼻镇、万埠镇、新民乡、长埠镇）；新建区（金桥乡、罗亭镇、梅岭镇、石埠镇、太平镇、西山镇、溪霞镇、象山镇、招贤镇）。

353 龙胆科 Gentianaceae

百金花属 *Centaurium* Hill

※ **百金花** *Centaurium pulchellum* var. *altaicum* (Griseb.) Kitag. & H. Hara
一年生草本；罕见。
生于丘陵、岗地或平原等地区田野、草地。
分布于新建区（招贤镇）。

龙胆属 *Gentiana* (Tourn.) L.

※ **华南龙胆** *Gentiana loureiroi* (G. Don) Griseb.
一年生草本；罕见。
生于低山或丘陵地区山坡路旁。
分布于新建区（望城镇）。

※ **条叶龙胆** *Gentiana manshurica* Kitag.
多年生草本；罕见。
生于低山、丘陵山地草丛或多石山坡。
分布于新建区（梅岭镇、蛟桥镇）。

※ **鳞叶龙胆** *Gentiana squarrosa* Ledeb.
一年生草本；罕见。
生于丘陵、岗地或平原等地区河滩、草地。
分布于新建区（溪霞镇）。

※ **灰绿龙胆** *Gentiana yokusai* Burkill
一年生草本；偶见。
生于岗地或平原等地区荒地、路旁、农田或草坪。
分布于新建区（招贤镇、蛟桥镇）。

獐牙菜属 *Swertia* L.

※ **浙江獐牙菜** *Swertia hickinii* Burkill
一年生草本；罕见。
生于低山或丘陵地区灌草丛中。
分布于新建区（望城镇）。

双蝴蝶属 *Tripterospermum* Blume

※ **双蝴蝶** *Tripterospermum chinense* (Migo) Harry Sm.
多年生缠绕草本；罕见。
生于低山或丘陵地区山地林下。
分布于新建区（石埠镇、招贤镇）。

※ **香港双蝴蝶** *Tripterospermum nienkui* (Marq.) C. J. Wu
多年生缠绕草本；罕见。
生于低山或丘陵地区山地林下。
分布于新建区（西山镇）。

354 马钱科 Loganiaceae

蓬莱葛属 *Gardneria* Wall.

- ※ **柳叶蓬莱葛 *Gardneria lanceolata* Rehder & E. H. Wilson**
  常绿攀缘藤本；罕见。
  生于低山或丘陵地区山地林中。
  分布于安义县（新民乡）；新建区（西山镇）。
- ※ **蓬莱葛 *Gardneria multiflora* Makino**
  常绿攀缘藤本；偶见。
  生于低山或丘陵地区山地林中。
  分布于新建区（梅岭镇、溪霞镇、招贤镇）。

尖帽草属 *Mitrasacme* Labill.

- ※ **尖帽草 *Mitrasacme indica* Wight**
  一年生草本；偶见。
  生于平原地区路边、旷野草地上。
  分布于新建区（昌北经济开发区）。
- ※ **水田白 *Mitrasacme pygmaea* R. Br.**
  一年生草本；偶见。
  生于低山或丘陵地区旷野草地上。
  分布于新建区（招贤镇）。

356 夹竹桃科 Apocynaceae

鹅绒藤属 *Cynanchum* L.

- ※ **牛皮消 *Cynanchum auriculatum* Royle ex Wight**
  多年草质藤本；偶见。
  生于低山或丘陵地区山地路边。
  分布于安义县（新民乡）。
- ※ **华萝藦 *Cynanchum hemsleyanum* (Oliv.) Liede & Khanum**
  多年草质藤本；偶见。
  生于低山、丘陵或岗地等地区路边、河湖堤坝。
  分布于安义县（鼎湖镇）；青山湖区（溪霞镇）；红谷滩区（生米镇）。
- ※ **萝藦 *Cynanchum rostellatum* (Turcz.) Liede & Khanum**
  多年生草质藤本；频见。
  生于低山、丘陵、岗地或平原等地区林边荒地、河湖堤坝、岸边、路边灌丛中。
  分布于安义县（东阳镇、万埠镇、新民乡）；新建区（昌邑乡、环球公园、联圩镇、梅岭镇、鄱阳湖国家级自然保护区、铁河乡、恒湖垦殖场、招贤镇）；红谷滩区（流湖镇）；东湖区（扬子洲镇）；青山湖区（京东镇）；南昌县（蒋巷镇、泾口乡、南新乡、塘南镇、五星垦殖场、幽兰镇）。

黑鳗藤属 *Jasminanthes* Blume

- ※ **黑鳗藤 *Jasminanthes mucronata* (Blanco) W. D. Stevens & P. T. Li**
  常绿木质藤本；罕见。
  生于低山、丘陵、平原等地区常绿阔叶林中、村边风水林中。

分布于安义县（鼎湖镇）；新建区（梅岭镇）。

牛奶菜属 *Marsdenia* R. Br.

※ **牛奶菜 *Marsdenia sinensis* Hemsl.**
两年生草本；罕见。
生于低山或丘陵地区山地林缘、林中。
分布于安义县（新民乡）。

夹竹桃属 *Nerium* L.

※ * **夹竹桃 *Nerium oleander* L.**
一年生草本；偶见。
生于公路沿线、城乡绿地。
市内有栽培。

帘子藤属 *Pottsia* Hook. et Arn.

※ **大花帘子藤 *Pottsia grandiflora* Markgr.**
攀缘灌木；罕见。
生于低山、丘陵地区疏林中，或山坡路旁灌木丛中，山谷密林中常攀缘树上。
分布于新建区（招贤镇、太平镇）。

夜来香属 *Telosma* Coville

※ * **夜来香 *Telosma cordata* (Burm. f.) Merr.**
多年生草本；罕见。
生于城乡绿地。
市内有栽培。

络石属 *Trachelospermum* Lem.

※ **亚洲络石 *Trachelospermum asiaticum* (Siebold & Zucc.) Nakai**
常绿木质藤本；罕见。
生于低山或丘陵地区山地林中。
分布于新建区（洗药湖管理处）。
※ **紫花络石 *Trachelospermum axillare* Hook. f.**
常绿木质藤本；罕见。
生于低山或丘陵地区山地林中、沟谷林下。
分布于安义县（新民乡）。
※ **络石 *Trachelospermum jasminoides* (Lindl.) Lem.**
常绿木质藤本；极常见。
生于低山、丘陵、岗地或平原等地区山野岩石上、墙壁、树上。
全市广布。

娃儿藤属 *Tylophora* Wolf

※ **七层楼 *Tylophora floribunda* Miquel**
常绿木质藤本；罕见。

生于低山或丘陵地区山地林中。

分布于新建区（梅岭镇）。

※ **娃儿藤** *Tylophora ovata* (Lindl.) Hook. ex Steud

常绿木质藤本；罕见。

生于岗地或平原地区湖边林中、林缘。

分布于进贤县（罗溪镇）。

※ **贵州娃儿藤** *Tylophora silvestris* Tsiang

常绿木质藤本；罕见。

生于低山或丘陵地区沟谷林中。

分布于新建区（太平镇）。

白前属 *Vincetoxicum* Wolf

※ **合掌消** *Vincetoxicum amplexicaule* Siebold & Zucc.

多年生草本；偶见。

生于丘陵、岗地或平原等地区田边草地、荒地草丛中。

分布于安义县（长埠镇）；红谷滩区（流湖镇）；红谷滩区（生米镇）；南昌县（泾口乡、武阳镇）；进贤县（梅庄镇）。

※ **蔓剪草** *Vincetoxicum chekiangense* (M. Cheng) C. Y. Wu & D. Z. Li

多年生草本；罕见。

生于低山或丘陵地区山谷、溪旁、密林中潮湿处。

分布于安义县（鼎湖镇、东阳镇）。

※ **毛白前** *Vincetoxicum chinense* S. Moore

多年生缠绕藤本；罕见。

生于丘陵、岗地或平原等地区灌草丛中。

分布于新建区（梅岭镇）。

※ **山白前** *Vincetoxicum fordii* (Hemsl.) Kuntze

多年生缠绕藤本；罕见。

生于岗地或平原地区路边灌草丛中。

分布于南昌县（泾口乡）。

※ **白前** *Vincetoxicum glaucescens* (Decne.) C. Y. Wu & D. Z. Li

多年生草本；罕见。

生于平原地区河湖河岸、沙石间。

分布于新建区（南矶乡、昌邑乡）；南昌县（幽兰镇、塘南镇、泾口乡）；进贤县（罗溪镇）。

※ **柳叶白前** *Vincetoxicum stauntonii* (Decne.) C. Y. Wu & D. Z. Li

多年生草本；偶见。

生于低山、丘陵区或平原等地区溪流湿地生境、坑塘洼地近水湿润地带。

分布于安义县（鼎湖镇、长埠镇、东阳镇）。

357 紫草科 Boraginaceae

斑种草属 *Bothriospermum* Bunge

※ **柔弱斑种草** *Bothriospermum zeylanicum* (J. Jacq.) Druce

一年生草本；偶见。

生于丘陵、岗地或平原等地区路边、田野、河湖堤坝、溪边草丛。

分布于新建区（恒湖垦殖场、南矶乡、鄱阳湖国家级自然保护区）。

琉璃草属 *Cynoglossum* L.

※ **琉璃草 *Cynoglossum furcatum* Wall. in Roxb.**
多年生草本；罕见。
生于低山或丘陵地区林间草地、向阳山坡、路边。
分布于安义县（龙津镇、新民乡、东阳镇）。

厚壳树属 *Ehretia* L.

※ **厚壳树 *Ehretia acuminata* R. Br.**
落叶乔木；偶见。
生于低山、丘陵或平原等地区疏林、山坡灌丛、山谷密林。
分布于新建区（罗亭镇）；青山湖区（罗家镇）；进贤县（池溪乡）。

※ **粗糠树 *Ehretia dicksonii* Hance.**
落叶乔木；罕见。
生于低山或丘陵地区土质肥沃山脚阴湿处。
分布于新建区（石埠镇、招贤镇）。

皿果草属 *Omphalotrigonotis* W. T. Wang

※ **皿果草 *Omphalotrigonotis cupulifera* (Johnst.) W. T. Wang**
一年生草本；罕见。
生于丘陵、岗地或平原等地区路边、荒地草丛、河湖堤坝、岸边。
分布于进贤县（文港镇）；南昌县（黄马乡）。

盾果草属 *Thyrocarpus* Hance

※ **盾果草 *Thyrocarpus sampsonii* Hance**
一年生草本；偶见。
生于低山或丘陵地区山地路边、山坡草丛、灌丛下。
分布于新建区（梅岭镇、溪霞镇）。

附地菜属 *Trigonotis* Steven

※ **附地菜 *Trigonotis peduncularis* (Trevis.) Benth. ex Baker & S. Moore**
多年生草本；常见。
生于低山、丘陵、岗地或平原等地区路边草丛、山地阔叶林林缘、田野、河湖堤坝、园地、苗圃地。
全市广布。

359 旋花科 Convolvulaceae

打碗花属 *Calystegia* R.Br.

※ **打碗花 *Calystegia hederacea* Wall. in Roxb.**
一年生草本；常见。
生于低山、丘陵、岗地或平原等地区农田、荒地、路旁、河湖堤坝、岸边、滩涂。
分布于安义县（万埠镇）；新建区（昌邑乡、岭北镇、梅岭镇、南矶乡、铁河乡、象山镇、招贤镇）；东湖区（扬子洲镇）；南昌县（白塘镇、黄马乡、蒋巷镇、泾口乡、南新乡、向塘镇、幽兰镇）；进贤县（池溪乡、架桥镇、民和镇、南台乡、前坊镇、文港镇、下埠集乡、钟陵乡）。

菟丝子属 *Cuscuta* L.

　　※ **南方菟丝子** *Cuscuta australis* R. Br.
　　　　一年生寄生草本；频见。
　　　　生于低山、丘陵、岗地或平原等地区田边、路旁、河湖岸边、荒地灌草丛。
　　　　分布于新建区（昌邑乡、恒湖垦殖场、联圩镇、溪霞镇、招贤镇）；进贤县（下埠集乡、衙前乡、长山晏乡）。

　　※ **菟丝子** *Cuscuta chinensis* Lam.
　　　　一年生寄生草本；频见。
　　　　生于低山、丘陵、岗地或平原等地区田边、路旁、河湖岸边、荒地灌草丛。
　　　　全市广布。

　　※ **金灯藤** *Cuscuta japonica* Choisy in Zoll.
　　　　一年生寄生草本；罕见。
　　　　生于低山、丘陵、岗地或平原等地区田边、路旁、河湖岸边、荒地灌草丛。
　　　　分布于安义县（万埠镇、太平镇）。

马蹄金属 *Dichondra* J. R. Forst. & G. Forst.

　　※ **马蹄金** *Dichondra micrantha* Urb.
　　　　多年生草本；偶见。
　　　　生于岗地或平原地区沟边、路旁、河湖堤坝、岸边草地。
　　　　分布于南昌县（小蓝经济开发区、冈上镇、莲塘镇、昌东镇、麻丘镇、塘南镇）。

土丁桂属 *Evolvulus* L.

　　※ **土丁桂** *Evolvulus alsinoides* (L.) L.
　　　　多年生草本；频见。
　　　　生于低山、丘陵、岗地或平原等地区路边、荒地灌草丛。
　　　　分布于安义县（龙津镇）；红谷滩区（流湖镇）；南昌县（八一乡、广福镇、黄马乡、三江镇、塔城乡、向塘镇）；进贤县（白圩乡、池溪乡、架桥镇、李渡镇、罗溪镇、民和镇、南台乡、前坊镇、泉岭乡、三阳集乡、石牛窝、文港镇、下埠集乡、张公镇、长山晏乡、钟陵乡）。

虎掌藤属 *Ipomoea* L.

　　※ # **月光花** *Ipomoea alba* L.
　　　　一年生草本；罕见。
　　　　生于平原地区路边灌草丛。
　　　　分布于南昌县（八一乡）。

　　※ * **蕹菜** *Ipomoea aquatica* Forsskal.
　　　　一年生草本；极常见。
　　　　生于低山、丘陵、岗地或平原等地区田间、池塘、水沟边。
　　　　全市广为栽培。

　　※ **毛牵牛** *Ipomoea biflora* (L.) Pers.
　　　　一年生草本；偶见。
　　　　生于低山、丘陵、岗地或平原等地区路旁干旱处、荒坡灌丛中。
　　　　分布于安义县（龙津镇、石鼻镇）；新建区（鄱阳湖国家级自然保护区、石埠镇）；青云谱区（青云谱镇）；南昌县（东新乡）。

※ **齿萼薯** *Ipomoea fimbriosepala* Choisy
　　一年生草本；偶见。
　　生于平原地区田野、河堤或湖区水陆交错带。
　　分布于新建区（南矶乡）。

※ # **牵牛** *Ipomoea nil* (L.) Roth
　　一年生草本；极常见。
　　生于低山、丘陵、岗地或平原等地区林缘、田野、村宅附近。
　　全市广布。

※ # **圆叶牵牛** *Ipomoea purpurea* Lam.
　　一年生草本；常见。
　　生于低山、丘陵、岗地或平原等地区田边、路边、河湖堤坝、村宅附近。
　　分布于新建区（昌邑乡、联圩镇、罗亭镇、梅岭镇、南矶乡、石岗镇、太平镇、西山镇、溪霞镇、
　　招贤镇）；南昌县（昌东镇、蒋巷镇、泾口乡、麻丘镇、南新乡、塘南镇、五星垦殖场、幽兰镇）；
　　进贤县（池溪乡、梅庄镇、南台乡、前坊镇、三里乡、二塘乡、文港镇、下埠集乡、钟陵乡）。

※ # **茑萝** *Ipomoea quamoclit* (Linden et Andre) Bunting
　　一年生草本；常见。
　　生于城市绿地、村边旷地。
　　全市广为栽培。

※ # **三裂叶薯** *Ipomoea triloba* L.
　　一年生草本；极常见。
　　生于低山、丘陵、岗地或平原等地区路边荒草地、田野、河堤堤坝、湖区水陆交错带。
　　全市广布。

小牵牛属 *Jacquemontia* Choisy

※ # **苞片小牵牛** *Jacquemontia tamnifolia* Griseb.
　　一年生草质藤本；罕见。
　　生于公园绿地。
　　分布于青云谱区（青云谱镇）。

鱼黄草属 *Merremia* Dennst. ex Endl.

※ **篱栏网** *Merremia hederacea* (Burm. f.) Hallier f.
　　多年生草本；常见。
　　生于岗地或平原地区河堤、滩涂、湖区水陆交错带、路旁草丛中。
　　分布于新建区（昌邑乡、恒湖垦殖场、南矶乡、鄱阳湖国家级自然保护区）。

※ **北鱼黄草** *Merremia sibirica* (L.) Hallier f.
　　多年生草本；罕见。
　　生于低山、丘陵或岗地等地区路边、田边、河湖岸边、坑塘洼地边缘灌草丛中。
　　分布于安义县（鼎湖镇、长埠镇、东阳镇）；新建区（招贤镇、蛟桥镇）。

360 茄科 Solanaceae

酸浆属 *Alkekengi* Mill.

※ **酸浆** *Alkekengi officinarum* Moench
　　多年生草本；频见。
　　生于丘陵、岗地或平原等地区路边空旷地、山坡草地。
　　分布于南昌县（八一乡、黄马乡、三江镇、塔城乡、向塘镇、幽兰镇）；进贤县（白圩乡、架桥

镇、民和镇、南台乡、前坊镇、温圳镇、文港镇、下埠集乡、长山晏乡、钟陵乡）。

※ **挂金灯** *Alkekengi officinarum* var. *franchetii* (Mast.) R. J. Wang

多年生草本；偶见。

生于丘陵、岗地或平原等地区田野、沟边、山坡草地、林下、路旁水边。

分布于新建区（象山镇）；红谷滩区（厚田乡）；南昌县（东新乡）。

辣椒属 *Capsicum* L.

※ * **辣椒** *Capsicum annuum* L.

一年生草质藤本；极常见。

生于菜地、农田。

全市广为栽培。

曼陀罗属 *Datura* L.

※ # **毛曼陀罗** *Datura innoxia* Mill.

一年生草质藤本；罕见。

生于岗地地区村边、路旁。

分布于进贤县（池溪乡）。

※ # **曼陀罗** *Datura stramonium* L.

一年生草质藤本；罕见。

生于丘陵、岗地或平原等地区住宅旁、路边草地上。

分布于新建区（昌邑乡）；进贤县（三里乡）。

枸杞属 *Lycium* L.

※ **枸杞** *Lycium chinense* Mill.

落叶灌木；偶见。

生于低山、丘陵、岗地或平原等地区路边、溪沟边、房前屋后、河湖堤坝、坑塘洼地岸边灌草丛。

分布于安义县（鼎湖镇、东阳镇、黄洲镇、新民乡）；新建区（昌邑乡、南矶乡、溪霞镇）；南昌县（冈上镇、塘南镇、幽兰镇）；进贤县（李渡镇、梅庄镇、长山晏乡、钟陵乡）。

假酸浆属 *Nicandra* Adans.

※ # **假酸浆** *Nicandra physalodes* (L.) Gaertn.

一年生草质藤本；罕见。

生于岗地或平原地区田边、荒地、住宅区。

分布于南昌县（冈上镇、富山乡）。

烟草属 *Nicotiana* L.

※ * **烟草** *Nicotiana tabacum* L.

一年生草质藤本；偶见。

生于田地、菜地。

市内有栽培。

洋酸浆属 *Physalis* L.

※ # **苦蘵** *Physalis angulata* L.

一年生草质藤本；频见。

生于低山、丘陵、岗地或平原等地区路边、河湖堤坝、田野撂荒地。

全市广布。

※ # **小酸浆** *Physalis minima* L.

一年生草质藤本；罕见。

生于丘陵或岗地地区干旱山坡。

分布于新建区（溪霞镇、乐化镇）。

※ # **毛酸浆** *Physalis philadelphica* Lam.

一年生草质藤本；偶见。

生于丘陵、岗地或平原等地区路边、河湖堤坝、田野撂荒地。

分布于安义县（东阳镇）；新建区（恒湖垦殖场、南矶乡）。

龙珠属 *Tubocapsicum* (Wettst.) Makino

※ **龙珠** *Tubocapsicum anomalum* (Franch. & Sav.) Makino

多年生草本；罕见。

生于低山或丘陵地区山谷、水旁、毛竹林、山坡密林中。

分布于安义县（新民乡）；新建区（梅岭镇）。

茄属 *Solanum* L.

※ # **喀西茄** *Solanum aculeatissimum* Jacquem.

多年生草本；偶见。

生于低山、丘陵、岗地或平原等地区沟边、河湖堤坝、路边荒地灌草丛。

分布于新建区（石岗镇、洗药湖管理处）；南昌县（八一乡、黄马乡、向塘镇）；进贤县（前坊镇、下埠集乡、张公镇、长山晏乡、钟陵乡）。

※ **少花龙葵** *Solanum americanum* Mill.

一年生或多年生草本；频见。

生于低山、丘陵、岗地或平原等地区路边荒坡、溪边、河湖堤坝、房前屋后。

全市广布。

※ # **牛茄子** *Solanum capsicoides* All.

多年生草本；罕见。

生于丘陵、岗地或平原等地区路旁荒地、村宅附近。

分布于新建区（西山镇）。

※ * **番茄** *Solanum lycopersicum* L.

一年生或多年生草本；极常见。

生于园地、村宅附近。

全市广为栽培。

※ **白英** *Solanum lyratum* Thunb.

草质藤本；常见。

生于低山、丘陵、岗地或平原等地区林缘、山谷溪边、河湖岸边、村宅附近。

全市广布。

※ **龙葵** *Solanum nigrum* L.

一年生或多年生草本；极常见。

生于低山、丘陵、岗地或平原等地区路边、田边、河湖堤坝、坑塘洼地、滩涂荒地、村庄附近。

全市广布。

※ **海桐叶白英** *Solanum pittosporifolium* Hemsley

一年生草质藤本；罕见。

生于低山或丘陵地区林缘、荒地。

分布于新建区（洗药湖管理处）。

※ # **珊瑚樱** *Solanum pseudocapsicum* L.

落叶灌木；偶见。

生于低山、丘陵、岗地或平原等地区路边、村前屋后。

分布于安义县（东阳镇）；新建区（昌邑乡、樵舍镇、西山镇、招贤镇）；红谷滩区（生米镇、流湖镇）；青山湖区（艾溪湖管理处）；南昌县（八一乡、广福镇、五星垦殖场）；进贤县（白圩乡、七里乡、张公镇、长山晏乡）。

※ * **马铃薯** *Solanum tuberosum* L.

一年生草本；常见。

生于农田、菜地。

全市广为栽培。

※ **刺天茄** *Solanum violaceum* Ortega

落叶灌木；罕见。

生于丘陵、岗地或平原等地区林下、路边、河湖堤坝、岸边、村边荒地灌丛。

分布于进贤县（梅庄镇、三里乡）。

362 楔瓣花科 Sphenocleaceae

楔瓣花属 *Sphenoclea* Gaertn.

※ **楔瓣花** *Sphenoclea zeylanica* Gaertn.

一年生草本；罕见。

生于岗地或平原地区田野、河湖滩涂。

分布于南昌县（塘南镇、蒋巷镇）。

366 木樨科 Oleaceae

流苏树属 *Chionanthus* L.

※ **流苏树** *Chionanthus retusus* Lindl. & Paxton

落叶灌木；偶见。

生于丘陵或岗地地区混交林下、村边风水林中。

分布于安义县（二塘乡、龙津镇、新民乡、东阳镇）；新建区（梅岭镇、蛟桥镇、招贤镇）；进贤县（南台乡）。

连翘属 *Forsythia* Vahl

※ * **连翘** *Forsythia suspensa* (Thunb.) Vahl

落叶灌木；偶见。

生于城乡绿地。

市内有栽培。

※ * **金钟花** *Forsythia viridissima* Lindl.

落叶灌木；偶见。

生于城乡绿地。

市内有栽培。

梣属 *Fraxinus* L.

※ **白蜡树** *Fraxinus chinensis* Roxb.

落叶乔木；偶见。

生于低山、丘陵或岗地等地区次生林中。

分布于安义县（新民乡）；南昌县（武阳镇）；进贤县（梅庄镇、七里乡、钟陵乡）。

※ **苦枥木 _Fraxinus insularis_** Hemsl.
落叶乔木；罕见。
生于低山或丘陵地区山地林中。
分布于安义县（新民乡）。

素馨属 _Jasminum_ L.

※ * **矮探春 _Jasminum humile_** L.
常绿灌木；罕见。
生于城乡绿地。
青山湖区艾溪湖森林湿地公园有栽培。

※ **清香藤 _Jasminum lanceolaria_** Roxb.
常绿木质藤本；罕见。
生于低山或丘陵地区山地林中。
分布于安义县（新民乡）。

※ * **野迎春 _Jasminum mesnyi_** Hance
常绿灌木；偶见。
生于城乡绿地。
分布于新建区（招贤镇、幸福街道、站前街道）。

※ * **迎春花 _Jasminum nudiflorum_** Lindl.
落叶灌木；偶见。
生于城市绿地。
市内广泛栽培。

※ * **茉莉花 _Jasminum sambac_** (L.) Aiton
常绿灌木；罕见。
生于城乡绿地。
分布于红谷滩区（厚田乡）；进贤县（梅庄镇）。

※ **华素馨 _Jasminum sinense_** Hemsl.
常绿木质藤本；偶见。
生于低山或丘陵地区山地林中。
分布于安义县（新民乡）；新建区（罗亭镇、溪霞镇）。

女贞属 _Ligustrum_ L.

※ **扩展女贞 _Ligustrum expansum_** Rehder
常绿灌木；罕见。
生于低山或丘陵地区山地林下。
分布于安义县（新民乡）。

※ **蜡子树 _Ligustrum leucanthum_** (S. Moore) P. S. Green
常绿灌木；罕见。
生于低山、丘陵山地林下。
分布于安义县（新民乡）。

※ **女贞 _Ligustrum lucidum_** W. T. Aiton
常绿乔木；常见。
生于低山、丘陵、岗地或平原等地区林中、房前屋后、村边风水林中；城乡绿地亦广泛栽培。
全市广布。

※ **水蜡树 _Ligustrum obtusifolium_** Siebold & Zucc.
常绿灌木；偶见。

生于低山或丘陵地区山地荒坡灌丛。

分布于安义县（鼎湖镇、东阳镇、黄洲镇、龙津镇、石鼻镇、新民乡、长均乡）。

※ **小蜡 *Ligustrum sinense* Lour.**

常绿灌木；极常见。

生于低山、丘陵、岗地或平原等地区林缘、路边、房前屋后、荒地灌丛中。

全市广布。

木樨属 *Osmanthus* Lour.

※ * **木樨（桂花）*Osmanthus fragrans* (Thunb.) Lour.**

常绿乔木；频见。

生于城乡绿地。

市内广泛栽培。

369 苦苣苔科 Gesneriaceae

吊石苣苔属 *Lysionotus* D. Don

※ **吊石苣苔 *Lysionotus pauciflorus* Maxim.**

常绿灌木；罕见。

生于低山或丘陵地区山谷林中、沟边石上、树上。

分布于新建区（西山镇、梅岭镇）。

370 车前科 Plantaginaceae

水马齿属 *Callitriche* L.

※ **水马齿 *Callitriche palustris* L.**

一年生草本；罕见。

生于丘陵、岗地或平原等地区水沟、沼泽、坑塘洼地、水田中。

分布于新建区（南矶乡）；南昌县（幽兰镇、塘南镇、泾口乡）；进贤县（三里乡）。

泽番椒属 *Deinostema* T. Yamaz.

※ **泽番椒 *Deinostema violacea* (Maxim.) T. Yamaz.**

一年生草本；罕见。

生于岗地或平原地区坑塘沼泽、滩涂。

分布于南昌县（黄马乡）。

虻眼属 *Dopatrium* Buch. – Ham. ex Benth.

※ **虻眼 *Dopatrium junceum* (Roxb.) Buch.–Ham. ex Benth.**

一年生草本；罕见。

生于平原地区水田、坑塘洼地、滩涂、河滩沼泽。

分布于新建区（昌邑乡、南矶乡）。

水八角属 *Gratiola* L.

※ **水八角 *Gratiola japonica* Miq.**

一年生草本；罕见。

生于平原等地区水田、坑塘洼地、滩涂、河滩沼泽。

分布于新建区（昌邑乡、南矶乡）。

石龙尾属 *Limnophila* R. Br.

※ **紫苏草 *Limnophila aromatica*** (Lam.) Merr.

一年或多年生草本；罕见。

生于岗地或平原地区旷野、塘边水湿处。

分布于新建区（䐉前乡）。

※ **有梗石龙尾 *Limnophila indica*** (L.) Druce

多年生草本；罕见。

生于平原地区湖边、水塘。

分布于进贤县（三里乡）。

※ **石龙尾 *Limnophila sessiliflora*** (Vahl) Blume

多年生草本；罕见。

生于平原地区湖边、水塘。

分布于青山湖区（艾溪湖管理处）；进贤县（三里乡）。

车前属 *Plantago* L.

※ **车前 *Plantago asiatica*** L.

多年生草本；极常见。

生于低山、丘陵、岗地或平原等地区路边、溪边、河湖堤坝、河滩地、田野、村边空旷地。

全市广布。

※ **平车前 *Plantago depressa*** Willd.

一、二年生草本；频见。

生于低山、丘陵、岗地或平原等地区路边、河湖堤坝、河滩地、田野、村边空旷地。

分布于安义县（鼎湖镇）；新建区（罗亭镇、梅岭镇、石岗镇、西山镇、溪霞镇、洗药湖管理处、招贤镇）；青山湖区（梅岭镇）；进贤县（下埠集乡、䐉前乡、长山晏乡）。

※ **长叶车前 *Plantago lanceolata*** L.

多年生草本；罕见。

生于平原地区路边、农田、滩涂。

分布于新建区（大塘坪乡、铁河乡、昌邑乡）。

※ **大车前 *Plantago major*** L.

多年生草本；罕见。

生于低山、丘陵、岗地或平原等地区路边、河湖堤坝、河滩地、田野、村边空旷地。

分布于新建区（象山镇、铁河乡、昌邑乡）。

※ # **北美车前 *Plantago virginica*** L.

一、二年生草本；极常见。

生于丘陵、岗地或平原等地区草地、路边、湖畔、村宅附近。

全市各地均有分布。

兔尾苗属 *Pseudolysimachion* (W. D. J. Koch) Opiz

※ **水蔓菁 *Pseudolysimachion linariifolium* subsp. *dilatatum*** (Nakai & Kitag.) D. Y. Hong

多年生草本；罕见。

生于平原地区湖畔草甸。

分布于新建区（昌邑乡、南矶乡）。

野甘草属 *Scoparia* L.

※ # **野甘草** *Scoparia dulcis* L.
一年生草本；罕见。
生于丘陵、岗地或平原等地区荒地、路旁。
分布于南昌县（冈上镇、麻丘镇）。

茶菱属 *Trapella* Oliv.

※ **茶菱** *Trapella sinensis* Oliv.
多年生水生草本；偶见。
生于低山、丘陵、岗地或平原等地区溪沟、池塘。
分布于安义县（新民乡）；新建区（昌邑乡、南矶乡）。

婆婆纳属 *Veronica* L.

※ **北水苦荬** *Veronica anagallis-aquatica* L.
多年生草本；偶见。
生于低山、丘陵、岗地或平原等地区田边、沟边、坑塘洼地。
分布于新建区（招贤镇）；进贤县（罗溪镇）。

※ # **直立婆婆纳** *Veronica arvensis* L.
一年生草本；常见。
生于低山、丘陵、岗地或平原等地区路边、田野、河湖堤坝、荒野草地。
全市广布。

※ **华中婆婆纳** *Veronica henryi* T. Yamaz.
多年生草本；罕见。
生于低山或丘陵地区山地林下路边。
分布于安义县（东阳镇、万埠镇）。

※ **多枝婆婆纳** *Veronica javanica* L.
一、二年生草本；偶见。
生于低山、丘陵、岗地或平原等地区路边、田野、园地、河湖堤坝、荒野草地。
全市广布。

※ # **蚊母草** *Veronica peregrina* L.
一、二年生草本；偶见。
生于低山、丘陵、岗地或平原等地区路边、田野、园地、河湖堤坝、荒野草地。
全市广布。

※ # **阿拉伯婆婆纳** *Veronica persica* Poir.
一、二年生草本；常见。
生于低山、丘陵、岗地或平原等地区路边、田野、园地、河湖堤坝、荒野草地。
全市广布。

※ # **婆婆纳** *Veronica polita* Fries
一年生草本；频见。
生于低山、丘陵、岗地或平原等地区路边、田野、园地、河湖堤坝、荒野草地。
全市广布。

※ **水苦荬** *Veronica undulata* Wall. ex Jack in Roxb.
多年生草本；偶见。
生于丘陵、岗地或平原等地区水边、沼泽地。
分布于新建区（联圩镇、梅岭镇、溪霞镇、招贤镇）；红谷滩区（生米镇）。

草灵仙属 *Veronicastrum* Heist. ex Fabr.

※ **细穗腹水草** *Veronicastrum stenostachyum* (Hemsl.) Yamazaki
多年生草本；罕见。
生于低山或丘陵地区山地林下。
分布于安义县（新民乡）。

※ **腹水草** *Veronicastrum stenostachyum* subsp. *plukenetii* (T. Yamaz.) D. Y. Hong
多年生草本；罕见。
生于低山或丘陵地区山地林下。
分布于安义县（新民乡）。

371 玄参科 Scrophulariaceae

醉鱼草属 *Buddleja* L.

※ **大叶醉鱼草** *Buddleja davidii* Franch.
落叶灌木；罕见。
生于平原地区路边灌丛中。
分布于南昌县（昌东镇、麻丘镇）。

※ **醉鱼草** *Buddleja lindleyana* Fortune
落叶灌木；频见。
生于低山或丘陵地区林缘路边、河湖堤坝、坑塘洼地岸边、河边灌丛中。
分布于安义县（鼎湖镇、乔乐乡、石鼻镇、万埠镇、新民乡、长埠镇）；新建区（罗亭镇、梅岭镇、石埠镇、太平镇、西山镇、溪霞镇、洗药湖管理处、招贤镇）；青云谱区（象湖风景区管理处）；南昌县（蒋巷镇、泾口乡、五星垦殖场、向塘镇）；进贤县（池溪乡、梅庄镇、三里乡、温圳镇）。

鹿茸草属 *Monochasma* Maxim.

※ **白毛鹿茸草** *Monochasma savatieri* Franch. ex Maxim.
多年生草本；偶见。
生于低山或丘陵地区山地松林下、向阳处杂草中。
分布于安义县（东阳镇、龙津镇、石鼻镇、长埠镇）；新建区（梅岭镇、石埠镇、招贤镇）。

玄参属 *Scrophularia* L.

※ **玄参** *Scrophularia ningpoensis* Hemsl.
多年生草本；罕见。
生于丘陵或岗地地区山谷、小溪边。
分布于进贤县（下埠集乡、池溪乡、钟陵乡）。

373 母草科 Linderniaceae

陌上菜属 *Lindernia* All.

※ **长蒴母草** *Lindernia anagallis* (Burm. f.) Pennell
一年生草本；偶见。
生于低山、丘陵、岗地或平原等地区林缘、溪旁、滩涂、沼泽、田野湿润地带。
分布于安义县（新民乡）；新建区（罗亭镇、南矶乡、樵舍镇、溪霞镇、石岗镇）。

※ **泥花草** *Lindernia antipoda* (L.) Alston
一年生草本；偶见。

生于低山、丘陵、岗地或平原等地区田边、河湖滩涂及潮湿的草地中。

分布于安义县（新民乡）；新建区（昌邑乡、南矶乡）；红谷滩区（生米镇）；进贤县（罗溪镇）。

※ **母草** *Lindernia crustacea* (L.) F. Muell.

一年生草本；频见。

生于低山、丘陵、岗地或平原等地区田边、园地、苗圃地、河湖堤坝、滩涂、潮湿草地中。

分布于安义县（东阳镇、龙津镇、石鼻镇、新民乡、长埠镇）；新建区（联圩镇、石埠镇）；红谷滩区（生米镇）；青山湖区（罗家镇）；南昌县（八一乡、昌东镇、澄碧湖公园、富山乡、冈上镇、麻丘镇、南新乡、塘南镇、五星垦殖场）；进贤县（南台乡、下埠集乡）。

※ **狭叶母草** *Lindernia micrantha* D. Don

一年生草本；偶见。

生于平原地区水田、坑塘洼地、河流旁等低湿处。

分布于新建区（南矶乡）；南昌县（黄马乡）。

※ **宽叶母草** *Lindernia nummulariifolia* (D. Don) Wettst

一年生草本；罕见。

生于丘陵或岗地地区田边、沟旁等湿润处。

分布于安义县（新民乡）。

※ **陌上菜** *Lindernia procumbens* (Krock.) Borbás

一年生草本；频见。

生于低山、丘陵、岗地或平原等地区田边、园地、苗圃地、河湖堤坝、滩涂、潮湿草地中。

分布于安义县（新民乡）；新建区（昌邑乡）；南昌县（黄马乡）；进贤县（白圩乡）。

※ **旱田草** *Lindernia ruellioides* (Colsm.) Pennell

一年生草本；罕见。

生于岗地或平原地区坑塘洼地、河湖岸边湿润地带。

分布于南昌县（黄马乡）。

※ **刺毛母草** *Lindernia setulosa* (Maxim.) Tuyama ex Hara

一年生草本；偶见。

生于低山或丘陵地区田野、林缘。

分布于安义县（新民乡）；新建区（溪霞镇）。

蝴蝶草属 *Torenia* L.

※ **长叶蝴蝶草** *Torenia asiatica* L.

一年生草本；偶见。

生于低山或丘陵地区田野、林缘、沟边湿润处。

分布于安义县（新民乡）；新建区（罗亭镇、梅岭镇）。

※ * **蓝猪耳** *Torenia fournieri* Linden ex E. Fourn.

一年生草本；偶见。

生于城乡绿地。

市内有栽培。

※ **紫萼蝴蝶草** *Torenia violacea* (Azaola ex Blanco) Pennell

一年生草本；罕见。

生于低山或丘陵地区山地林下、田边、路旁潮湿处。

分布于安义县（新民乡）。

376 胡麻科 Pedaliaceae

芝麻属 *Sesamum* L.

※ * **芝麻** *Sesamum indicum* L.

一年生草本；偶见。

生于低山、丘陵、岗地或平原等地区农田、房前屋后。

市内广泛栽培。

377 爵床科 Acanthaceae

水蓑衣属 *Hygrophila* R. Br.

※ **小叶水蓑衣 *Hygrophila erecta*** (Burm. F.) Hochr.

一年生草本；罕见。

生于低山或丘陵地区河流岸边。

分布于安义县（新民乡）。江西省新记录。

※ **水蓑衣 *Hygrophila ringens*** (L.) R. Brown ex Spreng.

多年生草本；罕见。

生于低山、丘陵、岗地或平原等地区村边、路边，小溪、河流、沟渠、坑塘岸边、积水洼地、草丛中。

分布于安义县（鼎湖镇）；青山湖区（京东镇、艾溪湖森林湿地公园）。

爵床属 *Justicia* L.

※ **圆苞杜根藤 *Justicia championii*** T. Anderson

多年生草本；罕见。

生于低山或丘陵地区湿润林下、林缘。

分布于安义县（万埠镇）；新建区（太平镇、招贤镇）。

※ **爵床 *Justicia procumbens*** L.

多年生草本；频见。

生于荒地、路旁、草坪、空地。

分布于安义县（鼎湖镇、龙津镇、乔乐乡、万埠镇）；新建区（昌邑乡、罗亭镇、南矶乡、樵舍镇、西山镇、象山镇、招贤镇）；红谷滩区（厚田乡、生米镇、流湖镇）；青山湖区（艾溪湖森林湿地公园、罗家镇）；南昌县（八一乡、澄碧湖公园、冈上镇、黄马乡、蒋巷镇、泾口乡、塘南镇、武阳镇、向塘镇）；进贤县（白圩乡、池溪乡、罗溪镇、民和镇、南台乡、前坊镇、温圳镇、文港镇、下埠集乡、张公镇、长山晏乡、钟陵乡）。

芦莉草属 *Ruellia* L.

※ * **蓝花草 *Ruellia simplex*** C.Wright

常绿灌木；偶见。

生于城市公园和绿地。

分布于红谷滩区（九龙湖）；东湖区（人民公园）；青山湖区（艾溪湖湿地公园）；南昌县（澄碧湖公园、冈上镇、莲塘镇、昌东镇、麻丘镇）。

孩儿草属 *Rungia* Nees

※ **密花孩儿草 *Rungia densiflora*** H. S. Lo

多年生草本；偶见。

生于低山或丘陵地区湿润林下、溪流岸边。

分布于安义县（万埠镇）；新建区（招贤镇、太平镇）。

马蓝属 *Strobilanthes* Blume

※ **少花马蓝 *Strobilanthes oliganthus* Miq.**
多年生草本；罕见。
生于低山或丘陵地区湿润林下、林缘。
分布于新建区（招贤镇、太平镇）。

※ **山马蓝 *Strobilanthes oresbia* W. W. Sm.**
多年生草本；罕见。
生于低山或丘陵地区林缘。
分布于进贤县（张公镇、长山宴乡、白圩乡）。

378 紫葳科 Bignoniaceae

凌霄属 *Campsis* Lour.

※ * **凌霄 *Campsis grandiflora* (Thunb.) Schum.**
木质藤本；罕见。
生于城市公园和绿地，常见于墙体、建筑的垂直绿化。
分布于新建区（招贤镇、红角洲管理处、长垵镇）。

379 狸藻科 Lentibulariaceae

狸藻属 *Utricularia* L.

※ **黄花狸藻 *Utricularia aurea* Lour.**
多年生水生草本；频见。
生于低山、丘陵、岗地或平原等地区静水湖泊、牛轭湖、坑塘、水田、浅水洼地。
分布于新建区（九龙湖、联圩镇）；青山湖区（艾溪湖湿地公园）；南昌县（昌东镇、蒋巷镇、泾口乡、南新乡、塘南镇、幽兰镇）；进贤县（三里乡、文港镇）。

※ **南方狸藻 *Utricularia australis* R. Br.**
多年生水生草本；频见。
生于低山、丘陵、岗地或平原等地区静水湖泊、牛轭湖、坑塘、水田、浅水洼地。
分布于新建区（九龙湖、联圩镇）；青山湖区（艾溪湖湿地公园）；南昌县（昌东镇、蒋巷镇、泾口乡、南新乡、塘南镇、幽兰镇）；进贤县（三里乡、文港镇）。

382 马鞭草科 Verbenaceae

假连翘属 *Duranta* L.

※ * **假连翘 *Duranta erecta* L.**
常绿灌木；偶见。
生于城市公园和绿地。
分布于进贤县（白圩乡、民和镇、南台乡）。

美女樱属 *Glandularia* J. F. Gmel.

※ * **细叶美女樱 *Glandularia tenera* (Spreng.) Cabrera**
多年生草本；偶见。
生于城市公园和绿地。

分布于南昌县（蒋巷镇、麻丘镇）；进贤县（梅庄镇）。

马缨丹属 *Lantana* L.

※ * 马缨丹 *Lantana camara* L.
常绿灌木；罕见。
生于城市公园和绿地。
分布于新建区（梅岭镇、罗亭镇）；青云谱区（青云谱镇）。

过江藤属 *Phyla* Lour.

※ 过江藤 *Phyla nodiflora* (L.) Greene
多年生草本；罕见。
生于平原地区河湖堤坝或洲滩沙地。
分布于东湖区（扬子洲镇）。

马鞭草属 *Verbena* L.

※ # 柳叶马鞭草 *Verbena bonariensis* L.
多年生草本；频见。
生于城市公园和绿地，也有少量逸生于田野、路边。
分布于安义县（石鼻镇）；新建区（环球公园、梅岭镇、石埠镇、溪霞镇、招贤镇）；红谷滩区（北龙幡街、生米镇、红角洲管理处）；东湖区（扬子洲镇）；南昌县（昌东镇、蒋巷镇、麻丘镇、武阳镇）；进贤县（下埠集乡、衙前乡、长山晏乡）。
※ 马鞭草 *Verbena officinalis* L.
多年生草本；极常见。
生于低山、丘陵、岗地或平原等地区田野、路边、村旁、河湖堤坝、草丛。
全市广布。
※ # 白毛马鞭草 *Verbena stricta* Vent.
多年生草本；罕见。
生于平原地区城市公园和绿地，也有少量逸生于洲滩荒地、田野、路边。
分布于东湖区（扬子洲镇）；南昌县（蒋巷镇）。

383 唇形科 Lamiaceae

筋骨草属 *Ajuga* L.

※ 筋骨草 *Ajuga ciliata* Bunge
多年生草本；罕见。
生于低山、丘陵、岗地或平原等地区山谷、林缘、草地、河湖滩涂中。
分布于新建区（招贤镇、长垅镇）；红谷滩区（红角洲管理处）。
※ 金疮小草 *Ajuga decumbens* Thunb.
一、二年生草本；频见。
生于低山、丘陵、岗地或平原等地区山谷、林缘、草地、河湖滩涂中。
全市广布。
※ 紫背金盘 *Ajuga nipponensis* Makino
一、二年生草本；偶见。
生于低山、丘陵、岗地或平原等地区山谷、林缘、草地、河湖滩涂中。
分布于安义县（万埠镇、新民乡）；新建区（罗亭镇、梅岭镇）。

广防风属 *Anisomeles* R. Br.

　※ **广防风 *Anisomeles indica*** (L.) Kuntze
　　多年生草本；罕见。
　　生于低山、丘陵地区路边灌草丛。
　　分布于新建区（招贤镇）。

紫珠属 *Callicarpa* L.

　※ **紫珠 *Callicarpa bodinieri*** H. Lév.
　　落叶灌木；偶见。
　　生于低山或丘陵地区林缘、林中、灌丛中。
　　分布于新建区（梅岭镇）；南昌县（黄马乡、向塘镇）；进贤县（白圩乡、李渡镇、南台乡、前坊镇、三阳集乡、张公镇、钟陵乡）。

　※ **短柄紫珠 *Callicarpa brevipes*** (Benth.) Hance
　　落叶灌木；罕见。
　　生于低山或丘陵地区林缘、林中、灌丛中。
　　分布于新建区（洗药湖管理处）。

　※ **华紫珠 *Callicarpa cathayana*** Hung T. Chang
　　落叶灌木；罕见。
　　生于低山或丘陵地区林缘、林中、灌丛中。
　　分布于安义县（万埠镇）。

　※ **白棠子树 *Callicarpa dichotoma*** (Lour.) K. Koch
　　落叶灌木；罕见。
　　生于低山或丘陵地区林缘、林中、灌丛中。
　　分布于安义县（新民乡）。

　※ **老鸦糊 *Callicarpa giraldii*** Hesse ex Rehder
　　落叶灌木；频见。
　　生于低山或丘陵地区林缘、林中、灌丛中。
　　分布于安义县（东阳镇、石鼻镇、新民乡、长埠镇）；新建区（罗亭镇、梅岭镇、太平镇、西山镇、溪霞镇）。

　※ **日本紫珠 *Callicarpa japonica*** Thunb.
　　落叶灌木；偶见。
　　生于低山或丘陵地区林缘、林中、灌丛中。
　　分布于安义县（新民乡）。

　※ **枇杷叶紫珠 *Callicarpa kochiana*** Makino
　　落叶灌木；偶见。
　　生于低山或丘陵地区林缘、林中、灌丛中。
　　分布于安义县（乔乐乡）；新建区（石埠镇、石岗镇、松湖镇、西山镇）；进贤县（下埠集乡、长山晏乡）。

　※ **广东紫珠 *Callicarpa kwangtungensis*** Chun
　　落叶灌木；偶见。
　　生于低山或丘陵地区林缘、林中、灌丛中。
　　分布于安义县（乔乐乡）；新建区（石埠镇、西山镇、太平镇）。

莸属 *Caryopteris* Bunge

　※ **兰香草 *Caryopteris incana*** (Thunb.) Miq.
　　落叶灌木；偶见。

生于低山、丘陵或岗地等地区干旱山坡、路旁、裸露岩砾地。

分布于安义县（龙津镇）；新建区（招贤镇）；红谷滩区（流湖镇）；南昌县（黄马乡、泾口乡、南新乡）；进贤县（池溪乡、梅庄镇、南台乡、三里乡、二塘乡）。

※ **狭叶兰香草** *Caryopteris incana* var. *angustifolia* S. L. Chen & R. L. Guo

落叶灌木；罕见。

生于低山、丘陵或岗地等地区干旱山坡、路旁、裸露岩砾地。

分布于新建区（南矶乡）。

大青属 *Clerodendrum* L.

※ **臭牡丹** *Clerodendrum bungei* Steud.

落叶灌木；偶见。

生于山坡、林缘、沟谷、路旁、灌丛润湿处。

分布于安义县（新民乡）；新建区（范家山）；南昌县（蒋巷镇）；进贤县（白圩乡、南台乡、泉岭乡）。

※ **灰毛大青** *Clerodendrum canescens* Wall.

落叶灌木；罕见。

生于低山或丘陵地区路边、林缘、疏林、灌草丛中。

分布于新建区（石岗镇）；进贤县（下埠集乡）。

※ **臭茉莉** *Clerodendrum chinense* var. *simplex* (Moldenke) S. L. Chen

落叶灌木；偶见。

生于低山、丘陵或岗地等地区路边、村旁，湿润林缘、谷地。

分布于新建区（石岗镇、西山镇、溪霞镇、洗药湖管理处）。

※ **大青** *Clerodendrum cyrtophyllum* Turcz.

落叶灌木；极常见。

生于低山、丘陵或岗地等地区路边、村旁、林下、林缘、灌草丛。

全市广布。

※ **海通** *Clerodendrum mandarinorum* Diels

落叶乔木或灌木状；罕见。

生于低山、丘陵区次生林中、沟谷林缘。

分布于新建区（太平镇）。

※ **海州常山** *Clerodendrum trichotomum* Thunb.

落叶灌木；罕见。

生于低山或丘陵地区阔叶林内。

分布于安义县（万埠镇）。

风轮菜属 *Clinopodium* L.

※ **风轮菜** *Clinopodium chinense* (Benth.) Kuntze

多年生草本；频见。

生于低山、丘陵、岗地或平原等地区路边、村边、河湖堤坝、滩涂地、灌草丛中。

分布于安义县（鼎湖镇、石鼻镇）；新建区（昌邑乡、环球公园、联圩镇、鄱阳湖国家级自然保护区、樵舍镇、石埠镇、象山镇、恒湖垦殖场）；红谷滩区（生米镇、流湖镇、红角洲管理处）；南昌县（澄碧湖公园、东新乡、富山乡、冈上镇、蒋巷镇、泾口乡、南新乡、五星垦殖场）；进贤县（池溪乡、梅庄镇、前坊镇、泉岭乡、三里乡、石牛窝、下埠集乡）。

※ **邻近风轮菜** *Clinopodium confine* (Hance) Kuntze

多年生草本；极常见。

生于低山、丘陵、岗地或平原等地区路边、村边、河湖堤坝、滩涂地、灌草丛中。

全市广布。

※ **细风轮菜** *Clinopodium gracile* (Benth.) Matsum.

多年生草本；频见。

生于低山、丘陵、岗地或平原等地区路边、村边、河湖堤坝、滩涂地、灌草丛中。

分布于新建区（乐化镇、罗亭镇、樵舍镇、石埠镇、西山镇、溪霞镇、招贤镇）；红谷滩区（厚田乡、流湖镇）；青山湖区（罗家镇）；南昌县（八一乡、昌东镇、冈上镇、蒋巷镇、泾口乡、麻丘镇、南新乡、塘南镇、五星垦殖场）；进贤县（池溪乡、南台乡、三里乡、二塘乡、长山晏乡）。

※ **匍匐风轮菜** *Clinopodium repens* (D. Don) Wall. ex Benth.

多年生草本；偶见。

生于低山、丘陵、岗地或平原等地区路边、村边、河湖堤坝、滩涂地、灌草丛中。

分布于南昌县（黄马乡）。

香薷属 *Elsholtzia* Willd.

※ **紫花香薷** *Elsholtzia argyi* Lévl.

一年生草本；罕见。

生于低山或丘陵地区小溪、湿润草地、疏林、林缘、裸露岩砾地中。

分布于新建区（梅岭镇、太平镇、洗药湖管理处）。

※ **香薷** *Elsholtzia ciliata* (Thunb.) Hyl.

一年生草本；偶见。

生于低山、丘陵或岗地等地区小溪、河岸、滩涂、湿润灌草丛、疏林、林缘、裸露岩砾地中。

分布于新建区（招贤镇）；南昌县（泾口乡）；进贤县（三里乡）。

活血丹属 *Glechoma* L.

※ **活血丹** *Glechoma longituba* (Nakai) Kupr.

多年生草本；偶见。

生于低山、丘陵、岗地或平原等地区路边、田埂、草地等阴湿处。

全市广布。

香茶菜属 *Isodon* (Benth.) Kudo

※ **尾叶香茶菜** *Isodon excisus* (Maxim.) Kudô

多年生草本；罕见。

生于低山或丘陵地区湿润路边、林缘、疏林、草地中。

分布于安义县（石鼻镇）。

※ **内折香茶菜** *Isodon inflexus* (Thunb.) Kudô

多年生草本；罕见。

生于低山或丘陵地区湿润路边、林缘、疏林、草地中。

分布于安义县（万埠镇）。

※ **大萼香茶菜** *Isodon macrocalyx* (Dunn) Kudô

多年生草本；罕见

生于低山或丘陵地区山坡路旁。

分布于新建区（梅岭镇）。文献记载，未见标本或照片。

※ **显脉香茶菜** *Isodon nervosus* (Hemsl.) Kudô

多年生草本；罕见。

生于低山或丘陵地区湿润路边、林缘、疏林、草地中。

分布于安义县（新民乡）。

※ **溪黄草** *Isodon serra* (Maxim.) Kudô
　　　　多年生草本；罕见。
　　　　生于低山或丘陵地区湿润路边、林缘、疏林、草地中。
　　　　分布于进贤县（民和镇、池溪乡）。

香简草属 *Keiskea* Miq.

　　※ **香薷状香简草** *Keiskea elsholtzioides* Merr.
　　　　一年生草本；偶见。
　　　　生于低山或丘陵地区湿润林下、灌草丛中。
　　　　分布于安义县（新民乡、长均乡）；新建区（太平镇、洗药湖管理处）。

夏至草属 *Lagopsis* (Bunge ex Benth.) Bunge

　　※ **夏至草** *Lagopsis supina* (Steph.) Ikonn.–Gal.
　　　　多年生草本；偶见。
　　　　生于低山、丘陵、岗地或平原等地区路旁、灌草丛中，也见于河湖堤坝、滩涂地。
　　　　分布于新建区（溪霞镇）；南昌县（泾口乡、幽兰镇）；进贤县（白圩乡、罗溪镇、民和镇、七里乡、二塘乡、石牛窝）。

野芝麻属 *Lamium* L.

　　※ **宝盖草** *Lamium amplexicaule* L.
　　　　一年生草本；常见。
　　　　生于丘陵、岗地或平原等地区路边、荒草地、撂荒农田中。
　　　　全市广布。
　　※ **野芝麻** *Lamium barbatum* Siebold & Zucc.
　　　　多年生草本；偶见。
　　　　生于低山或丘陵地区路边、溪旁、田埂、湿润灌草丛中。
　　　　分布于新建区（梅岭镇）；进贤县（南台乡、七里乡、钟陵乡）。

益母草属 *Leonurus* L.

　　※ **益母草** *Leonurus japonicus* Houtt.
　　　　一、二年生草本；极常见。
　　　　生于低山、丘陵、岗地或平原等地区路边、田野、河湖堤坝、滩涂地。
　　　　全市广布。

地笋属 *Lycopus* L.

　　※ **地笋** *Lycopus lucidus* Turcz.
　　　　多年生草本；罕见。
　　　　生于低山、丘陵或岗地等地区湿润灌草丛、小溪、沼泽。
　　　　分布于进贤县（下埠集乡）。
　　※ **硬毛地笋** *Lycopus lucidus* var. *hirtus* Regel
　　　　多年生草本；偶见。
　　　　生于低山、丘陵或岗地等地区湿润灌草丛、小溪、沼泽等中。
　　　　分布于新建区（太平镇、万埠镇）；南昌县（黄马乡、南新乡）。

小野芝麻属 *Matsumurella* Makino

※ **小野芝麻** *Matsumurella chinense* (Benth.) Bendiksby
一年生草本；偶见。
生于低山、丘陵或岗地等地区湿润路边、溪边、灌草丛、疏林中、林缘。
分布于安义县（新民乡）。

※ **近无毛小野芝麻** *Matsumurella chinense* var. *subglabrum* (C. Y. Wu) C. L. Xiang
一年生草本；偶见。
生于低山、丘陵或岗地等地区湿润路边、溪边、灌草丛、疏林中、林缘。
分布于安义县（新民乡、长均乡）。

※ **块根小野芝麻** *Matsumurella tuberifera* (Makino) Makino
多年生草本；常见。
生于低山、丘陵或岗地等地区湿润路边、溪边、灌草丛、疏林中、林缘。
分布于新建区（罗亭镇、梅岭镇）；南昌县（黄马乡）。

龙头草属 *Meehania* Britton

※ **华西龙头草** *Meehania fargesii* (H. Lév.) C. Y. Wu
多年生草本；偶见。
生于低山或丘陵地区湿润阔叶林、竹林下，溪边、路边、灌草丛中。
分布于新建区（梅岭镇、太平镇、罗亭镇、招贤镇）；南昌县（黄马乡）。

※ **走茎华西龙头草** *Meehania fargesii* var. *radicans* (Vaniot) C. Y. Wu
多年生草本；偶见。
生于低山或丘陵地区湿润阔叶林、竹林下，溪边、路边、灌草丛中。
分布于新建区（梅岭镇、太平镇、罗亭镇、招贤镇）。

※ **龙头草** *Meehania henryi* (Hemsl.) Y. Z. Sun ex C. Y. Wu
多年生草本；罕见。
生于低山或丘陵地区湿润阔叶林、竹林下，溪边、路边、灌草丛中。
分布于安义县（新民乡）。

薄荷属 *Mentha* L.

※ **薄荷** *Mentha canadensis* L.
多年生草本；偶见。
生于低山、丘陵、岗地或平原等地区路边、灌草丛、河湖堤岸、滩涂地、沼泽地、浅水洼地。
分布于安义县（长均乡）；新建区（联圩镇、招贤镇）。

※ * **留兰香** *Mentha spicata* L.
多年生草本；罕见。
生于城市公园和绿地、园地。
分布于新建区（梅岭镇、罗亭镇、太平镇、溪霞镇）。

石荠苎属 *Mosla* (Benth.) Buch. – Ham. ex Maxim.

※ **小花荠苎** *Mosla cavaleriei* Lévl.
一年生草本；偶见。
生于低山或丘陵地区路边、溪边、河湖堤坝、滩涂。
分布于安义县（新民乡）。

※ **石香薷** *Mosla chinensis* Maxim.
多年生草本；偶见。

生于低山或丘陵地区路边、干旱林下、裸露岩砾地等。

分布于安义县（鼎湖镇）；新建区（溪霞镇、象山镇、招贤镇）；南昌县（黄马乡）；进贤县（民和镇、钟陵乡）。

※ **小鱼仙草** *Mosla dianthera* (Buch.-Ham. ex Roxb.) Maxim.

一年生草本；频见。

生于低山、丘陵、岗地或平原等地区路边、溪边、河湖堤坝、滩涂。

分布于安义县（龙津镇、石鼻镇）；新建区（恒湖垦殖场、石埠镇）；进贤县（二塘乡）。

※ **荠苎** *Mosla grosseserrata* Maxim.

一年生草本；偶见。

生于低山、丘陵、岗地或平原等地区路边、溪边、河湖堤坝、滩涂。

分布于安义县（长埠镇）。

※ **长穗荠苎** *Mosla longispica* (C. Y. Wu) C. Y. Wu et H. W. Li

一年生草本；偶见。

生于低山、丘陵、岗地或平原等地区路边、溪边、河湖堤坝、滩涂。

分布于进贤县（衙前乡、钟陵乡）。

※ **石荠苎** *Mosla scabra* (Thunb.) C. Y. Wu & H. W. Li

一年生草本；极常见。

生于低山、丘陵、岗地或平原等地区路边、溪边、河湖堤坝、滩涂。

分布于南昌县（广福镇、黄马乡、南新乡）；进贤县（白圩乡、罗溪镇、七里乡、前坊镇、石牛窝、温圳镇、文港镇、下埠集乡、张公镇、钟陵乡）。

牛至属 *Origanum* L.

※ **牛至** *Origanum vulgare* L.

多年生草本；偶见。

生于低山或丘陵等地区路边、干旱林下、裸露岩砾地。

分布于安义县（长均乡）；南昌县（黄马乡、塘南镇）；进贤县（白圩乡、民和镇、南台乡、七里乡、三阳集乡、石牛窝、下埠集乡、张公镇、钟陵乡）。

假糙苏属 *Paraphlomis* Prain

※ **白花假糙苏** *Paraphlomis albiflora* (Hemsl.) Hand.-Mazz.

多年生草本；罕见。

生于低山或丘陵地区湿润阔叶林、竹林下。

分布于安义县（新民乡）。

※ **翼药草** *Paraphlomis intermedia* C. Y. Wu & H. W. Li

多年生草本；罕见。

生于低山或丘陵地区湿润阔叶林、竹林下。

分布于新建区（招贤镇、梅岭镇）；南昌县（黄马乡）。

紫苏属 *Perilla* L.

※ **紫苏** *Perilla frutescens* (L.) Britton

一年生草本；极常见。

生于低山、丘陵、岗地或平原等地区路边、园地内。

全市广布。

※ **野生紫苏** *Perilla frutescens* var. *purpurascens* (Hayata) H. W. Li

一年生草本；偶见。

生于丘陵、岗地或平原等地区路旁、村边荒地、舍旁。

分布于南昌县（八一乡、黄马乡、蒋巷镇）。

豆腐柴属 *Premna* L.

※ **豆腐柴** *Premna microphylla* Turcz.
常绿灌木；常见。
生于低山、丘陵或岗地等地区林下、林缘、灌草丛中。
分布于安义县（鼎湖镇、东阳镇、龙津镇、乔乐乡、万埠镇、新民乡、长埠镇、长均乡）；新建区（樵舍镇、太平镇、西山镇、洗药湖管理处、象山镇、招贤镇、梅岭镇）；红谷滩区（生米镇）；南昌县（黄马乡、幽兰镇）；进贤县（白圩乡、池溪乡、李渡镇、罗溪镇、民和镇、南台乡、七里乡、前坊镇、泉岭乡、三阳集乡、石牛窝、温圳镇、文港镇、下埠集乡、张公镇、长山晏乡、钟陵乡）。

夏枯草属 *Prunella* L.

※ **山菠菜** *Prunella asiatica* Nakai
多年生草本；罕见。
生于丘陵、岗地或平原等地区路旁、山坡草地、灌丛、园地。
分布于南昌县（黄马乡、幽兰镇）。

※ **夏枯草** *Prunella vulgaris* L.
多年生草本；常见。
生于丘陵、岗地或平原等地区路旁、山坡草地、灌丛、园地。
全市广布。

迷迭香属 *Rosmarinus* L.

※ * **迷迭香** *Rosmarinus officinalis* L.
常绿灌木；罕见。
生于城市公园、绿地、园地。
分布于安义县（东阳镇）。

鼠尾草属 *Salvia* L.

※ **南丹参** *Salvia bowleyana* Dunn
多年生草本；罕见。
生于低山和丘陵地区路旁、林下、溪流岸边。
分布于新建区（太平镇、梅岭镇）。

※ **血盆草** *Salvia cavaleriei* var. *simplicifolia* E. Peter
一年生草本；罕见。
生于低山或丘陵地区湿润林下、田埂、路边、裸露岩砾地。
分布于新建区（乔乐乡、西山镇）。

※ **华鼠尾草** *Salvia chinensis* Benth.
一年生草本；偶见。
生于低山或丘陵地区草地、灌草丛、林缘、疏林中。
分布于新建区（太平镇）。

※ **鼠尾草** *Salvia japonica* Thunb.
一年生草本；偶见。
生于低山或丘陵地区湿润林下、路旁、溪边、林缘。
分布于红谷滩区（流湖镇）。

※ **丹参** *Salvia miltiorrhiza* Bunge

多年生草本；罕见。

生于低山或丘陵地区湿润林下、路旁、溪边、林缘。

分布于新建区（招贤镇、太平镇）。

※ **荔枝草** *Salvia plebeia* R. Br.

一、二年生草本；常见。

生于低山、丘陵、岗地或平原等地区路旁、河湖驳岸、滩涂、草地、撂荒农田中。

分布于安义县（东阳镇、龙津镇、乔乐乡、万埠镇、新民乡、长埠镇）；新建区（昌邑乡、恒湖垦殖场、环球公园、乐化镇、联圩镇、梅岭镇、南矶乡、樵舍镇、石埠镇、太平镇、西山镇、溪霞镇、洗药湖管理处、象山镇、招贤镇）；红谷滩区（红角洲管理处）；东湖区（扬子洲镇）；南昌县（向塘镇、东新乡、富山乡、泾口乡、南新乡）；进贤县（白圩乡、池溪乡、三里乡、下埠集乡、衙前乡、长山晏乡）。

※ **红根草** *Salvia prionitis* Hance

一年生草本；罕见。

生于低山或丘陵地区草地、灌草丛、林缘、疏林中。

分布于新建区（栖霞镇）。

※ **地埂鼠尾草** *Salvia scapiformis* Hance

一年生草本；罕见。

生于低山或丘陵地区湿润林下、路旁、溪边、林缘。

分布于新建区（厚田乡）；红谷滩（流湖镇）。

※ * **一串红** *Salvia splendens* Ker Gawl.

一年生草本；常见。

生于城乡绿地。

市内广泛栽培。

※ **佛光草** *Salvia substolonifera* Stib.

一年生草本；偶见。

生于低山或丘陵地区湿润林下、路旁、溪边、林缘。

分布于新建区（太平镇）。

※ # **天蓝鼠尾草** *Salvia uliginosa* Benth.

多年生草本；罕见。

生于城市公园和绿地。

市内有栽培。

黄芩属 *Scutellaria* L.

※ **半枝莲** *Scutellaria barbata* D. Don

多年生草本；偶见。

生于低山、丘陵、岗地或平原等地区溪边、河湖岸边，潮湿的草地、沼泽地、浅水洼地。

分布于进贤县、南昌县。

※ **岩藿香** *Scutellaria franchetiana* H. Lév.

多年生草本；罕见。

生于岗地或平原地区溪边、坑塘岸边。

分布于新建区（厚田乡）；红谷滩（流湖镇）。

※ **韩信草** *Scutellaria indica* L.

多年生草本；偶见。

生于低山或丘陵地区草地、灌草丛、林缘、疏林中。

分布于安义县（黄洲镇、新民乡、石鼻镇）；新建区（金桥乡、象山镇、招贤镇）；进贤县（南台乡）。

※ **小叶韩信草** *Scutellaria indica* var. *parvifolia* (Makino) Makino

多年生草本；罕见。

生于低山或丘陵地区草地、灌草丛、林缘、疏林中。

分布于安义县（黄洲镇、新民乡）。

※ **喜荫黄芩** *Scutellaria sciaphila* S. Moore

一年生草本；罕见。

生于低山或丘陵地区草地、灌草丛、林缘、疏林中。

分布于新建区（栖霞镇）。

※ **柔弱黄芩** *Scutellaria tenera* C. Y. Wu & H. W. Li

一年生草本；罕见。

生于低山或丘陵地区草地、灌草丛、林缘、疏林中。

分布于安义县（新民乡）。

水苏属 *Stachys* L.

※ **田野水苏** *Stachys arvensis* L.

一年生草本；罕见。

生于丘陵或岗地地区路边、草丛、滩涂、撂荒农田中。

分布于新建区（南矶乡）；东湖区（大院街道）。

※ **华水苏** *Stachys chinensis* Bunge ex Benth.

多年生草本；常见。

生于低山、丘陵或岗地等地区路边、草丛、河湖堤坝、滩涂、浅水洼地、撂荒农田中。

全市广布。

※ **地蚕** *Stachys geobombycis* C. Y. Wu

多年生草本；罕见。

生于低山、丘陵或岗地等地区路边、草丛、河湖堤坝、滩涂、浅水洼地、撂荒农田中。

分布于新建区（乐化镇、樵舍镇）。

※ **水苏** *Stachys japonica* Miq.

多年生草本；偶见。

生于低山、丘陵或岗地等地区路边、草丛、河湖堤坝、滩涂、浅水洼地、撂荒农田中。

分布于新建区（梅岭镇）；南昌县（富山乡）。

香科科属 *Teucrium* L.

※ **庐山香科科** *Teucrium pernyi* Franch.

多年生草本；偶见。

生于低山或丘陵地区湿润林下、林缘，灌草丛、裸露岩砾地。

分布于安义县（新民乡）；新建区（招贤镇）。

※ **铁轴草** *Teucrium quadrifarium* Buch.–Ham.

半灌木；罕见。

生于低山或丘陵地区湿润林下、林缘，灌草丛、裸露岩砾地。

分布于新建区（招贤镇、蛟桥镇）。

※ **血见愁** *Teucrium viscidum* Blume

多年生草本；偶见。

生于低山或丘陵地区湿润林下、林缘，灌草丛、裸露岩砾地。

分布于安义县（新民乡）；新建区（西山镇、溪霞镇、招贤镇）；进贤县（民和镇、南台乡）。

牡荆属 *Vitex* L.

※ **黄荆** *Vitex negundo* L.

落叶灌木；常见。

生于低山或丘陵地区路边、林缘、灌草丛中。

分布于安义县（鼎湖镇、东阳镇、黄洲镇、龙津镇、石鼻镇、万埠镇、新民乡）；新建区（范家山、环球公园、罗亭镇、梅岭镇、樵舍镇、石岗镇、溪霞镇、洗药湖管理处）；红谷滩区（厚田乡、生米镇）；青云谱区（青云谱镇）；南昌县（八一乡、黄马乡、塔城乡、向塘镇、幽兰镇）；进贤县（池溪乡、二塘乡、架桥镇、罗溪镇、民和镇、南台乡、前坊镇、三里乡、二塘乡、文港镇、下埠集乡、钟陵乡）。

※ **牡荆** *Vitex negundo* var. *cannabifolia* (Siebold & Zucc.) Hand.–Mazz.

落叶灌木；极常见。

生于低山或丘陵地区路边、林缘、灌草丛中。

全市广布。

※ **单叶蔓荆** *Vitex rotundifolia* L. f.

落叶灌木；偶见。

生于岗地或平原地区河湖堤坝、泥质、沙质滩涂地。

分布于红谷滩区（厚田乡）；南昌县（冈上镇、黄马乡、幽兰镇）；进贤县（白圩乡、架桥镇、南台乡、前坊镇、三阳集乡、温圳镇、钟陵乡）。

※ **灰毛牡荆** *Vitex canescens* Kurz

落叶灌木；罕见。

生于低山或丘陵地区路边、林缘、灌草丛中。

分布于安义县（新民乡）。

※ **荆条** *Vitex negundo* var. *heterophylla* (Franch.) Rehd.

落叶灌木；罕见。

生于低山或丘陵地区路边、林缘、灌草丛中。

分布于新建区（太平镇）。

※ **广东牡荆** *Vitex sampsonii* Hance

落叶灌木；罕见。

生于低山或丘陵地区路边、林缘、灌草丛中。

分布于南昌县（黄马乡）。

※ **蔓荆** *Vitex trifolia* L..

落叶灌木；罕见。

生于平原地区的河滩、疏林及村寨附近。

分布于南昌县（蒋巷镇）。

384 通泉草科 Mazaceae

通泉草属 *Mazus* Lour.

※ **早落通泉草** *Mazus caducifer* Hance

多年生草本；罕见。

生于地山、丘陵、岗地或平原等地区路边、村旁、田埂、湿润草地、沼泽地、撂荒农田中。

分布于安义县（新民乡）；新建区（栖霞镇）；南昌县（冈上镇、莲塘镇）。

※ **纤细通泉草** *Mazus gracilis* Hemsl.

多年生草本；罕见。

生于地山、丘陵、岗地或平原等地区路边、村旁、田埂、湿润草地、沼泽地、撂荒农田中。

分布于青山湖区（罗家镇）；南昌县（塘南镇）。

※ **匍茎通泉草** *Mazus miquelii* Makino

多年生草本；偶见。

生于地山、丘陵、岗地或平原等地区路边、村旁、田埂、湿润草地、沼泽地、撂荒农田中。

分布于安义县（东阳镇、新民乡）；新建区（南矶乡）。

※ **通泉草** *Mazus pumilus* (Burm. f.) Steenis
一年生草本；极常见。
生于地山、丘陵、岗地或平原等地区路边、村旁、田埂、湿润草地、沼泽地、撂荒农田中。
全市广布。
※ **林地通泉草** *Mazus saltuarius* Hand.–Mazz.
多年生草本；罕见。
生于低山或丘陵地区湿润林下、林缘、山谷溪边草地。
分布于安义县（新民乡）。

386 泡桐科 Paulowniaceae

泡桐属 *Paulownia* Siebold & Zucc.

※ **白花泡桐** *Paulownia fortunei* (Seem.) Hemsl.
落叶乔木；极常见。
生于低山或丘陵地区次生性灌草丛、疏林、阔叶林、针叶林中，也见于岗地、平原等地区村边、河湖堤坝、田埂等处。
分布于安义县（鼎湖镇、东阳镇、龙津镇、乔乐乡、石鼻镇、万埠镇、新民乡、长埠镇、长均乡）；新建区（昌邑乡、范家山、金桥乡、乐化镇、梅岭镇、樵舍镇、石埠镇、石岗镇、松湖镇、太平镇、西山镇、溪霞镇、洗药湖管理处、象山镇、招贤镇）；红谷滩区（生米镇）；南昌县（八一乡、黄马乡、蒋巷镇、泾口乡、塔城乡、向塘镇、幽兰镇）；进贤县（白圩乡、池溪乡、二塘乡、架桥镇、李渡镇、罗溪镇、梅庄镇、民和镇、南台乡、前坊镇、泉岭乡、三里乡、三阳集乡、文港镇、下埠集乡、衙前乡、张公镇、长山晏乡、钟陵乡）。
※ **台湾泡桐** *Paulownia kawakamii* T. Itô
落叶乔木；偶见。
生于低山或丘陵地区次生性灌草丛、疏林、阔叶林、针叶林中，也见于岗地或平原地区村边、河湖堤坝、田埂。
分布于安义县（万埠镇）；新建区（樵舍镇、石埠镇、西山镇）；红谷滩区（厚田乡、生米镇、流湖镇）；南昌县（富山乡、冈上镇、泾口乡、幽兰镇）；进贤县（梅庄镇、三里乡）。
※ **毛泡桐** *Paulownia tomentosa* (Thunb.) Steud.
落叶乔木；罕见。
生于低山或丘陵地区次生性灌草丛、疏林、阔叶林、针叶林中，也见于岗地或平原地区村边、河湖堤坝、田埂。
分布于新建区（西山镇）；红谷滩区（流湖镇）。

387 列当科 Orobanchaceae

野菰属 *Aeginetia* L.

※ **野菰** *Aeginetia indica* L.
一年生寄生草本；常见
生于土层深厚、湿润、枯叶多地方，常寄生于禾本科芒属、甘蔗属等禾本植物根部。
分布于新建区（招贤镇、太平镇）。

黑草属 *Buchnera* L.

※ **黑草** *Buchnera cruciata* Buch.–Ham. ex D. Don
一年生草本；罕见。
生于低山、丘陵或岗地等地区路边、草地、干旱荒坡。

分布于新建区（栖霞镇）。

胡麻草属 *Centranthera* R. Br.

※ **胡麻草 *Centranthera cochinchinensis*** (Lour.) Merr.
一年生草本；罕见。
生于低山或丘陵地区路边、林缘、草地中。
分布于安义县（新民乡）；新建区（招贤镇、望城镇）。

山罗花属 *Melampyrum* L.

※ **山罗花 *Melampyrum roseum*** Maxim.
一年生草本；偶见。
生于低山或丘陵地区路边、林缘、裸露岩砾地、灌草丛中。
分布于新建区（太平镇、梅岭镇、洗药湖管理处、招贤镇）。

松蒿属 *Phtheirospermum* Bunge ex Fisch. & C. A. Mey.

※ **松蒿 *Phtheirospermum japonicum*** (Thunb.) Kanitz.
一年生草本；罕见。
生于低山或丘陵地区路边、林缘、裸露岩砾地、灌草丛中。
分布于南昌县（黄马乡）。

阴行草属 *Siphonostegia* Benth.

※ **腺毛阴行草 *Siphonostegia laeta*** S. Moore
一年生草本；偶见。
生于低山或丘陵地区路边、林缘、裸露岩砾地、灌草丛中。
分布于新建区（招贤镇、蛟桥镇）。

392 冬青科 Aquifoliaceae

冬青属 *Ilex* L.

※ **满树星 *Ilex aculeolata*** Nakai
落叶灌木；常见。
生于低山、丘陵或岗地等地区林下、灌草丛中。
分布于安义县（鼎湖镇、东阳镇、黄洲镇、龙津镇、乔乐乡、石鼻镇、万埠镇、新民乡、长埠镇、长均乡）；新建区（金桥乡、罗亭镇、梅岭镇、樵舍镇、石埠镇、石岗镇、太平镇、西山镇、溪霞镇、洗药湖管理处、象山镇、招贤镇）；红谷滩区（厚田乡）；青山湖区（罗家镇）；南昌县（冈上镇、黄马乡、三江镇、向塘镇）；进贤县（白圩乡、池溪乡、二塘乡、架桥镇、李渡镇、罗溪镇、民和镇、南台乡、前坊镇、泉岭乡、三阳集乡、石牛窝、文港镇、下埠集乡、长山晏乡、钟陵乡）。

※ **秤星树 *Ilex asprella*** (Hook. & Arn.) Champ. ex Benth.
落叶灌木；偶见。
生于低山、丘陵或岗地地区林下、灌草丛中。
分布于南昌县（幽兰镇）；进贤县（白圩乡、李渡镇、民和镇、石牛窝、下埠集乡、长山晏乡、钟陵乡）。

※ **短梗冬青 *Ilex buergeri*** Miq.

常绿乔木；偶见。

生于低山或丘陵地区阔叶林中、林缘。

分布于新建区（栖霞镇）；南昌县（黄马乡）。

※ **华中枸骨 *Ilex centrochinensis*** S. Y. Hu

常绿灌木；罕见。

生于低山或丘陵地区路旁、溪边灌丛中、林缘。

分布于安义县（新民乡）；新建区（洗药湖管理处）。

※ **冬青 *Ilex chinensis*** Sims

常绿乔木；常见。

生于低山、丘陵或岗地等地区阔叶林中、林缘。

分布于安义县（鼎湖镇、东阳镇、新民乡、长埠镇）；新建区（罗亭镇、梅岭镇、南矶乡、樵舍镇、石埠镇、石岗镇、太平镇、西山镇、溪霞镇、象山镇、招贤镇）；红谷滩区（生米镇）；南昌县（八一乡、塔城乡、向塘镇）；进贤县（白圩乡、池溪乡、架桥镇、李渡镇、罗溪镇、梅庄镇、民和镇、南台乡、泉岭乡、文港镇、下埠集乡、钟陵乡）。

※ **枸骨 *Ilex cornuta*** Lindl. & Paxton

常绿灌木；极常见。

生于山坡或丘陵地区灌丛中、疏林中、路边、溪旁、村舍附近。

全市广布。

※ * **龟甲冬青 *Ilex crenata*** var. ***convexa*** Makino

常绿灌木；罕见。

生于城市公园和绿地。

分布于新建区（招贤镇）；红谷滩区（石埠镇、生米镇、招贤镇、生米镇）。

※ **厚叶冬青 *Ilex elmerrilliana*** S. Y. Hu

常绿灌木；罕见。

生于低山、丘陵或岗地等地区阔叶林中、林缘。

分布于安义县（新民乡）；进贤县（白圩乡）。

※ **江西满树星 *Ilex kiangsiensis*** (S. Y. Hu) C. J. Tseng & B. W. Liu

落叶灌木；罕见。

生于低山、丘陵或岗地等地区灌草丛、阔叶林中、林缘。

分布于红谷滩区（流湖镇、厚田乡）；南昌县（冈上镇）。

※ **亮叶冬青 *Ilex nitidissima*** C. J. Tseng

常绿乔木；罕见。

生于低山、丘陵或岗地等地区阔叶林中、林缘。

分布于进贤县（民和镇、池溪乡）。

※ **毛冬青 *Ilex pubescens*** Hook. & Arn.

常绿灌木；罕见。

生于低山、丘陵或岗地等地区灌草丛、阔叶林中、林缘。

分布于安义县（新民乡）。

※ **铁冬青 *Ilex rotunda*** Thunb.

常绿灌木；偶见。

生于低山、丘陵或岗地等地区阔叶林中、林缘。

分布于南昌县（向塘镇、黄马乡、三江镇、幽兰镇）；进贤县（架桥镇、罗溪镇、民和镇、南台乡、三阳集乡）。

※ **落霜红 *Ilex serrata*** Thunb.

落叶灌木；偶见。

生于低山、丘陵或岗地等地区灌草丛、阔叶林中、林缘。

分布于新建区（太平镇）。

※ **三花冬青** *Ilex triflora* Blume
常绿灌木；罕见。
生于低山、丘陵或岗地等地区灌草丛、阔叶林中、林缘。
分布于安义县（新民乡）；新建区（金桥乡、太平镇）。

※ **浙江冬青** *Ilex zhejiangensis* C. J. Tseng ex S. K. Chen & Y. X. Feng
常绿乔木；罕见。
生于低山、丘陵山地林中。
分布于新建区（梅岭镇）。

394 桔梗科 Campanulaceae

沙参属 *Adenophora* Fisch.

※ **中华沙参** *Adenophora sinensis* A. DC.
多年生草本；偶见。
生于低山或丘陵地区灌草丛，阔叶林内、林缘，裸露岩砾地。
分布于新建区（太平镇）。

※ **轮叶沙参** *Adenophora tetraphylla* (Thunb.) Fisch.
多年生草本；偶见。
生于低山地区灌草丛，阔叶林内、林缘，裸露岩砾地。
分布于安义县（新民乡）；新建区（洗药湖管理处）。

党参属 *Codonopsis* Wall.

※ **金钱豹** *Codonopsis javanica* (Blume) Hook. f.
草质藤本；罕见。
生于低山或丘陵地区灌草丛，乔木林内、林缘，裸露岩砾地。
分布于（新民乡）。

※ **羊乳** *Codonopsis lanceolata* (Siebold & Zucc.) Trautv.
草质藤本；偶见。
生于低山或丘陵地区灌草丛，乔木林内、林缘，裸露岩砾地。
分布于新建区（洗药湖管理处、乐化镇、梅岭镇、太平镇、罗亭镇）。

半边莲属 *Lobelia* L.

※ **半边莲** *Lobelia chinensis* Lour.
多年生草本；常见。
生于低山、丘陵、岗地或平原等地区路边、溪边、河湖堤坝、滩涂地、草地、沼泽地、撂荒农田中。
分布于安义县（鼎湖镇、东阳镇、黄洲镇、龙津镇、乔乐乡、石鼻镇、新民乡、长埠镇、长均乡）；新建区（昌邑乡、乐化镇、梅岭镇、樵舍镇、石岗镇、铁河乡、西山镇、象山镇）；红谷滩区（生米镇）；南昌县（广福镇、黄马乡、蒋巷镇、南新乡、向塘镇、幽兰镇）；进贤县（二塘乡、罗溪镇、民和镇、南台乡、前坊镇、三里乡、三阳集乡、石牛窝、温圳镇、下埠集乡、张公镇、钟陵乡）。

※ **江南山梗菜** *Lobelia davidii* Franch.
多年生草本；罕见。
生于低山或丘陵地区路边、林缘、阴湿山谷中。
分布于新建区（太平镇、梅岭镇、罗亭镇、栖霞镇）。

※ **线萼山梗菜** *Lobelia melliana* E. Wimm.

多年生草本；罕见。

生于低山或丘陵地区路边、林缘、阴湿山谷中。

分布于新建区（太平镇）。

桔梗属 *Platycodon* A. DC.

※ **桔梗** *Platycodon grandiflorus* (Jacq.) A. DC.

多年生草本；罕见。

生于低山或丘陵地区路边、林缘、灌草丛、阴湿山谷中。

分布于青云谱区（京山街道、洪都街道、徐家坊街道）。

异檐花属 *Triodanis* Raf.

※ # **穿叶异檐花** *Triodanis perfoliata* (L.) Nieuwl.

一年生草本；罕见。

生于丘陵、岗地或平原等地区路边、溪边、河湖堤坝、滩涂地、草地、沼泽地、撂荒农田中。

分布于新建区（招贤镇）。

※ # **异檐花** *Triodanis perfoliata* subsp. *biflora* (Ruiz & Pav.) Lammers

一年生草本；常见。

生于丘陵、岗地或平原等地区路边、溪边、河湖堤坝、滩涂地、草地、沼泽地、撂荒农田中。

分布于安义县（龙津镇、石鼻镇、长埠镇）；新建区（昌邑乡、红角洲管理处、罗亭镇、梅岭镇、鄱阳湖国家级自然保护区、樵舍镇、石埠镇、石岗镇、松湖镇、太平镇、铁河乡、溪霞镇、招贤镇）；红谷滩区（北龙幡街、流湖镇）；东湖区（扬子洲镇）；南昌县（昌东镇、澄碧湖公园、蒋巷镇、泾口乡、麻丘镇、南新乡、塘南镇、五星垦殖场、幽兰镇）；进贤县（池溪乡、梅庄镇、三里乡、文港镇、下埠集乡）。

蓝花参属 *Wahlenbergia* Schrad. ex Roth

※ **蓝花参** *Wahlenbergia marginata* (Thunb.) A. DC.

多年生草本；极常见。

生于丘陵、岗地或平原等地区路边、溪边、河湖堤坝、滩涂地、草地、沼泽地、撂荒农田中。

全市广布。

400 睡菜科 Menyanthaceae

荇菜属 *Nymphoides* Ség.

※ **水皮莲** *Nymphoides cristata* (Roxburgh) Kuntze

多年生草本；罕见。

生于湖泊、坑塘、浅水洼地。

分布于新建区（南矶乡、昌邑乡）；南昌县（蒋巷镇）。

※ **金银莲花** *Nymphoides indica* (L.) Kuntze

多年生草本；罕见。

生于湖泊、坑塘、浅水洼地。

分布于新建区（南矶乡、昌邑乡）。

※ **荇菜** *Nymphoides peltata* (S. G. Gmel.) Kuntze

多年生草本；偶见。

生于湖泊、坑塘、浅水洼地。

分布于新建区（昌邑乡、联圩镇、南矶乡）；南昌县（昌东镇、蒋巷镇、泾口乡、塘南镇、五星垦殖场）；进贤县（三里乡、文港镇）。

403 菊科 Asteraceae

和尚菜属 *Adenocaulon* Hook.

※ **和尚菜 *Adenocaulon himalaicum* Edgew.**
多年生草本；罕见。
生于低山地区路边、溪流、峡谷，湿润草地。
分布于安义县（新民乡）。

下田菊属 *Adenostemma* J. R. Forst. & G. Forst.

※ **下田菊 *Adenostemma lavenia* (L.) Kuntze**
一年生草本；偶见。
生于低山、丘陵或岗地等地区溪边、路边、灌草丛、森林、林缘、撂荒农田。
分布于安义县（东阳镇、龙津镇、石鼻镇、万埠镇、新民乡）；新建区（梅岭镇、太平镇）。

藿香蓟属 *Ageratum* L.

※ # **藿香蓟 *Ageratum conyzoides* L.**
一年生草本；极常见。
生于低山、丘陵、岗地或平原等地区溪边、路边、灌草丛、园地、撂荒农田。
全市广布。

兔儿风属 *Ainsliaea* DC.

※ **杏香兔儿风 *Ainsliaea fragrans* Champ.**
多年生草本；偶见。
生于低山或丘陵地区山谷溪边、灌草丛、林下、林缘。
分布于安义县（万埠镇、新民乡、石鼻镇）；新建区（梅岭镇、洗药湖管理处）；进贤县（钟陵乡）。

※ **阿里山兔儿风 *Ainsliaea macroclinidioides* Hayata**
多年生草本；偶见。
生于低山或丘陵地区山谷溪边、灌草丛、林下、林缘。
分布于新建区（石岗镇、洗药湖管理处）。

豚草属 *Ambrosia* L.

※ # **豚草 *Ambrosia artemisiifolia* L.**
一年生草本；极常见。
生于低山、丘陵、岗地或平原等地区路边、村旁、草地、园地、撂荒农田、林缘、林中。
全市广布，为烈性入侵杂草。

香青属 *Anaphalis* DC.

※ **香青 *Anaphalis sinica* Hance**
多年生草本；罕见。

生于山地灌丛、草地、林缘、林下。

分布于新建区（梅岭镇、红星乡）。

牛蒡属 *Arctium* L.

※ **牛蒡** *Arctium lappa* L.

二年生草本；罕见。

生于山地灌草丛、林缘、林中，丘陵地区河湖堤坝、村庄、路旁、园地。

分布于南昌县（塔城乡）；进贤县（前坊镇、钟陵乡）。

蒿属 *Artemisia* L.

※ **黄花蒿** *Artemisia annua* L.

一年生草本；罕见。

生于低山、丘陵、岗地或平原等地区路边、草地、园地、河湖堤坝、滩涂地、山坡林缘。

分布于新建区（昌邑乡）；进贤县（三里乡）。

※ **奇蒿** *Artemisia anomala* S. Moore

多年生草本；偶见。

生于山地、丘陵区林缘、路旁、沟边、河湖岸边、灌草丛中。

分布于安义县（新民乡）；新建区（昌邑乡、金桥乡、联圩镇、罗亭镇、梅岭镇、石埠镇、太平镇、溪霞镇、象山镇、招贤镇）；南昌县（蒋巷镇、泾口乡）；进贤县（梅庄镇）。

※ **艾** *Artemisia argyi* H. Lév. & Vaniot

多年生草本；极常见。

生于低山、丘陵、岗地或平原等地区路边、草地、园地、河湖堤坝、滩涂地、山坡林缘。

全市广布。

※ **茵陈蒿** *Artemisia capillaris* Thunb.

多年生草本；频见。

生于低山、丘陵、岗地或平原等地区路边、草地、园地、河湖堤坝、滩涂地、山坡林缘。

分布于安义县（东阳镇、新民乡、长埠镇）；新建区（昌邑乡、联圩镇、南矶乡、石埠镇、西山镇、恒湖垦殖场）；红谷滩区（流湖镇）；南昌县（向塘镇、黄马乡、蒋巷镇、泾口乡、麻丘镇、南新乡、塘南镇、五星垦殖场、幽兰镇）；进贤县（白圩乡、池溪乡、梅庄镇、前坊镇、三里乡、文港镇、下埠集乡、钟陵乡）。

※ **青蒿** *Artemisia caruifolia* Buch.–Ham. ex Roxb.

一年生草本；常见。

生于低山、丘陵、岗地或平原等地区路边、草地、园地、河湖堤坝、滩涂地、山坡林缘。

分布于安义县（乔乐乡、新民乡、长均乡）；新建区（昌邑乡、联圩镇、罗亭镇、梅岭镇、鄱阳湖国家级自然保护区、石岗镇、溪霞镇）；红谷滩区（厚田乡、流湖镇）；青山湖区（罗家镇）；南昌县（八一乡、昌东镇、东新乡、富山乡、冈上镇、黄马乡、蒋巷镇、泾口乡、麻丘镇、南新乡、三江镇、塘南镇、五星垦殖场、幽兰镇）；进贤县（白圩乡、池溪乡、罗溪镇、梅庄镇、民和镇、南台乡、七里乡、前坊镇、三里乡、二塘乡、温圳镇、文港镇、下埠集乡、长山晏乡、钟陵乡）。

※ **五月艾** *Artemisia indica* Willd.

多年生草本；频见。

生于低山、丘陵、岗地或平原等地区路边、草地、园地、河湖堤坝、滩涂地、山坡林缘。

分布于新建区（昌邑乡、恒湖垦殖场、联圩镇、南矶乡、溪霞镇、招贤镇）；南昌县（蒋巷镇、泾口乡、南新乡、塘南镇、五星垦殖场、幽兰镇）；进贤县（梅庄镇、三里乡、文港镇）。

※ **牡蒿** *Artemisia japonica* Thunb

多年生草本；常见。

生于低山、丘陵、岗地或平原等地区路边、草地、园地、河湖堤坝、滩涂地、山坡林缘。

分布于新建区（南矶乡）；南昌县（昌东镇、蒋巷镇）。

※ **白苞蒿** *Artemisia lactiflora* Wall. ex DC.

多年生草本；频见。

生于低山或丘陵地区路边、林缘、林下、灌草丛中。

分布于安义县（新民乡）；新建区（梅岭镇、太平镇、招贤镇、罗亭镇、溪霞镇）。

※ **矮蒿** *Artemisia lancea* Vaniot

多年生草本；罕见。

生于低山、丘陵、岗地或平原等地区路边、草地、园地、河湖堤坝、滩涂地、山坡林缘。

分布于新建区（石埠镇、招贤镇）。

※ **野艾蒿** *Artemisia lavandulifolia* DC.

多年生草本；频见。

生于低山、丘陵、岗地或平原等地区路边、草地、园地、河湖堤坝、滩涂地、山坡林缘。

分布于安义县（石鼻镇）；新建区（鄱阳湖国家级自然保护区）；红谷滩区（流湖镇、厚田乡、生米镇）；青山湖区（罗家镇）；南昌县（八一乡、昌东镇、富山乡、冈上镇、蒋巷镇、泾口乡、塘南镇、幽兰镇）；进贤县（白圩乡、池溪乡、二塘乡、罗溪镇、民和镇、七里乡、前坊镇、三里乡、温圳镇、文港镇、下埠集乡、张公镇、钟陵乡）。

※ **魁蒿** *Artemisia princeps* Pamp.

多年生草本；偶见。

生于低山、丘陵、岗地或平原等地区路边、草地、园地、河湖堤坝、滩涂地、山坡林缘。

分布于南昌县（蒋巷镇）。

※ **红足蒿** *Artemisia rubripes* Nakai

多年生草本；罕见。

生于低山、丘陵、岗地或平原等地区路边、草地、园地、河湖堤坝、滩涂地、裸露岩砾地、山坡林缘。

分布于新建区（恒湖垦殖场、联圩镇、昌邑乡）。

※ **猪毛蒿** *Artemisia scoparia* Waldst. & Kit.

多年生草本；偶见。

生于低山、丘陵、岗地或平原等地区路边、草地、园地、河湖堤坝、滩涂地、山坡林缘。

分布于安义县（长埠镇）；新建区（昌邑乡、鄱阳湖国家级自然保护区、溪霞镇）；南昌县（富山乡）。

※ **蒌蒿** *Artemisia selengensis* Turcz. ex Besser

多年生草本；常见。

生于丘陵、岗地区的路边、田埂、河湖堤坝、滩涂地、沼泽地中。

分布于新建区（昌邑乡、恒湖垦殖场、南矶乡、鄱阳湖国家级自然保护区、石埠镇、象山镇）；红谷滩区（厚田乡、生米镇、流湖镇）；南昌县（八一乡、东新乡、富山乡、蒋巷镇、泾口乡、麻丘镇、南新乡、塘南镇、五星垦殖场、幽兰镇）；进贤县（梅庄镇、民和镇、三里乡、文港镇、下埠集乡）。

※ **大籽蒿** *Artemisia sieversiana* Ehrhart ex Willd.

一、二年生草本；罕见。

生于低山、丘陵、岗地或平原等地区路边、草地、园地、河湖堤坝、滩涂地、山坡林缘。

分布于新建区（长堎镇、蛟桥镇）。

※ **白莲蒿** *Artemisia stechmanniana* Besser

多年生草本；罕见。

生于低山、丘陵、岗地或平原等地区路边、草地、园地、河湖堤坝、滩涂地、山坡林缘。

分布于新建区（南新乡、联圩镇）。

※ **南艾蒿** *Artemisia verlotorum* Lamotte

多年生草本；频见。

生于低山、丘陵、岗地或平原等地区路边、草地、园地、河湖堤坝、滩涂地、山坡林缘。

分布于安义县（石鼻镇、万埠镇、新民乡）；新建区（昌邑乡、联圩镇、罗亭镇、樵舍镇、石埠镇、铁河乡、象山镇、恒湖垦殖场）；红谷滩区（生米镇、流湖镇）；青山湖区（艾溪湖森林湿地公园、京东镇、罗家镇）；南昌县（八一乡、东新乡、富山乡、冈上镇、南新乡、武阳镇）；进贤县（三里乡）。

紫菀属 *Aster* L.

※ **三脉紫菀** *Aster ageratoides* Turcz.

多年生草本；常见。

生于低山、丘陵或岗地等地区路边、村旁、田埂、林缘、草地、灌丛中。

分布于安义县（鼎湖镇、东阳镇、乔乐乡、石鼻镇、新民乡、长均乡、长埠镇）；新建区（罗亭镇、梅岭镇、石埠镇、太平镇、西山镇、溪霞镇、招贤镇）；红谷滩区（厚田乡、生米镇）；南昌县（八一乡、富山乡、冈上镇、黄马乡、武阳镇、向塘镇）；进贤县（白圩乡、池溪乡、梅庄镇、南台乡、泉岭乡）。

※ **白舌紫菀** *Aster baccharoides* (Benth.) Steetz

多年生草本；罕见。

生于低山、丘陵或岗地等地区路边、村旁、田埂、林缘、草地、灌丛中。

分布于安义县（新民乡）。

※ **裂叶马兰** *Aster incisus* Fisch.

多年生草本；罕见。

生于低山、丘陵或岗地等地区路边、村旁、田埂、林缘、草地、灌丛中。

分布于安义县（石鼻镇）

※ **马兰** *Aster indicus* L.

多年生草本；常见。

生于低山、丘陵、岗地或平原等地区路边、村旁、田埂、林缘、草地、灌丛中。

分布于安义县（鼎湖镇、东阳镇、乔乐乡、万埠镇、新民乡、长埠镇）；新建区（环球公园、金桥乡、罗亭镇、梅岭镇、樵舍镇、石埠镇、西山镇、溪霞镇、象山镇、恒湖垦殖场、招贤镇）；青山湖区（艾溪湖森林湿地公园）；南昌县（昌东镇、黄马乡、三江镇、向塘镇、幽兰镇）；进贤县（白圩乡、二塘乡、罗溪镇、梅庄镇、南台乡、七里乡、前坊镇、三里乡、温圳镇、下埠集乡、张公镇、钟陵乡）。

※ **山马兰** *Aster lautureanus* (Debeaux) Franch.

多年生草本；偶见。

生于低山、丘陵或岗地等地区路边、村旁、田埂、林缘、草地、灌丛中。

分布于安义县（东阳镇、黄洲镇）；进贤县（七里乡）。

※ **短冠东风菜** *Aster marchandii* H. Lév.

多年生草本；偶见。

生于低山或丘陵地区路边、溪边、灌草丛、林缘、疏林中。

分布于安义县（长埠镇、石鼻镇）；新建区（太平镇、石埠镇）。

※ **琴叶紫菀** *Aster panduratus* Nees ex Walper

多年生草本；罕见。

生于低山、丘陵山地草地、灌木林、裸露岩砾地、路边、林缘。

分布于安义县（新民乡）；新建区（罗亭镇、梅岭镇）。

※ **全叶马兰** *Aster pekinensis* (Hance) F. H. Chen

多年生草本；偶见。

生于低山、丘陵或岗地等地区路边、村旁、田埂、林缘、草地、灌丛中。

分布于安义县（鼎湖镇、东阳镇、新民乡）。

※ **东风菜** *Aster scaber* Thunb.

多年生草本；常见。

生于低山、丘陵、岗地或平原等地区路边、村旁、田埂、林缘、草地、灌丛中。

分布于全市广布。

※ **毡毛马兰** *Aster shimadae* (Kitamura) Nemoto

多年生草本；罕见。

生于低山、丘陵或岗地等地区路边、村旁、田埂、林缘、草地、灌丛中。

分布于安义县（新民乡）。

※ **紫菀** *Aster tataricus* L. f.

多年生草本；偶见。

生于低山、丘陵、岗地或平原等地区路边、村旁、田埂、林缘、草地、灌丛中。

分布于新建区（招贤镇）；红谷滩区（厚田乡）；南昌县（八一乡、蒋巷镇、武阳镇）；进贤县（张公镇）。

※ **三基脉紫菀** *Aster trinervius* D. Don

多年生草本；偶见。

生于低山、丘陵或岗地等地区路边、村旁、田埂、林缘、草地、灌丛中。

分布于新建区（罗亭镇、栖霞镇）。

苍术属 *Atractylodes* DC.

※ **苍术** *Atractylodes lancea* (Thunb.) DC.

多年生草本；偶见。

生于低山或丘陵地区草地、灌丛、疏林、林缘、裸露岩砾地中。

分布于进贤县（石牛窝、钟陵乡）。

鬼针草属 *Bidens* L.

※ # **婆婆针** *Bidens bipinnata* L.

一年生草本；罕见。

生于低山、丘陵、岗地或平原等地区路边、草地、园地、撂荒农田、河湖堤坝、滩涂地、山坡林缘。

分布于南昌县（广福镇、黄马乡、向塘镇）。

※ # **金盏银盘** *Bidens biternata* (Lour.) Merr. & Sherff

一年生草本；罕见。

生于低山、丘陵、岗地、平原等地区路边、草地、园地、撂荒农田、河湖堤坝、滩涂地、山坡林缘等处。

分布于新建区（石埠镇、生米镇）。

※ **大狼耙草** *Bidens frondosa* L.

一年生草本；常见。

生于低山、丘陵、岗地或平原等地区路边、草地、园地、撂荒农田、河湖堤坝、滩涂地、山坡林缘。

分布于新建区（昌邑乡、环球公园、招贤镇）；南昌县（蒋巷镇、泾口乡、五星垦殖场）；进贤县（石牛窝、文港镇）。

※ # **鬼针草** *Bidens pilosa* L.

一年生草本；极常见。

生于低山、丘陵、岗地或平原等地区路边、草地、园地、撂荒农田、河湖堤坝、滩涂地、山坡林缘。

全市广布。

※ **狼耙草** *Bidens tripartita* L.

一年生草本；极常见。

生于低山、丘陵、岗地或平原等地区路边、草地、园地、撂荒农田、河湖堤坝、滩涂地、山坡林缘。

全市广布。

艾纳香属 *Blumea* DC.

※ **柔毛艾纳香** *Blumea axillaris* (Lam.) DC.
一年生草本；罕见。
生于低山、丘陵、岗地或平原等地区路边、溪边、草地、田埂。
分布于新建区（太平镇、梅岭镇）。

※ **台北艾纳香** *Blumea formosana* Kitam.
一年生草本；偶见。
生于低山、丘陵、岗地或平原等地区路边、田埂、溪边、草地。
分布于安义县（万埠镇）。

※ **东风草** *Blumea megacephala* (Randeria) Chang et Tseng
多年生草质藤本；偶见。
生于低山、丘陵、岗地或平原等地区路边、田埂、溪边、草地、灌木林、林缘、疏林中。
分布于新建区（招贤镇）；进贤县（民和镇、前坊镇、钟陵乡）。

※ **长圆叶艾纳香** *Blumea oblongifolia* Kitam.
一年生草本；偶见。
生于低山、丘陵、岗地或平原等地区路边、田埂、溪边、草地、灌木林、林缘、疏林中。
分布于新建区（罗亭镇、栖霞镇）。

软金菀属 *Bradburia* Torr. & A. Gray

※ # **柔毛软金菀** *Bradburia pilosa* (Nutt.) Semple
一年生草本；罕见。
生于平原区河湖岸边沙地、草丛或撂荒农田中。
分布于新建区（乐化镇、望城镇）；南昌县（蒋巷镇）。

飞廉属 *Carduus* L.

※ **节毛飞廉** *Carduus acanthoides* L.
多年生草本；罕见。
生于丘陵、岗地或平原等地区河湖堤坝、滩涂地、沼泽地、草地、撂荒农田中。
分布于红谷滩区（红角洲管理处）；西湖区（桃花镇、朝阳洲街道）。

※ **丝毛飞廉** *Carduus crispus* L.
多年生草本；偶见。
生于丘陵、岗地或平原等地区河湖堤坝、滩涂地、沼泽地、草地、撂荒农田中。
分布于新建区（昌邑乡、南矶乡）。

※ **飞廉** *Carduus nutans* L.
多年生草本；罕见。
生于丘陵、岗地或平原等地区河湖堤坝、滩涂地、沼泽地、草地、撂荒农田中。
分布于新建区（蛟桥镇、冠山管理处、乐化镇）。

天名精属 *Carpesium* L.

※ **天名精** *Carpesium abrotanoides* L.
多年生草本；偶见。
生于低山、丘陵、岗地或平原等地区路边、田埂、溪边、草地、灌木林、林缘、疏林中。
分布于南昌县（冈上镇、泾口乡）；红谷滩区（流湖镇）。

※ **烟管头草** *Carpesium cernuum* L.
多年生草本；偶见。

生于低山、丘陵、岗地或平原等地区路边、田埂、溪边、草地、灌木林、林缘、疏林中。

分布于进贤县（民和镇、钟陵乡）。

※ **金挖耳** *Carpesium divaricatum* Siebold & Zucc.

多年生草本；偶见。

生于低山、丘陵、岗地或平原等地区林缘或路边。

分布于新建区（招贤镇）。

矢车菊属 *Centaurea* L.

※ # **矢车菊** *Centaurea cyanus* L.

一、二年生草本；偶见。

生于城市公园和绿地。

分布于安义县（龙津镇）；青山湖区（艾溪湖森林湿地公园）；进贤县（池溪乡、李渡镇、南台乡、七里乡、钟陵乡）。

石胡荽属 *Centipeda* Lour.

※ **石胡荽** *Centipeda minima* (L.) A. Braun & Asch.

一年生草本；频见。

生于丘陵、岗地或平原等地区路边、草地、园地、撂荒农田、河湖堤坝、滩涂地。

分布于新建区（昌邑乡、南矶乡、樵舍镇、铁河乡、溪霞镇、象山镇）；红谷滩区（厚田乡、生米镇）；南昌县（富山乡、冈上镇、黄马乡、泾口乡、南新乡、向塘镇）；进贤县（白圩乡、池溪乡、前坊镇、温圳镇、钟陵乡）。

菊属 *Chrysanthemum* L.

※ **野菊** *Chrysanthemum indicum* L.

多年生草本；常见。

生于低山、丘陵或岗地等地区路边、林缘、湿润岩壁。

分布于安义县（鼎湖镇）；新建区（环球公园、罗亭镇、梅岭镇、南矶乡、鄱阳湖国家级自然保护区、石埠镇、太平镇、西山镇、溪霞镇）；红谷滩区（厚田乡、生米镇、流湖镇）；青云谱区（青云谱镇）；南昌县（八一乡、昌东镇、冈上镇、蒋巷镇、泾口乡、麻丘镇、塘南镇、五星垦殖场、武阳镇、幽兰镇）；进贤县（池溪乡、梅庄镇、民和镇、南台乡、前坊镇、三里乡、二塘乡、文港镇、下埠集乡、衙前乡、张公镇、长山晏乡、钟陵乡）。

蓟属 *Cirsium* Mill.

※ **刺儿菜** *Cirsium arvense* var. *integrifolium* Wimm. & Grab.

多年生草本；偶见。

生于低山、丘陵、岗地或平原等地区路边、草地、撂荒农田、河湖堤坝、滩涂地。

分布于新建区（昌邑乡）。

※ **蓟** *Cirsium japonicum* Fisch. ex DC.

多年生草本；偶见。

生于低山、丘陵、岗地或平原等地区路边、草地、园地、撂荒农田、河湖堤坝、滩涂地、山坡林缘。

分布于安义县（东阳镇）；新建区（昌邑乡）；进贤县（梅庄镇）。

※ **线叶蓟** *Cirsium lineare* (Thunb.) Sch. Bip.

多年生草本；偶见。

生于低山、丘陵、岗地或平原等地区路边、草地、园地、撂荒农田、河湖堤坝、滩涂地、山坡林缘。

分布于安义县（新民乡）。

金鸡菊属 *Coreopsis* L.

※ # **大花金鸡菊** *Coreopsis grandiflora* Hogg ex Sweet

多年生草本；频见。

生于城乡绿地、道路边坡。

全市广泛栽培。

※ # **剑叶金鸡菊** *Coreopsis lanceolata* L.

一年生草本；偶见。

生于城乡绿地，道路边坡。

全市广泛栽培。

※ * **两色金鸡菊** *Coreopsis tinctoria* Nutt.

一年生草本；偶见。

生于城乡绿地，道路边坡。

分布于南昌县（八一乡、向塘镇）；进贤县（罗溪镇、南台乡、七里乡、前坊镇、张公镇、钟陵乡）。

秋英属 *Cosmos* Cav.

※ # **秋英** *Cosmos bipinnatus* Cav.

一年生草本；频见。

生于城乡绿地、道路边坡。

分布于安义县（龙津镇）；新建区（联圩镇、罗亭镇、梅岭镇、溪霞镇、洗药湖管理处、招贤镇）；青山湖区（罗家镇）；南昌县（澄碧湖公园、广福镇、黄马乡、泾口乡、麻丘镇、塘南镇、武阳镇、向塘镇）；进贤县（白圩乡、池溪乡、李渡镇、梅庄镇、南台乡、七里乡、前坊镇、三里乡、二塘乡、三阳集乡、文港镇、张公镇、钟陵乡）。

※ # **黄秋英** *Cosmos sulphureus* Cav.

一年生草本；偶见。

生于城市公园和绿地。

分布于安义县（万埠镇）；新建区（梅岭镇）；南昌县（向塘镇）；进贤县（南台乡、前坊镇、钟陵乡）。

山芫荽属 *Cotula* L.

※ **芫荽菊** *Cotula anthemoides* L.

一年生草本；偶见。

生于丘陵、岗地或平原等地区河流洪泛区、湖泊滩涂地、沼泽地、撂荒农田中。

分布于新建区（南矶乡）；南昌县（蒋巷镇）。

野茼蒿属 *Crassocephalum* Moench

※ # **野茼蒿** *Crassocephalum crepidioides* (Benth.) S. Moore

一年生草本；极常见。

生于低山、丘陵、岗地或平原等地区路边、林缘、灌草丛、园地、撂荒农田中。

全市广布。

假还阳参属 *Crepidiastrum* Nakai

※ **黄瓜菜** *Crepidiastrum denticulatum* (Houtt.) Pak & Kawano
一年生草本；频见
生于低山、丘陵或岗地等地区路边、林缘，阴湿石壁。
分布于安义县（万埠镇、新民乡、石鼻镇）；新建区（罗亭镇、梅岭镇、樵舍镇、石埠镇、石岗镇、太平镇、西山镇、溪霞镇、洗药湖管理处、招贤镇）；红谷滩区（厚田乡）；南昌县（黄马乡、蒋巷镇）；进贤县（下埠集乡、长山晏乡）。

※ **尖裂假还阳参** *Crepidiastrum sonchifolium* (Bunge) Pak & Kawano
一年生草本；偶见。
生于丘陵、岗地或平原等地区路边草地。
分布于新建区（鄱阳湖国家级自然保护区、象山镇）；青山湖区（罗家镇）；南昌县（八一乡、冈上镇）。

还阳参属 *Crepis* L.

※ **还阳参** *Crepis rigescens* Diels
多年生草本；罕见。
生于低山、丘陵、岗地或平原等地区路边、林缘、溪边、灌草丛、园地中。
分布于南昌县（塘南镇、泾口乡）；进贤县（三里乡）。

夜香牛属 *Cyanthillium* Blume

※ **夜香牛** *Cyanthillium cinereum* (L.) H. Rob.
一年生草本；偶见。
生于低山、丘陵或岗地等地区路边、林缘、田埂、灌草从中。
分布于新建区（太平镇、栖霞镇）。

羊耳菊属 *Duhaldea* DC.

※ **羊耳菊** *Duhaldea cappa* (Buch.–Ham. ex DC.) Anderb.
落叶灌木；罕见。
生于低山、丘陵或岗地等地区路边、林缘、田埂、灌草从中。
分布于安义县（新民乡）；新建区（招贤镇、蛟桥镇）。

松果菊属 *Echinacea* Moench

※ * **松果菊** *Echinacea purpurea* (L.) Moench
一年生草本；罕见。
生于城市公园和绿地。
分布于青云谱区（京山街道、洪都街道、徐家坊街道、青云谱镇）。

鳢肠属 *Eclipta* L.

※ # **鳢肠** *Eclipta prostrata* (L.) L.
一年生草本；常见。
生于低山、丘陵、岗地或平原等地区路边、林缘、田埂、河湖堤坝、滩涂地、草地、园地、撂荒农田中。
全市广布。

地胆草属 *Elephantopus* L.

※ **地胆草 *Elephantopus scaber* L.**
多年生草本；偶见。
生于低山、丘陵、岗地或平原等地区路边、林缘、河湖堤坝、草地、园地中。
分布于安义县（新民乡）。

一点红属 *Emilia* (Cass.) Cass.

※ **小一点红 *Emilia prenanthoidea* DC.**
一年生草本；偶见。
生于低山、丘陵或岗地等地区路边、林缘、疏林、灌木林、田埂、河湖堤坝、草地、园地、撂荒农田中。
分布于安义县（东阳镇）；新建区（溪霞镇）。

※ **一点红 *Emilia sonchifolia* (L.) DC. in Wight**
一年生草本；偶见。
生于低山、丘陵、岗地等地区路边、林缘或疏林、灌木林、田埂、河湖堤坝、草地、园地、撂荒农田中。
分布于安义县（新民乡）；新建区（罗亭镇、梅岭镇、石埠镇、铁河乡、溪霞镇、招贤镇）；进贤县（池溪乡、前坊镇）。

飞蓬属 *Erigeron* L.

※ **飞蓬 *Erigeron acris* L.**
二年生草本；频见。
生于低山、丘陵或岗地等地区路边、林缘、疏林、灌木林、田埂、河湖堤坝、草地、园地、撂荒农田中。
分布于安义县（东阳镇、黄洲镇、龙津镇、石鼻镇、万埠镇、新民乡、长均乡、长埠镇）；新建区（西山镇、招贤镇）；南昌县（黄马乡、向塘镇）。

※ # **一年蓬 *Erigeron annuus* (L.) Pers.**
一、二年生草本；极常见。
生于低山、丘陵、岗地或平原等地区路边、田埂、河湖堤坝、林缘、疏林、灌木林、草地、园地、滩涂地、撂荒农田中。
全市广布。

※ # **香丝草 *Erigeron bonariensis* L.**
一、二年生草本；常见。
生于低山、丘陵、岗地或平原等地区路边、田埂、河湖堤坝、林缘或疏林、灌木林、草地、园地、撂荒农田中。
分布于安义县（东阳镇、万埠镇、新民乡）；新建区（昌邑乡、金桥乡、罗亭镇、梅岭镇、石埠镇、石岗镇、铁河乡、溪霞镇、恒湖垦殖场、招贤镇）；南昌县（八一乡、向塘镇、广福镇、黄马乡、南新乡、三江镇）；进贤县（白圩乡、池溪乡、二塘乡、李渡镇、南台乡、七里乡、三里乡、三阳集乡、温圳镇、下埠集乡、衙前乡、长山晏乡、钟陵乡）。

※ **短葶飞蓬 *Erigeron breviscapus* (Vant.) Hand.–Mazz.**
多年生草本；罕见。
生于低山、丘陵和平原地区的草地或林缘。
分布于新建区（红角洲管理处）；红谷滩区（流湖镇）。

※ # **小蓬草 *Erigeron canadensis* L.**
一年生草本；极常见。
生于低山、丘陵、岗地或平原等地区路边、田埂、河湖堤坝、林缘或疏林、灌木林、草地、园地、摺荒农田中。

全市广布。

※ # **春飞蓬** *Erigeron philadelphicus* L.

一年生草本；罕见。

生于低山、丘陵、岗地或平原等地区路边、田埂、河湖堤坝、草地、园地、摺荒农田中。

分布于安义县（新民乡）；新建区（昌邑乡）；红谷滩区（生米镇）；青山湖区（罗家镇）；南昌县（冈上镇、武阳镇）。

※ # **糙伏毛飞蓬** *Erigeron strigosus* Muhlenberg ex Willdenow

一年生草本；罕见。

生于岗地或平原地区路边、田埂、草地中。

分布于新建区（恒湖垦殖场、昌邑乡）。

※ # **苏门白酒草** *Erigeron sumatrensis* Retz.

一、二年生草本；频见。

生于山坡草地、旷野、路旁。

分布于新建区（昌邑乡、南矶乡、大塘坪乡、铁河乡）。

白酒草属 *Eschenbachia* Moench

※ # **白酒草** *Eschenbachia japonica* (Thunb.) J. Kost.

一年生草本；偶见。

生于丘陵、岗地、平原等地区路边、田埂、河湖堤坝、草地、园地、摺荒农田中。

分布于安义县（长埠镇）；新建区（罗亭镇、鄱阳湖国家级自然保护区）。

泽兰属 *Eupatorium* L.

※ **多须公** *Eupatorium chinense* L.

多年生草本；频见。

生于低山、丘陵、岗地或平原等地区路边、田埂、河湖堤坝、林缘、疏林、灌木林、草地中。

分布于安义县（东阳镇、乔乐乡、万埠镇、新民乡、石鼻镇、长埠镇）；新建区（金桥乡、罗亭镇、樵舍镇、石埠镇、太平镇、西山镇、招贤镇）；南昌县（向塘镇、幽兰镇）；进贤县（白圩乡、架桥镇、南台乡、七里乡、钟陵乡）。

※ # **佩兰** *Eupatorium fortunei* Turcz

多年生草本；罕见。

生于低山、丘陵或岗地等地区路边、田埂、林缘、疏林、灌木林中。

市内有分布，产地不详。

※ **白头婆** *Eupatorium japonicum* Thunb. in Murray

多年生草本；偶见。

生于低山或丘陵地区疏林、灌丛、草地、溪谷林下。

分布于安义县（长埠镇）；新建区（罗亭镇、梅岭镇、太平镇、溪霞镇、洗药湖管理处、招贤镇）。

大吴风草属 *Farfugium* Lindl.

※ # **大吴风草** *Farfugium japonicum* (L. f.) Kitam.

多年生草本；罕见。

生于城市公园和绿地。

分布于青山湖区（艾溪湖森林湿地公园、京东镇、南昌高新开发区）。

天人菊属 *Gaillardia* Foug.

※ * **天人菊** *Gaillardia pulchella* Foug.
一年生草本；偶见。
生于城市公园和绿地。
分布于南昌县（黄马乡、向塘镇）；进贤县（李渡镇、南台乡、七里乡、钟陵乡）。

牛膝菊属 *Galinsoga* Ruiz & Pav.

※ # **牛膝菊** *Galinsoga parviflora* Cav.
一年生草本；偶见。
生于低山、丘陵、岗地或平原等地区路边、田埂、河湖堤坝、滩涂地、草地、园地、撂荒农田中。
分布于安义县（鼎湖镇、东阳镇、长埠镇）；新建区（梅岭镇、太平镇、西山镇、溪霞镇）。
※ # **粗毛牛膝菊** *Galinsoga quadriradiata* Ruiz & Pavon
一年生草本；频见。
生于低山、丘陵、岗地或平原等地区路边、田埂、河湖堤坝、滩涂地、草地、园地、撂荒农田中。
分布于安义县（鼎湖镇、东阳镇、黄洲镇、新民乡、长埠镇）；新建区（联圩镇、梅岭镇、石岗镇、太平镇、西山镇、溪霞镇、洗药湖管理处、招贤镇）；红谷滩区（生米镇）。

合冠鼠曲属 *Gamochaeta* Wedd.

※ **匙叶合冠鼠曲** *Gamochaeta pensylvanica* (Willd.) Cabrera
一年生草本；频见。
生于低山、丘陵、岗地或平原等地区路边、田埂、河湖堤坝、滩涂地、草地、园地、撂荒农田中。
分布于安义县（长埠镇）；东湖区（杨子洲镇）；红谷滩区（九龙湖管理处、生米镇、流湖镇）；青山湖区（溪霞镇）；新建区（昌邑乡、范家山、联圩镇、罗亭镇、梅岭镇、石埠镇、太平镇、溪霞镇、招贤镇）；南昌县（东新乡）；进贤县（三里乡、文港镇）。

茼蒿属 *Glebionis* Cass.

※ * **茼蒿** *Glebionis coronaria* (L.) Cass. ex Spach
一年生草本；罕见。
生于田野、园地、路边、房前屋后。
分布于进贤县（温圳镇、文港镇、温圳镇、张公镇）。

湿鼠曲草属 *Gnaphalium* L.

※ **多茎湿鼠曲草** *Gnaphalium polycaulon* Pers.
一年生草本；罕见。
生于低山、丘陵、岗地或平原等地区路边、田埂、河湖堤坝、滩涂地、草地中。
分布于新建区（南矶乡）。

向日葵属 *Helianthus* L.

※ # **菊芋** *Helianthus tuberosus* L.
多年生草本；偶见。
生于路边、田野、荒地。
分布于新建区（联圩镇、梅岭镇）；南昌县（昌东镇、蒋巷镇、泾口乡、麻丘镇、塘南镇、五星垦殖场）；进贤县（梅庄镇、南台乡、三里乡、文港镇）。

泥胡菜属 *Hemisteptia* (Bunge) Fisch. & C. A. Mey.

※ 泥胡菜 *Hemisteptia lyrata* (Bunge) Fisch. & C. A. Mey.
一年生草本；常见。
生于低山、丘陵、岗地或平原等地区路边、田埂、河湖堤坝、滩涂地、草地、园地、撂荒农田中。
分布于安义县（鼎湖镇、石鼻镇、新民乡、长均乡）；新建区（昌邑乡、恒湖垦殖场、望城镇、罗亭镇、梅岭镇、南矶乡、石埠镇、太平镇、溪霞镇、洗药湖管理处、招贤镇、太平镇）；东湖区（扬子洲镇）；红谷滩区（厚田乡）；南昌县（八一乡、塔城乡、向塘镇）；进贤县（白圩乡、池溪乡、架桥镇、罗溪镇、民和镇、南台乡、前坊镇、泉岭乡、三里乡、石牛窝、文港镇、下埠集乡、钟陵乡）。

猫耳菊属 *Hypochaeris* L.

※ 猫耳菊 *Hypochaeris ciliata* (Thunb.) Makino
多年生草本；罕见。
生于山坡草地、林缘路旁、灌丛中。
分布于新建区（乐化镇、樵舍镇、栖霞镇）。

旋覆花属 *Inula* L.

※ 旋覆花 *Inula japonica* Thunb.
多年生草本；罕见。
生于低山、丘陵、岗地或平原等地区路边、林缘、河湖堤坝、滩涂地、灌草丛中。
分布于红谷滩区（流湖镇、厚田乡、生米镇）。

小苦荬属 *Ixeridium* (A. Gray) Tzvelev

※ 小苦荬 *Ixeridium dentatum* (Thunb.) Tzvelev
多年生草本；偶见。
生于山地、丘陵或岗地等地区路边、林缘、田埂、河湖堤坝、灌木林、草丛中。
分布于安义县（龙津镇）；新建区（招贤镇）；红谷滩区（生米镇）；南昌县（澄碧湖公园）。

苦荬菜属 *Ixeris* (Cass.) Cass.

※ 中华苦荬菜 *Ixeris chinensis* (Thunb.) Nakai
多年生草本；偶见。
生于山地、丘陵或岗地等地区路边、林缘、田埂、河湖堤坝、湿润石壁或护坡、灌木林、草丛中。
分布于南昌县（蒋巷镇、五星垦殖场）。

※ 变色苦荬菜 *Ixeris chinensis* subsp. *versicolor* (Fisch. ex Link) Kitam.
多年生草本；偶见。
生于山地、丘陵或岗地等地区路边、林缘、田埂、河湖堤坝、湿润石壁或护坡、灌木林、草丛中。
分布于南昌县（八一乡、塔城乡、向塘镇）。

※ 苦荬菜 *Ixeris polycephala* Cass. ex DC.
一年生草本；常见。
生于山地、丘陵或岗地等地区路边、林缘、田埂、河湖堤坝、湿润石壁或护坡、灌木林、草丛中。
分布于安义县（黄洲镇、龙津镇、新民乡）；新建区（昌邑乡、金桥乡、罗亭镇、梅岭镇、南矶乡、樵舍镇、石埠镇、太平镇、铁河乡、西山镇、溪霞镇、象山镇、恒湖垦殖场）；红谷滩区（流湖镇）；青云谱区（青云谱镇）；青山湖区（京东镇、溪霞镇）；南昌县（澄碧湖公园、东新乡、富山乡、泾口乡、向塘镇）；进贤县（白圩乡、架桥镇、罗溪镇、民和镇、南台乡、三里乡、温圳镇、文港镇、下埠集乡、钟陵乡）。

莴苣属 *Lactuca* L.

 ※ **台湾翅果菊** *Lactuca formosana* Maxim.
　　一年生草本；偶见。
　　生于山地、丘陵、岗地或平原等地区路边、林缘、田埂、河湖堤坝、湿润石壁或护坡、灌木林、草丛中。
　　分布于新建区（樵舍镇、梅岭镇、溪霞镇）；南昌县（蒋巷镇）。
 ※ **翅果菊** *Lactuca indica* L.
　　一、二年生草本；极常见。
　　生于山地、丘陵、岗地或平原等地区路边、林缘、田埂、河湖堤坝、湿润石壁或护坡、灌木林、草丛中。
　　全市广布。
 ※ * **莴苣** *Lactuca sativa* L.
　　一、二年生草本；常见。
　　生于园地中。
　　分布于南昌县（蒋巷镇）；进贤县（三里乡、二塘乡）。
 ※ **山莴苣** *Lactuca sibirica* (L.) Benth. ex Maxim.
　　多年生草本；极常见。
　　生于山地、丘陵、岗地或平原等地区路边、林缘、田埂、河湖堤坝、湿润石壁或护坡、灌木林、草丛中。
　　全市广布。

六棱菊属 *Laggera* Sch.Bip. ex Benth. & Hook. f.

 ※ **六棱菊** *Laggera alata* (D. Don) Sch.–Bip. ex Oliv.
　　多年生草本；罕见。
　　生于旷野、路旁、山坡阳处地。
　　分布于新建区。

稻槎菜属 *Lapsanastrum* Pak & K. Bremer

 ※ **稻槎菜** *Lapsanastrum apogonoides* (Maxim.) Pak & K. Bremer
　　一年生草本；偶见。
　　生于山地、丘陵、岗地或平原等地区路边、林缘、田埂、河湖堤坝、湿润石壁或护坡、灌木林、草丛、休耕农田中。
　　分布于安义县（万埠镇）；新建区（恒湖垦殖场、南矶乡）；青山湖区（京东镇）。

大丁草属 *Leibnitzia* Cass.

 ※ **大丁草** *Leibnitzia anandria* (Linnaeus) Turczaninow.
　　多年生草本；罕见。
　　生于低山或丘陵地区路边、林缘、湿润石壁或护坡上。
　　分布于新建区（太平镇、梅岭镇、罗亭镇）。

橐吾属 *Ligularia* Cass.

 ※ **大头橐吾** *Ligularia japonica* (Thunb.) Less
　　多年生草本；罕见。
　　生于低山或丘陵地区路边、溪边、林缘、林下、裸露岩砾地、山地草甸中。
　　分布于新建区（招贤镇、太平镇）。

黏冠草属 *Myriactis* Less.

※ **圆舌黏冠草** *Myriactis nepalensis* Less.
多年生草本；罕见。
生于低山或丘陵地区路边、溪边、林缘、林下、裸露岩砾地、山地草甸中。
分布于安义县（乔乐乡、石鼻镇）。

大翅蓟属 *Onopordum* L.

※ **大翅蓟** *Onopordum acanthium* L.
二年生草本；罕见。
生于低山或丘陵地区路边、溪边、林缘、林下、山地草甸中。
分布于新建区（蛟桥镇、梅岭镇）。

假福王草属 *Paraprenanthes* C. C. Chang ex C. Shih

※ **林生假福王草** *Paraprenanthes diversifolia* (Vaniot) N. Kilian
一年生草本；偶见。
生于低山或丘陵地区路边、林缘、湿润林下。
分布于安义县（新民乡）。

※ **假福王草** *Paraprenanthes sororia* (Miq.) C. Shih
一年生草本；频见。
生于低山或丘陵地区路边、林缘、湿润林下。
分布于安义县（乔乐乡、新民乡、长埠镇）；新建区（乐化镇、罗亭镇、梅岭镇、樵舍镇、石岗镇、太平镇、溪霞镇、洗药湖管理处、招贤镇）；南昌县（麻丘镇）；进贤县（梅庄镇、南台乡、三里乡、二塘乡）。

帚菊属 *Pertya* Sch.Bip.

※ **腺叶帚菊** *Pertya pubescens* Y. Ling.
灌木；罕见。
生于低山或丘陵地区路边、溪边、林缘、湿润林下。
分布于新建区（招贤镇、梅岭镇）。

假臭草属 *Praxelis* Cass.

※ # **假臭草** *Praxelis clematidea* (Hieronymus ex Kuntze) R. M. King & H. Rob.
一年生草本；罕见。
生于路边、荒地、农田和草地等。
分布于安义县（龙津镇、新民乡）；新建区（西山镇）；红谷滩区（流湖镇）。

鼠曲草属 *Pseudognaphalium* Kirp.

※ **宽叶鼠曲草** *Pseudognaphalium adnatum* (Candolle) Y. S. Chen
一年生草本；偶见。
生于低山、丘陵、岗地、平原等地区路边、溪边、田埂、林缘、疏林、河湖堤坝、滩涂地、城市绿地、休耕、撂荒农田、园地中。
分布于安义县（乔乐乡）。

※ **鼠曲草** *Pseudognaphalium affine* (D. Don) Anderb.

一年生草本；常见。

生于低山、丘陵、岗地或平原等地区路边、溪边、田埂、林缘、疏林、河湖堤坝、滩涂地、城市绿地、休耕、撂荒农田、园地内。

全市广布。

※ **秋鼠曲草** *Pseudognaphalium hypoleucum* (Candolle) Hilliard & B. L. Burtt

一年生草本；常见。

生于低山、丘陵、岗地或平原等地区路边、溪边、田埂、林缘、疏林、河湖堤坝、滩涂地、城市绿地、休耕、撂荒农田、园地中。

全市广布。

金光菊属 *Rudbeckia* L.

※ * **二色金光菊** *Rudbeckia bicolor* Nutt.

一年生草本；偶见。

生于城市公园和绿地。

分布于南昌县（黄马乡、向塘镇）；进贤县（南台乡、前坊镇、钟陵乡）。

※ * **黑心菊** *Rudbeckia hirta* L.

一、二年生草本；偶见。

生于城市公园和绿地。

南昌县（八一乡）；进贤县（池溪乡、七里乡、钟陵乡）。

风毛菊属 *Saussurea* DC.

※ **庐山风毛菊** *Saussurea bullockii* Dunn

多年生草本；偶见。

生于低山或丘陵地区路边、溪边、林缘、疏林、湿润山谷、灌草丛中。

分布于新建区（招贤镇、栖霞镇）。

※ **风毛菊** *Saussurea japonica* (Thunb.) DC.

二年生草本；罕见。

生于低山或丘陵地区路边、溪边、林缘、疏林、湿润山谷、灌草丛中。

分布于新建区（招贤镇、蛟桥镇）。

千里光属 *Senecio* L.

※ **千里光** *Senecio scandens* Buch.–Ham. ex D. Don

多年生草本；常见。

生于低山、丘陵区、岗地或平原等地区路边、溪边、林缘、疏林、灌草丛中。

分布于安义县（鼎湖镇、龙津镇、乔乐乡、石鼻镇、万埠镇、新民乡、长埠镇、长均乡）；新建区（范家山、金桥乡、乐化镇、罗亭镇、梅岭镇、石埠镇、太平镇、铁河乡、西山镇、溪霞镇、象山镇、招贤镇）；红谷滩区（生米镇）；进贤县（白圩乡、池溪乡、架桥镇、梅庄镇、南台乡、前坊镇、三里乡、二塘乡、文港镇、下埠集乡、钟陵乡）；南昌县（蒋巷镇、泾口乡、麻丘镇、五星垦殖场）。

虾须草属 *Sheareria* S.Moore

※ **虾须草** *Sheareria nana* S. Moore

一年生草本；偶见。

生于低山、丘陵区、岗地或平原等地区路边、溪边、林缘、疏林、灌草丛、河湖堤坝、滩涂地中。

分布于新建区（昌邑乡、恒湖垦殖场）。

豨莶属 *Sigesbeckia* L.

※ **毛梗豨莶** *Sigesbeckia glabrescens* Makino
一年生草本；罕见。
生于低山、丘陵区、岗地或平原等地区路边、溪边、林缘、疏林、灌草丛、河湖堤坝、滩涂地、园地、撂荒农田中。
分布于安义县（东阳镇、新民乡）。

※ **豨莶** *Sigesbeckia orientalis* L.
一年生草本；频见。
生于低山、丘陵区、岗地或平原等地区路边、溪边、林缘、疏林、灌草丛、河湖堤坝、滩涂地、园地、撂荒农田中。
分布于新建区梅岭镇、太平镇；南昌县（冈上镇、广福镇、黄马乡、三江镇、塔城乡、塘南镇、幽兰镇）；进贤县（梅庄镇、南台乡、前坊镇、下埠集乡、长山晏乡、钟陵乡）。

※ **腺梗豨莶** *Sigesbeckia pubescens* Makino
一年生草本；偶见。
生于低山、丘陵区、岗地或平原等地区路边、溪边、林缘、疏林、灌草丛、河湖堤坝、滩涂地、园地、撂荒农田中。
分布于安义县（新民乡、乔了乡、万埠镇）。

蒲儿根属 *Sinosenecio* B. Nord.

※ **蒲儿根** *Sinosenecio oldhamianus* (Maxim.) B. Nord.
多年生草本；偶见。
生于低山、丘陵、岗地等地区路边、林缘、溪边、田埂、湿润石壁、草丛中。
分布于安义县（新民乡、长埠镇）；新建区（罗亭镇、梅岭镇、太平镇、招贤镇）；进贤县（梅庄镇、长山晏乡）。

一枝黄花属 *Solidago* L.

※ # **高大一枝黄花** *Solidago altissima* L.
多年生草本；常见。
生于低山、丘陵区、岗地或平原等地区路边、林缘、疏林、灌草丛、河湖堤坝、滩涂地、园地、撂荒农田、城市绿地中。
分布于新建区（生米镇）。

※ # **加拿大一枝黄花** *Solidago canadensis* L.
多年生草本；常见。
生于低山、丘陵区、岗地或平原等地区路边、林缘、疏林、灌草丛、河湖堤坝、滩涂地、园地、撂荒农田、城市绿地中。
分布于安义县（东阳镇、石鼻镇、万埠镇）；新建区（昌邑乡、恒湖垦殖场、环球公园、联圩镇、南矶乡、樵舍镇、石埠镇、石岗镇、西山镇、溪霞镇、象山镇、招贤镇）；红谷滩区（生米镇、红角洲管理处）；青山湖区（京东镇、罗家镇）；南昌县（向塘镇、昌东镇、富山乡、冈上镇、黄马乡、蒋巷镇、南新乡、三江镇、塘南镇、五星垦殖场、武阳镇、幽兰镇）；进贤县（白圩乡、池溪乡、前坊镇、三里乡、石牛窝、温圳镇、下埠集乡、衙前乡、长山晏乡、钟陵乡）。

※ **一枝黄花** *Solidago decurrens* Lour.
多年生草本；罕见。
生于低山或丘陵地区路边、林缘、疏林、园地、灌木林、草丛中。
分布于南昌县（厚田乡、冈上镇、富山乡）。

裸柱菊属 *Soliva* Ruiz & Pav.

　※ # **裸柱菊 *Soliva anthemifolia*** (Juss.) R. Br.
　　　一年生草本；频见。
　　　生于丘陵、岗地、平原等地区河湖堤坝、滩涂地、摞荒农田中。
　　　分布于安义县（黄洲镇、龙津镇、长埠镇）；新建区（昌邑乡、恒湖垦殖场、联圩镇、罗亭镇、梅岭镇、南矶乡、樵舍镇、石埠镇、铁河乡、溪霞镇、招贤镇）；红谷滩区（厚田乡）；东湖区（扬子洲镇）；南昌县（东新乡、冈上镇）；青山湖区（京东镇）。

苦苣菜属 *Sonchus* L.

　※ **续断菊 *Sonchus asper*** (L.) Hill.
　　　一年生草本；偶见。
　　　生于低山、丘陵、岗地或平原等地区路边、林缘、田埂、摞荒农田、河湖堤坝、滩涂地、草地、城市绿地中。
　　　分布于新建区（樵舍镇、石埠镇）；红谷滩区（北龙幡街、厚田乡）；青山湖区（罗家镇）；南昌县（富山乡、蒋巷镇、南新乡、塘南镇、武阳镇）。

　※ **长裂苦苣菜 *Sonchus brachyotus*** DC.
　　　一年生草本；罕见。
　　　生于低山、丘陵、岗地或平原等地区路边、林缘、田埂、摞荒农田、河湖堤坝、滩涂地、草地、城市绿地中。
　　　分布于南昌县（塔城乡、三阳集乡、泾口乡、三里乡）。

　※ # **苦苣菜 *Sonchus oleraceus*** L.
　　　一、二年生草本；常见。
　　　生于低山、丘陵、岗地或平原等地区路边、林缘、田埂、摞荒农田、河湖堤坝、滩涂地、草地、城市绿地中。
　　　分布于安义县（东阳镇、石鼻镇）；新建区（昌邑乡、恒湖垦殖场、蒋巷镇、招贤镇）；红谷滩区（生米镇）；青山湖区（罗家镇）；南昌县（八一乡、昌东镇、冈上镇、黄马乡、蒋巷镇、泾口乡、麻丘镇、五星垦殖场、武阳镇、幽兰镇）；进贤县（白圩乡、池溪乡、二塘乡、梅庄镇、民和镇、南台乡、三里乡、温圳镇、文港镇、下埠集乡、长山晏乡、钟陵乡）。

　※ **短裂苦苣菜 *Sonchus uliginosus*** M. B.
　　　多年生草本；偶见。
　　　生于低山、丘陵、岗地或平原等地区路边、林缘、田埂、摞荒农田、河湖堤坝、滩涂地、草地、城市绿地中。
　　　分布于南昌县（蒋巷镇、泾口乡、麻丘镇、塘南镇、五星垦殖场）；进贤县（三里乡、二塘乡）。

　※ # **苣荬菜 *Sonchus wightianus*** DC.
　　　多年生草本；偶见。
　　　生于低山、丘陵、岗地或平原等地区路边、林缘、田埂、摞荒农田、河湖堤坝、滩涂地、草地、城市绿地中。
　　　分布于安义县（黄洲镇）；新建区（招贤镇）；南昌县（泾口乡、三江镇、五星垦殖场、幽兰镇）；进贤县（池溪乡、南台乡、三里乡、钟陵乡）。

联毛紫菀属 *Symphyotrichum* Nees

　※ # **钻叶紫菀 *Symphyotrichum subulatum*** (Michx.) G. L. Nesom
　　　一年生草本；偶见。
　　　生于低山、丘陵、岗地或平原等地区路边、林缘、田埂、摞荒农田、河湖堤坝、滩涂地、草地、城市绿地中。
　　　分布于安义县（新民乡）；新建区（梅岭镇、樵舍镇、西山镇）；青山湖区（罗家镇）；南昌县

（澄碧湖公园、东新乡、冈上镇、塘南镇、武阳镇）。

兔儿伞属 *Syneilesis* Maxim.

※ **兔儿伞** *Syneilesis aconitifolia* (Bunge) Maxim.
多年生草本；罕见。
生于低山或丘陵地区林缘、疏林、灌木林下。
分布于新建区（梅岭镇）。

山牛蒡属 *Synurus* Iljin

※ **山牛蒡** *Synurus deltoides* (Aiton) Nakai
多年生草本；罕见。
生于低山或丘陵地区林缘、疏林、灌木林下、山地草甸中。
市内有分布，产地不详。

万寿菊属 *Tagetes* L.

※ * **万寿菊** *Tagetes erecta* L.
一年生草本；罕见。
生于城市公园和绿地。
分布于进贤县（池溪乡、南台乡）；南昌县（小蓝经济开发区、冈上镇、莲塘镇、澄碧湖公园）。

蒲公英属 *Taraxacum* F. H. Wigg.

※ **蒲公英** *Taraxacum mongolicum* Hand.–Mazz.
多年生草本；偶见。
生于低山、丘陵或岗地等地区路边、林缘、田埂、河湖堤坝、园地、草地中。
全市广布。

女菀属 *Turczaninovia* DC.

※ **女菀** *Turczaninovia fastigiata* (Fisch.) DC.
多年生草本；罕见。
生于低山或丘陵地区路边、林缘、堤坝、草地。
分布于新建区（石岗镇、西山镇、乐化镇、樵舍镇）。

苍耳属 *Xanthium* L.

※ **苍耳** *Xanthium strumarium* L.
一年生草本；极常见。
生于低山、丘陵、岗地或平原等地区路边、林缘、田埂、撂荒农田、河湖堤坝、滩涂地、草地中。
全市广布。

黄鹌菜属 *Youngia* Cass.

※ **异叶黄鹌菜** *Youngia heterophylla* (Hemsl.) Babc. & Stebbins
一、二年生草本；偶见。
生于山坡林缘、林下、荒地。

分布于安义县（东阳镇、黄洲镇、龙津镇、乔乐乡、石鼻镇、万埠镇、新民乡、长均乡）；新建区（樵舍镇）。

※ **黄鹌菜** *Youngia japonica* (L.) DC.

多年生草本；常见。

生于低山、丘陵、岗地或平原等地区路边、田埂、休耕或撂荒农田、河湖堤坝、滩涂地、草地、城市绿地中。

全市广布。

※ **长花黄鹌菜** *Youngia japonica* subsp. *longiflora* Babc. & Stebbins

一年生草本；偶见。

生于低山、丘陵、岗地或平原等地区路边、田埂、休耕或撂荒农田、河湖堤坝、滩涂地、草地、城市绿地中。

分布于新建区（招贤镇、太平镇）。

百日菊属 *Zinnia* L.

※ * **百日菊** *Zinnia elegans* Jacq.

一年生草本；偶见。

生于城市公园和绿地。

分布于安义县（龙津镇）；新建区（梅岭镇、招贤镇）；南昌县（泾口乡、塘南镇）；进贤县（池溪乡、梅庄镇、南台乡、七里乡、钟陵乡）。

※ * **多花百日菊** *Zinnia peruviana* L.

一年生草本；罕见。

生于城市公园和绿地。

分布于安义县（新民乡、龙津镇、东阳镇）；新建区（招贤镇、太平镇）。

408 五福花科 Adoxaceae

接骨木属 *Sambucus* L.

※ **接骨草** *Sambucus javanica* Reinw. ex Blume

多年生草本；常见。

生于低山、丘陵地区溪边、疏林、草地中。

分布于安义县（鼎湖镇、万埠镇、新民乡、石鼻镇、长埠镇）；新建区（昌邑乡、联圩镇、罗亭镇、梅岭镇、石岗镇、松湖镇、太平镇、西山镇、溪霞镇、洗药湖管理处、象山镇、招贤镇）；红谷滩区（生米镇）；东湖区（扬子洲镇）；青山湖区（艾溪湖森林湿地公园）；南昌县（八一乡、昌东镇、东新乡、冈上镇、广福镇、蒋巷镇、泾口乡、麻丘镇、南新乡、三江镇、塘南镇、五星垦殖场、幽兰镇）；进贤县（南台乡、前坊镇、文港镇、下埠集乡、长山晏乡、钟陵乡）。

※ **接骨木** *Sambucus williamsii* Hance

落叶灌木；偶见。

生于低山或丘陵地区溪边、疏林、草地中。

分布于南昌县（向塘镇）；进贤县（民和镇、七里乡、长山晏乡、钟陵乡）。

荚蒾属 *Viburnum* L.

※ * **日本珊瑚树** *Viburnum awabuki* K. Koch

常绿灌木；常见。

生于城市公园和绿地、乡村绿篱。

市内广泛栽培。

※ **荚蒾** *Viburnum dilatatum* Thunb.

落叶灌木；偶见。

生于低山、丘陵区的路边、林缘、湿润山谷、灌木林中。

分布于安义县（新民乡）；新建区（太平镇）；南昌县（向塘镇、广福镇、幽兰镇）；进贤县（白圩乡、二塘乡、李渡镇、民和镇、下埠集乡、长山晏乡、钟陵乡）。

※ **宜昌荚蒾** *Viburnum erosum* Thunb.

落叶灌木；罕见。

生于低山或丘陵地区路边、林缘、湿润山谷、灌木林中。

分布于新建区（招贤镇、梅岭镇）。

※ **直角荚蒾** *Viburnum foetidum* var. *rectangulatum* (Graebn.) Rehder

落叶灌木；偶见。

生于低山或丘陵地区路边、林缘、湿润山谷、灌木林中。

分布于安义县（新民乡）；进贤县（白圩乡）。

※ **南方荚蒾** *Viburnum fordiae* Hance

落叶灌木；偶见。

生于低山或丘陵地区路边、林缘、湿润山谷、灌木林中。

分布于安义县（万埠镇、新民乡、长埠镇）；新建区（梅岭镇、洗药湖管理处、招贤镇）；进贤县（白圩乡）。

※ **蝶花荚蒾** *Viburnum hanceanum* Maxim.

落叶灌木；偶见。

生于低山或丘陵地区路边、林缘、湿润山谷、灌木林中。

分布于安义县（万埠镇、新民乡、长埠镇）；新建区（梅岭镇、洗药湖管理处、招贤镇）；进贤县（白圩乡）。

※ **琼花** *Viburnum keteleeri* Carrière

落叶灌木；罕见。

生于低山或丘陵地区路边、林缘、湿润山谷、灌木林中。

分布于安义县（新民乡）。

※ * **绣球荚蒾** *Viburnum macrocephalum* Fort.

落叶灌木；常见。

生于城市公园和绿地。

市内有栽培。

※ **黑果荚蒾** *Viburnum melanocarpum* P. S. Hsu

落叶灌木；罕见。

生于低山或丘陵地区路边、林缘、湿润山谷、灌木林中。

分布于新建区（蛟桥镇、乐化镇）。

※ **珊瑚树** *Viburnum odoratissimum* Ker Gawl.

常绿灌木；偶见。

生于低山或丘陵地区路边、溪边、林缘、湿润山谷、灌木林中。

分布于进贤县（白圩乡、下埠集乡）。

※ **茶荚蒾** *Viburnum setigerum* Hance

落叶灌木；偶见。

生于低山或丘陵地区路边、溪边、林缘、湿润山谷、灌木林中。

分布于安义县（新民乡、长埠镇、石鼻镇）；新建区（金桥乡）；进贤县（二塘乡、民和镇、七里乡、下埠集乡、长山晏乡、钟陵乡）。

※ **蝴蝶戏珠花** *Viburnum thunbergianum* Z. H. Chen & P. L. Chiu

落叶灌木；偶见。

生于低山或丘陵地区路边、溪边、林缘、湿润山谷、灌木林中。

分布于安义县（东阳镇、新民乡）。

409 忍冬科 Caprifoliaceae

糯米条属 *Abelia* R. Br.

※ **糯米条** *Abelia chinensis* R. Br.
落叶灌木；常见。
生于山地。
分布于安义县（鼎湖镇、东阳镇、黄洲镇、龙津镇、乔乐乡、石鼻镇、万埠镇、新民乡、长埠镇）；新建区（罗亭镇、梅岭镇、石埠镇、石岗镇、太平镇、西山镇、溪霞镇、洗药湖管理处、招贤镇）；青云谱区（青云谱镇）；南昌县（广福镇）；进贤县（池溪乡、民和镇、南台乡、前坊镇、三里乡、温圳镇、文港镇、张公镇、钟陵乡）。

※ * **大花糯米条** *Abelia × grandiflora* (André) Rehder
常绿灌木；偶见。
生于城市公园和绿地。
市内有栽培。

忍冬属 *Lonicera* L.

※ **郁香忍冬** *Lonicera fragrantissima* Lindl. ex Paxton
落叶灌木；罕见。
生于低山或丘陵地区灌木林、阔叶林下。
安义县（新民乡）。

※ **菰腺忍冬** *Lonicera hypoglauca* Miq.
落叶藤本；频见。
生于山地、丘陵或岗地等地区路边、林缘、疏林、灌木林、草地中。
分布于安义县（长均乡、新民乡）；新建区（罗亭镇、梅岭镇、太平镇、蛟桥镇、溪霞镇、招贤镇）。

※ **忍冬** *Lonicera japonica* Thunb.
半常绿藤本；极常见。
生于山地、丘陵或岗地等地区路边、林缘、疏林、灌木林、草地中。
全市广布。

※ **下江忍冬** *Lonicera modesta* Rehd.
落叶灌木；罕见。
生于低山或丘陵地区山地阔叶林下。
分布于新建区（梅岭镇、太平镇）。

败酱属 *Patrinia* Juss.

※ **异叶败酱** *Patrinia heterophylla* Bunge
多年生草本；常见。
生于低山、丘陵或岗地等地区路边、林缘、草地、裸露岩砾地中。
分布于新建区（招贤镇、太平镇、梅岭镇）。

※ **少蕊败酱** *Patrinia monandra* C. B. Clarke
多年生草本；罕见。
生于低山、丘陵或岗地等地区路边、林缘、草地、裸露岩砾地中。
分布于安义县（新民乡）。

※ **败酱** *Patrinia scabiosifolia* Fisch. ex Trevir.
多年生草本；偶见。
生于低山、丘陵、岗地等地区路边、林缘、草地、裸露岩砾地中。

分布于安义县（乔乐乡、石鼻镇、万埠镇、新民乡）；新建区（招贤镇）；进贤县（池溪乡）。

※ **攀倒甑** *Patrinia villosa* (Thunb.) Juss.

多年生草本；频见。

生于低山、丘陵或岗地等地区路边、林缘、草地、裸露岩砾地中。

分布于南昌县（东新乡）；新建区（太平镇、溪霞镇）。

锦带花属 *Weigela* Thunb.

※ * **锦带花** *Weigela florida* (Bunge) A. DC.

落叶灌木；罕见。

生于城市公园或绿地。

市内有栽培。

※ **半边月** *Weigela japonica* Thunb.

落叶灌木；罕见。

生于山地林缘、溪边、边坡、灌木林种。

分布于安义县（乔乐乡、石鼻镇）；新建区（招贤镇、太平乡、梅岭镇、罗亭镇）。

413 海桐科 Pittosporaceae

海桐属 *Pittosporum* Banks ex Gaertn.

※ **光叶海桐** *Pittosporum glabratum* Lindl.

常绿灌木；罕见。

生于低山或丘陵地区针叶林、竹林、阔叶林、裸露岩砾地、山地灌丛中。

分布于安义县（新民乡）。

※ **海金子** *Pittosporum illicioides* Makino

常绿灌木；罕见。

生于低山或丘陵地区针叶林、竹林、阔叶林、裸露岩砾地、山地灌丛中。

分布于新建区（招贤镇、太平镇）。

※ * **海桐** *Pittosporum tobira* (Thunb.) W. T. Aiton

常绿灌木；频见。

生于城市公园和绿地。

分布于新建区（昌邑乡、溪霞镇、招贤镇）；红谷滩区（厚田乡）；青山湖区（艾溪湖森林湿地公园）；南昌县（澄碧湖公园、蒋巷镇、幽兰镇）；进贤县（白圩乡、池溪乡、民和镇、南台乡、三里乡、三阳集乡）。

※ **崖花子** *Pittosporum truncatum* Pritz.

常绿灌木；偶见。

生于低山或丘陵地区针叶林、竹林、阔叶林、裸露岩砾地、山地灌丛中。

分布于新建区（太平镇、梅岭镇）。

414 五加科 Araliaceae

楤木属 *Aralia* L.

※ **黄毛楤木** *Aralia chinensis* L.

落叶灌木；偶见。

生于低山丘陵等地区灌木林、路边、林缘或乔木林中。

分布于安义县（新民乡）。

※ **头序楤木** *Aralia dasyphylla* Miq.

落叶灌木；偶见。

生于低山丘陵等地区灌木林、路边、林缘或乔木林中。

分布于新建区（太平镇、梅岭镇、栖霞镇）。

※ **楤木** *Aralia elata* (Miq.) Seem.

落叶灌木；常见。

生于低山丘陵等地区灌木林、路边、林缘或乔木林中。

分布于安义县（鼎湖镇、东阳镇、黄洲镇、龙津镇、乔乐乡、石鼻镇、万埠镇、新民乡、长埠镇、长均乡）；新建区（范家山、乐化镇、罗亭镇、梅岭镇、石埠镇、石岗镇、太平镇、西山镇、溪霞镇、洗药湖管理处、象山镇）；红谷滩区（生米镇）；南昌县（黄马乡、蒋巷镇、泾口乡、向塘镇）；进贤县（白圩乡、池溪乡、李渡镇、南台乡、前坊镇、三里乡、二塘乡、三阳集乡、文港镇、张公镇、钟陵乡）。

※ **长刺楤木** *Aralia spinifolia* Merr.

落叶灌木；偶见。

生于低山或丘陵地区灌木林、路边、林缘、乔木林中。

分布于安义县（长埠镇、石鼻镇）；新建区（太平镇、罗亭镇、梅岭镇）。

树参属 *Dendropanax* Decne. & Planch.

※ **树参** *Dendropanax dentiger* (Harms) Merr.

常绿乔木；偶见。

生于湿润乔木林中，或在山体上不形成群落优势种。

分布于安义县（新民乡）。

五加属 *Eleutherococcus* Maxim.

※ **糙叶五加** *Eleutherococcus henryi* Oliv.

落叶灌木；罕见。

生于低山或丘陵地区山顶阔叶林下。

分布于新建区（梅岭镇）。文献记载，未见标本或照片。

※ **细柱五加** *Eleutherococcus nodiflorus* (Dunn) S. Y. Hu

落叶灌木；频见。

生于低山、丘陵、岗地或平原等地区路边、林缘、溪谷、田埂、河湖堤坝、滩涂地、灌木林、草地、疏林、乔木林中。

分布于安义县（鼎湖镇、万埠镇）；新建区（樵舍镇、石埠镇、象山镇）；红谷滩区（厚田乡）；南昌县（冈上镇、广福镇、向塘镇）；进贤县（白圩乡、池溪乡、架桥镇、罗溪镇、民和镇、七里乡、前坊镇、泉岭乡、下埠集乡、张公镇、钟陵乡）。

※ **白簕** *Eleutherococcus trifoliatus* (Linnaeus) S. Y. Hu

落叶灌木；常见。

生于低山、丘陵或岗地等地区路边、林缘、溪谷、田埂、河湖堤坝、滩涂地、灌木林、草地、疏林、乔木林中。

分布于新建区（栖霞镇）。

八角金盘属 *Fatsia* Decne. & Planch.

※ * **八角金盘** *Fatsia japonica* (Thunb.) Decne. & Planch.

常绿灌木；偶见。

生于城市公园和绿地。

分布于南昌县（富山乡）；新建区（环球公园、招贤镇）。

萸叶五加属 *Gamblea* C. B. Clarke.

※ **吴茱萸五加** *Gamblea ciliata* var. *evodiifolia* (Franchet) C. B. Shang et al.
落叶灌木；罕见。
生于山地阔叶林、山顶矮林中。
分布于新建区（梅岭镇）。

常春藤属 *Hedera* L.

※ **常春藤** *Hedera nepalensis* var. *sinensis* (Tobler) Rehder
常绿灌木；偶见。
生于低山、丘陵或岗地等地区路边、林缘、树干、岩壁、道路边坡上，也引种在培育城市绿地。
分布于安义县（石鼻镇）；新建区（梅岭镇）；红谷滩区（生米镇）；进贤县（三里乡）。

天胡荽属 *Hydrocotyle* L.

※ **红马蹄草** *Hydrocotyle nepalensis* Hook.
多年生草本；偶见。
生于低山或丘陵地区路边、溪边、阴湿林下、草丛中。
分布于安义县（新民乡）；新建区（太平镇）。

※ **天胡荽** *Hydrocotyle sibthorpioides* Lam.
多年生草本；极常见。
生于低山、丘陵、岗地或平原等地区路边、溪边、河湖滩涂、浅水洼地、阴湿林下、草丛中。
全市广布。

※ **破铜钱** *Hydrocotyle sibthorpioides* var. *batrachium* (Hance) Hand.–Mazz. ex R. H. Shan
多年生草本；偶见。
生于低山、丘陵、岗地或平原等地区路边、溪边、河湖滩涂、浅水洼地、阴湿林下、草丛中。
分布于安义县（长埠镇）；新建区（昌邑乡、金桥乡、罗亭镇、太平镇、铁河乡、溪霞镇）；南昌县（幽兰镇）；进贤县（白圩乡、下埠集乡、钟陵乡）。

※ **野天胡荽** *Hydrocotyle vulgaris* L.
多年生草本；偶见。
生于低山、丘陵、岗地或平原等地区路边、溪边、河湖滩涂、浅水洼地、阴湿林下、草丛中。
分布于新建区（梅岭镇）；青云谱区（青云谱镇）；南昌县（麻丘镇）。

刺楸属 *Kalopanax* Miq.

※ **刺楸** *Kalopanax septemlobus* (Thunb.) Koidz.
落叶乔木；罕见。
生于低山或丘陵地区阳性乔木林、灌木林中、林缘。
分布于安义县（新民乡）；新建区（招贤镇）。

416 伞形科 Apiaceae

当归属 *Angelica* L.

※ **紫花前胡** *Angelica decursiva* (Miq.) Franch. & Sav.
多年生草本；罕见。
生于低山或丘陵地区林缘、溪边、山地草甸、灌草丛、裸露岩砾地中。
分布于安义县（石鼻镇）；新建区（石埠镇、招贤镇）。

芹属 *Apium* L.

　　※ # **旱芹 *Apium graveolens* L.**
　　　　多年生草本；常见。
　　　　引种在培育村边、园地。
　　　　全市广布。

柴胡属 *Bupleurum* L.

　　※ **北柴胡 *Bupleurum chinense* DC.**
　　　　多年生草本；罕见。
　　　　生于丘陵或岗地地区路边林缘、裸露岩砾地、草地中。
　　　　分布于进贤县（下埠集乡、民和镇）。

积雪草属 *Centella* L.

　　※ **积雪草 *Centella asiatica* (L.) Urb.**
　　　　多年生草本；极常见。
　　　　生于低山、丘陵、岗地或平原等地区路边、林缘、溪边、道路边坡、撂荒农田、浅水洼地、湿润草地中。
　　　　全市广布。

蛇床属 *Cnidium* Cusson

　　※ **蛇床 *Cnidium monnieri* (L.) Spreng.**
　　　　一年生草本；频见。
　　　　生于低山、丘陵、岗地和平原地区的田边、路旁、草地、河边湿地。
　　　　分布于安义县（东阳镇、新民乡、长埠镇）；新建区（昌邑乡、恒湖垦殖场、罗亭镇、梅岭镇、南矶乡、樵舍镇）；红谷滩区（北龙幡街、厚田乡、生米镇、流湖镇）；青云谱区（青云谱镇）；南昌县（黄马乡）；进贤县（白圩乡、池溪乡）。

芫荽属 *Coriandrum* L.

　　※ * **芫荽 *Coriandrum sativum* L.**
　　　　一、二年生草本；常见。
　　　　生于村边、园地。
　　　　全市广泛栽培。

鸭儿芹属 *Cryptotaenia* DC.

　　※ **鸭儿芹 *Cryptotaenia japonica* Hassk.**
　　　　多年生草本；频见。
　　　　生于低山或丘陵地区路边、林缘、溪边、湿润林下谷地。
　　　　分布于新建区（溪霞镇、洗药湖管理处、招贤镇）；南昌县（蒋巷镇、泾口乡、塘南镇、五星垦殖场）；进贤县（梅庄镇、三里乡、二塘乡）。

细叶旱芹属 *Cyclospermum* Lag.

　　※ # **细叶旱芹 *Cyclospermum leptophyllum* (Pers.) Sprague ex Britton & P. Wilson**
　　　　一年生草本；频见。

生于低山、丘陵、岗地或平原等地区路边、林缘、田埂、河湖堤坝、滩涂地、园地、灌木林、草地中。

分布于新建区（昌邑乡、恒湖垦殖场、环球公园、太平镇、溪霞镇）；红谷滩区（北龙幡街、生米镇）；青云谱区（青云谱镇）；南昌县（八一乡、东新乡、富山乡、冈上镇、蒋巷镇）；进贤县（七里乡）。

胡萝卜属 *Daucus* L.

※ # 野胡萝卜 *Daucus carota* L.
二年生草本；常见。

生于低山、丘陵、岗地或平原等地区路边、林缘、田埂、河湖堤坝、滩涂地、园地、灌木林、草地中。

分布于新建区（昌邑乡、恒湖垦殖场、环球公园、联圩镇、鄱阳湖国家级自然保护区、铁河乡、象山镇、招贤镇）；红谷滩区（厚田乡、生米镇）；东湖区（扬子洲镇）；青山湖区（罗家镇）；南昌县（昌东镇、东新乡、富山乡、冈上镇、黄马乡、蒋巷镇、泾口乡、麻丘镇、南新乡、塘南镇、武阳镇、幽兰镇）；进贤县（梅庄镇、三里乡、下埠集乡）。

白苞芹属 *Nothosmyrnium* Miq.

※ 白苞芹 *Nothosmyrnium japonicum* Miq.
一年生草本；罕见。

生于低山或丘陵地区林下、林缘、灌木林、草地中。

分布于安义县（新民乡）。

水芹属 *Oenanthe* L.

※ 短辐水芹 *Oenanthe benghalensis* Benth. & Hook.
多年生草本；罕见。

生于低山或丘陵等地区路边、溪边、沟渠、湿润林下、休耕农田中。

分布于进贤县（下埠集乡）。

※ 水芹 *Oenanthe javanica* (Blume) DC.
多年生草本；偶见。

生于低山、丘陵、岗地或平原等地区路边、溪边、沟渠、浅水洼地、滩涂地、沼泽地、湿润林下、休耕农田中。

分布于安义县（鼎湖镇）；新建区（罗亭镇、梅岭镇、南矶乡、溪霞镇、洗药湖管理处、招贤镇）；南昌县（昌东镇）；进贤县（民和镇、南台乡、三里乡）。

※ 线叶水芹 *Oenanthe linearis* Wall. ex DC.
多年生草本；罕见。

生于低山、丘陵等地区路边、溪边、沟渠、浅水洼地、滩涂地、沼泽地、湿润林下、休耕农田中。

分布于南昌县（昌东镇、蒋巷镇）。

山芹属 *Ostericum* Ostericum

※ 隔山香 *Ostericum citriodorum* (Hance) Yuan et Shan
多年生草本；罕见。

生于低山或丘陵地区路边、林缘、裸露岩砾地、灌木林、山地草甸中。

分布于新建区（栖霞镇）。

前胡属 *Peucedanum* L.

※ **前胡** *Peucedanum praeruptorum* Dunn
多年生草本；偶见。
生于低山或丘陵地区路边、林缘、裸露岩砾地、灌木林、山地草甸中。
分布于安义县（新民乡）；新建区（太平镇、梅岭镇）。

茴芹属 *Pimpinella* L.

※ **异叶茴芹** *Pimpinella diversifolia* DC.
多年生草本；罕见。
生于低山、丘陵地区路边、林缘、裸露岩砾地、灌木林、山地草甸中。
分布于新建区（栖霞镇）。

变豆菜属 *Sanicula* L.

※ **变豆菜** *Sanicula chinensis* Bunge
多年生草本；罕见。
生于低山或丘陵地区路边、林缘、乔木林、灌木、园地、溪边、草丛中。
分布于进贤县（白圩乡、下埠集乡、钟陵乡）。
※ **直刺变豆菜** *Sanicula orthacantha* S. Moore
多年生草本；罕见。
生于低山或丘陵地区路边、林缘、乔木林、灌木、园地、溪边草丛中。
分布于安义县（新民乡）。

窃衣属 *Torilis* Adans.

※ **小窃衣** *Torilis japonica* (Houtt.) DC.
一年或多年生草本；常见。
生于低山、丘陵、岗地或平原等地区路边、林缘、田埂、河湖堤坝、滩涂地、园地、城市绿地、草地中。
分布于安义县（黄州镇）；东湖区（大院街道）。
※ **窃衣** *Torilis scabra* (Thunb.) DC.
一年或多年生草本；极常见。
生于低山、丘陵、岗地或平原等地区路边、林缘、田埂、河湖堤坝、滩涂地、园地、城市绿地、草地中。
全市广布。

中文名索引 ①

---

① 按中文名音序排列，别名的页码字体加粗。

学名索引

C

U